高等学校建筑环境与能源应用工程专业规划教材

建筑环境与能源应用工程专业概论

曲云霞　张林华　编著

中国建筑工业出版社

图书在版编目（CIP）数据

建筑环境与能源应用工程专业概论/曲云霞，张林华
编著．—北京：中国建筑工业出版社，2016.7（2025.8重印）
高等学校建筑环境与能源应用工程专业规划教材
ISBN 978-7-112-19288-5

Ⅰ.①建…　Ⅱ.①曲…　②张…　Ⅲ.①建筑工程-环
境管理-高等学校-教材　Ⅳ.①TU-023

中国版本图书馆 CIP 数据核字（2016）第 060963 号

　　通过本书，学生可以了解建筑环境与能源应用工程专业的发展历史，全
国设立本专业的主要院校名录，全国注册公用设备工程师执业考试的相关内
容，本领域研究的热点及新技术，以及大学期间所要学习的专业基础课程和
专业课程简介。

　　全书共分四章，第一章介绍了建筑环境与能源应用工程专业的发展历史；
全国设立该专业的本科院校名录；建筑环境与能源应用工程专业本科培养计
划以及全国注册公用设备工程师（暖通空调方向）执业资格考试相关内容。
第二章介绍了本行业的研究热点和新技术，如绿色建筑评价标准；热泵技术；
地热利用技术；太阳能应用；以及风能、海洋能及可燃冰。第三章为建筑环
境与能源应用工程专业所设置的主要专业基础课程简介，包括传热学、流体
力学、工程热力学、建筑环境学等七门课程。第四章为建筑环境与能源应用
工程专业所设置的主要专业课程简介，如空气调节、制冷技术、供热工程等。

　　本书可作为建筑环境与能源应用工程专业的学生教材，也可作为其他专
业的大专院校学生的参考书，同时也可供从事与建筑环境与能源应用相近专
业的工程技术人员参考。

责任编辑：张文胜　姚荣华
责任校对：陈晶晶　赵　颖

高等学校建筑环境与能源应用工程专业规划教材
建筑环境与能源应用工程专业概论
曲云霞　张林华　编著
*
中国建筑工业出版社出版、发行（北京西郊百万庄）
各地新华书店、建筑书店经销
霸州市顺浩图文科技发展有限公司制版
建工社（河北）印刷有限公司印刷
*
开本：787×1092 毫米　1/16　印张：17¾　字数：422 千字
2016 年 5 月第一版　2025 年 8 月第六次印刷
定价：**35.00** 元
ISBN 978-7-112-19288-5
（28548）

本书编委会

主编：曲云霞　张林华

参编：于　涛　赵淑敏　满　意　王桂荣

　　　杨　勇　刘吉营　张　浩　崔永章

前　言

大一新生在进入大学后，往往由于对自己所学习的专业不了解，或者对从中学到大学生活的转变未适应，缺乏学习热情和兴趣，而导致学习积极性下降，学习成绩不理想。本书旨在为建筑环境与能源应用工程专业的学生提供专业入门教育的教材。通过本书学生可以了解建筑环境与能源应用工程专业的发展历史，全国设立本专业的主要院校名录，全国注册公用设备工程师执业考试的相关内容，本领域研究的热点及新技术，以及大学期间所要学习的专业基础课程和专业课程简介。

全书共分四章，第一章为建筑环境与能源应用工程专业简介，共分 4 节，第一节为建筑环境与能源应用工程专业的发展历史；第二节为全国设立该专业的本科院校名录；第三节为建筑环境与能源应用工程专业本科培养计划；第四节为专业学习方法与全国注册公用设备工程师执业资格考试相关内容。第二章为本行业的研究热点和新技术，共分 5 节，第一节为绿色建筑评价标准；第二节为热泵技术；第三节为地热利用技术；第四节为太阳能应用；第五节为风能、海洋能及可燃冰。第三章为建筑环境与能源应用工程专业所设置的主要专业基础课程简介，包括 7 门课程：传热学、流体力学、工程热力学、建筑环境学、流体输配管网、热质交换原理与设备、建筑环境测试技术。第四章为建筑环境与能源应用工程专业所设置的主要专业课程简介，如空气调节、制冷技术、供热工程、锅炉与锅炉房设备、自动控制技术、通风工程、建筑设备安装技术与建筑设备施工管理与经济、建筑给水排水、燃气供应。

本书可作为建筑环境与能源应用工程专业的学生教材，也可作为其他专业的大专院校学生的参考书，同时也可供从事与建筑环境与能源应用相近专业的工程技术人员参考。

本书由曲云霞和张林华主编，参加编写的人员有于涛、赵淑敏、满意、王桂荣、杨勇、刘吉营、张浩、崔永章等，全书由曲云霞统稿，研究生王欢欢也参加了本书的录入工作，在此表示感谢。

限于编著者的水平，书中错误和不足之处，敬请专家和读者批评指正。

目 录

目　录

第一章 建筑环境与能源应用专业简介

第一节 建筑环境与能源应用专业发展历史

新中国成立前的旧中国，经济落后，民生凋敝，集中供暖和空调系统在当时可谓是凤毛麟角，其工程的设计与安装大都被一些洋行垄断。新中国成立以后，开始了有计划的大规模经济建设，为了满足国家建设对大量专业建设人才的需求，国家对全国高等学校进行了一次大规模的院、系调整，暖通空调高等专业教育也就应运而生，50 多年来她为国家培养了大批人才，这些人才成了我国庞大的暖通空调专业队伍中的中坚力量。

一、暖通专业的创建

1952 年，我国高等学校开始创办暖通专业（即现在的建筑环境与能源应用专业），当时正式的专业名称为"供热、供煤气及通风"。为了造就这个专业的师资队伍，原高教部首先在哈尔滨工业大学（简称哈工大）招收研究生，第一届研究生都是从全国各地抽调来的青年教师，其中有郭骏、温强为、陈在康、张福臻和方怀德，他们先在预科专门学习一年俄语，以便为直接向原苏联专家学习做准备。1953 年第一位应聘的苏联暖通专家 BX·德拉兹多夫来华，他和他的中国研究生在哈工大组成了第一个暖通教研室。哈工大还抽调了五名本科生和研究生一起学习，他们是路煜、贺平、盛昌源、武建勋和刘祖忠。研究生的主要任务就是以原苏联的供热供煤气及通风专业为模式，边学边干，在我国创办这个专业。从教学计划、课程设置到每一个教学环节的安排和要求，从实验室到教材的建设，还有主要专业基础课和专业课的教学内容，都要一一学习。一边听原苏联专家讲课，一边给本科学生讲课，一边自己做课程设计、毕业设计，一边指导本科生做设计，同时还要在专家指导下设计专业实验室，准备开出教学实验。为了扩大这个专业师资队伍的培养，原高教部又从全国各地抽调了一批教师来进修，他们没有时间再先学习一年俄语，只好通过研究生间接向原苏联专家学习。这些人后来都成为各高校创建暖通专业的中坚力量，其中如：叶龙、于广荣、王建修、吴增菲、郁履方等。此后，在哈工大继续招收了几届这样的研究生，陈沛霖、田胜元等暖通专业著名教授都是从这些研究生班毕业的。

二、暖通专业老八校

1952 年我国高校设立了第一批供热、供煤气及通风专业，除哈尔滨工业大学以外，还有清华大学、同济大学和东北工学院。哈工大和东北工学院于 1952 年除招收本科一年级学生之外，还同时从别的专业抽调一部分学生直接进入暖通专业二年级学习，当时哈工大不算一年预科的话，本科为五年制，而东北工学院本科为四年制，所以东北工学院 1955 年毕业的第一届本科生就成为我国最早毕业的本科生，哈工大的第一届本科生毕业于 1956 年。1952 年清华大学和同济大学则分别招收了一届二年制的专科班，于 1954 年毕业，1953 年开始招收本科生。同济大学当时为四年制，首届毕业于 1957 年，而清华大学为五年制，首届则毕业于 1958 年。1955 年以后哈工大培养出来的研究生和进修生开始分赴各地，从事暖通专业的创建工作，除一部分充实第一批四所院校的师资外，温强为、张福臻、王建修、陈在康分别在天津大学、太原工学院、重庆建筑工程学院和湖南大学负责筹划创建新的暖通专业学科点，除了湖南大学直到 1958 年才正式成立外，其他三所院校均在 1956 年成立了暖通专业。这就是高校同行中常说的暖通专业老八校。后来哈工大的土木系单独建立了哈尔滨建筑工程学院，后来更名为哈尔滨建筑大学，其暖通专业也就随同调整到哈尔滨建筑大学了，现在该校又合并到哈尔滨工业大学中。1956 年由东北工学院、西北工学院、青岛工学院和苏南专科学校的土木和建筑系合并成为西安冶金建筑学院，其暖通专业也随同调整，当时定名为西安建筑工程学院，1963 年更名为西安冶金建筑学院，1994 年更名为西安建筑科技大学。重庆建筑工程学院则与重庆大学合并，太原工学院则改名为现在的太原理工大学（见表 1.1-1）。

最早设立暖通专业的高等院校　　　　　　表 1.1-1

序号	创建初期学校名称	现在名称	当时学制	专业设置时间	备注
1	哈尔滨工业大学	哈尔滨工业大学	5 年	1952 年	
2	清华大学	清华大学	2 年	1952 年	1953 年招收本科
3	同济大学	同济大学	2 年	1952 年	1953 年招收本科
4	东北工学院	西安建筑科技大学	4 年	1952 年	
5	天津大学	天津大学	4 年	1956 年	
6	重庆建筑工程学院	重庆大学	4 年	1956 年	
7	太原工学院	太原理工大学	4 年	1956 年	
8	湖南大学	湖南大学	4 年	1958 年	

三、专业探索

暖通专业创办初期，由于没有经验，一切都先从原苏联照搬过来，教学计划、课程设置、教学环节安排、教学大纲基本上是参照苏联模式制定的，教材也是把原苏联的翻译过来使用，来不及翻译的则由哈工大影印原版书作为内部资料供各校教师参考自编讲义。经过几年实践，发现了不少问题，首先是计划总学时太多，教学内容也有很多不切合我国具体情况，特别是 1958 年中央提出了"教育为无产阶级政治服务，教育与生产劳动相结合"的方针，掀起了一场大规模的教育改革，各院校根据各自的经验和对政策的理解，解放思想，大胆改革，积累了不少经验。课程设置也有了很大的变化，在"削枝保干"的思想指导下，有关土建方面的课程，如工程结构、结构力学、测量学等都被砍去，原来供暖通风是一门课则分成了供暖、工业通风和空调工程三门课；大多数学校把"供煤气"这个分支也削去了，所以我们专业的名称也变成了"供热、通风与空调工程"，后来随着城市燃气的发展，在部分学校里又另外单独设立了"燃气工程"专业。这个时期的改革，各校差异较大，当然更没有统一的教学计划和教学大纲，教材也多使用自编讲义，1960～1962 年三年经济困难时期，讲义使用粗糙的再生纸油印，印制质量低劣，实难满足教学需要。直到 1963 年，在全国"调整、巩固、充实、提高"方针的指引下，暖通专业经历了一次规范化的整顿。在原建工部的领导下，成立了"全国高等学校供热、供煤气及通风专业教材编审委员会"，负责制订了暖通专业全国统一的"指导性"教学计划和各门课程及实践性教学环节的教学大纲，并在此基础上组织编审了一整套暖通专业适用的"全国统编教材"，成了以后教材建设和教学改革设立的新起点，为进一步探索有中国特色的专业发展奠定了基础。

四、暖通专业大发展

暖通专业教育和其他各项文化教育事业一样，在"文化革命"十年浩劫中停滞不前并倍受摧残。党的十一届三中全会以后，经过拨乱反正，开创了一个新的历史时期，经济的发展也推动着文化教育事业的发展。在恢复高考后的1978年，全国各地相继建立了"供热、供燃气、通风及空调"本科专业，同期在哈尔滨工业大学、同济大学、北京建筑工程学院、武汉城市建设学院（现并入华中科技大学）等高校专门开始招收燃气专业。本科专业目录调整为"供热、供燃气、通风及空调工程"与"城市燃气供应工程"专业。

1998年以后，随着改革开放的深入和市场经济体制的建立，特别是中国加入WTO以后，知识经济和全球化的趋势越来越明显。为了适应新的形势，1998年教育部颁布了新的普通高等学校本科专业目录，根据学科建设规范设置本科专业、拓宽专业口径、增强适应、加强专业建设和管理、提高办学水平和人才培养质量的要求，教育部对原有专业进行了大幅度削减和合并、调整，将原来的504种专业合并为149种。1998年普通高等学校本科专业目录将本科专业"供热、供燃气、通风及空调工程"与"城市燃气供应工程"专业合并，增加了建筑给排水、建筑电气等内容，形成的新专业命名为"建筑环境与设备工程"。设有本专业的本科院校增至68所。

进入21世纪，我国城镇建设、工业建设快速发展，人才需求锐增，2011年设置本专业招生的高等院校发展到180所。2012年普通高等学校本科专业目录中把建筑智能设施、建筑节能技术与工程两个专业纳入本专业，专业范围扩展为建筑环境控制、城市燃气应用、建筑节能、建筑设施智能技术等领域，专业名称调整为"建筑环境与能源应用工程"。

2002年本专业开始实施与注册工程师执业资格相配套的高等学校本科专业评估，截至2012年6月，通过本科专业评估的院校达到29所，它们已成为该专业发展的骨干高校。

2003年开始实施本专业注册工程师执业资格考试，提出了除人文、外语、社会科学知识外的基础（公共基础、专业基础）考试、专业考试大纲，其中明确给出了本专业工程师需要掌握的知识体系。

五、21世纪以后的专业发展方向

随着学科的发展和新专业名称所包含的内涵的扩展，原有的专业基础（"流体力学"、"传热学"、"工程热力学"）已经远远不能满足新的要求，建筑环境专业的突出特色是营造人工环境、创造适宜的人居环境是专业服务于社会的具体体现。21世纪的工作和生活要求室内环境更舒适、更健康、更自然、更能提高工作效率和生产水平。因此在专业教育方面，改革后的新专业培养目标对学生提出了更高的要求：即培养的学生要求基础扎实、知识面宽、素质高、能力强、有创新意识，不仅要具备从事本专业设计、安装、调试运行的能力，还要具有制定建筑自动化控制方案的能力，具有初步应用研究和开发的能力。在课程设置上，专业基础课程在原有"流体力学"、"传热学"、"工程热力学"三门课的基础上增加了"流体输配管网"、"建筑环境学"、"热质交换原理与设备"三门学科平台课程。原有的专业课程也进行了改革，除了原来设置的专业课程之外，又增加了如自动控制原理、建筑环境测试技术等主干课程，另外设置了很多选修课程。

近年来，随着我国市场经济体制的建立，我国的高等教育从"精英教育"向"大众教育"转变。高等学校的办学目标越来越考虑市场的需求。一些高校的专业设置、招生等越来越充分考虑社会的需求，高校正在从"象牙塔"走向社会，并最终完全融入国民经济的主战场。高等教育办学规模急剧扩大，相当多的高校实现了合并和重组，硕士点、博士点越来越多。目前全国开设建筑环境与能源应用专业的本科高校有180多所，本专业完整、规范的教学体系和学士、硕士、博士、博士后流动站的人才培养体系已经基本完成。

作为本专业人才培养实施本科人才培养的课程体系中，自2003年以来本专业的主要技术基础课已设有国家级精品课程（建筑环境学、传热学、流体力学、工程热力学等），主要专业技术基础课程、核心专业技术课程也设有省部级精品课程。

2010年清华大学获得本专业国家级教学团队称号，截至2011年本专业已建成7个国家级特色专业及一批省部级特色、品牌专业。

21世纪是信息化的时代，从事脑力劳动的人越来越多，相当多的人长期在建筑内生活、学习与工作。现代化的建筑功能越来越多，加之建筑非常密闭，造成室内环境恶化且建筑能耗增加。因此本专业将越来越关注建筑的"可持续发展"技术和工程应用。所谓"可持续发展"建筑就是既要考虑当前发展的需要，又要考虑未来发展的需要，不要以牺牲子孙后代的利益为代价来满足当代人的利益。建筑的可持续发展要求满足室内能量最少，对室内环境的影响最小。绿色建筑、智能建筑、生态建筑等将成为21世纪建筑的主流，而建筑环境与能源应用专业将越来越注重可持续发展思想在建筑环境中的应用。这也说明了建筑环境与能源应用专业的综合性、交叉性和边缘性，它的研究领域也会迅速扩大。要创建一个良好的建筑环境，需要本专业的人才具有综合知识和能力，除了具有流体力学、传热学、热力学等方面的知识外，还需要掌握更多的建筑环境方面的知识，如生理学、心理学、生态学、光学、声学等。21世纪本专业发展的特点是：在专业教育和工程应用领域中，确立的"以人为本"的建筑环境思想和人与自然和谐相处的理念，更加关注建筑节能和设备节能，使建筑和建筑环境成为提高人类生产效率和提高生活质量的载体。

第二节　全国设立建筑环境与能源应用专业院校概况

一、本专业具有博士招生资格的院校概况

目前，全国设置本专业招生的高等院校发展到180余所，一百余所高校具备了本专业（硕士、博士学科名称为"供热、供燃气、通风及空调工程"）的硕士培养资格，20余所高校具备了本专业的博士培养资格，现已具有博士招生资格的学校见表1.2-1（如有信息不正确的地方，请指正）。

全国高校"供热、供燃气、通风及空调工程"博士点简况　　　　　　　表1.2-1

序号	学校名称	所在院系名称	地址	邮编	主要研究方向
1	清华大学	建筑学院	北京市海淀区	100084	人工环境控制；人体热舒适机理；室内环境模拟；空调制冷装置仿真；室内空气品质

序号	学校名称	所在院系名称	地 址	邮 编	主要研究方向
2	北京工业大学	建筑工程学院	朝阳区平乐园 100 号	100124	人工环境理论;人工环境设备;热能利用;智能建筑节能;建筑环境与能源利用技术;建筑节能与可再生能源技术;建筑传热传质与控制技术;建筑火灾烟气流动的数值模拟
3	天津大学	环境科学与工程学院	天津市南开区卫津路 92 号	300072	设备系统优化技术;建筑热湿环境,清洁能源和建筑节能;IAQ 等
4	大连理工大学	土木水利学院	大连市凌工路 2 号	110000	建筑节能与生态建筑;热泵技术;人工环境特征与舒适性研究,区域供冷供热等
5	哈尔滨工业大学	市政环境学院	哈市南岗区海河路 204 号	150090	建筑节能与新能源开发;城市集中供热系统与公用设施数字化技术;空调制冷系统与室内环境控制技术;城市燃气输配与应用;热工过程智能控制理论与应用;添加剂减阻与湍流数值模拟
6	同济大学	机械学院	上海四平路 1239 号	200092	热湿交换与建筑节能;IAQ;污染物控制;燃气应用等
7	东华大学	环境学院	上海延安西路 1882 号	200051	工业领域空调
8	华中科技大学	环境学院	武汉市洪山区武黄路 39 号	430074	建筑物能源有效利用;室内空气品质,燃气高效利用等
9	湖南大学	土木工程学院	长沙市	410082	生态建筑技术;建筑节能;IAQ(室内空气品质);建筑环境模拟、仿真与自动控制等
10	中南大学	能源科学与工程学院	湖南省长沙市麓山南路 932 号	410012	新型设备;可再生能源利用;室内环境质量;热湿传质等
11	东南大学	能源与环境学院	南京四牌楼 2 号	210096	建筑节能,清洁能源;CFD 应用,人工环境控制等
12	中国矿业大学	力学与建筑工程学院	江苏省徐州市泉山区金山东路 1 号	221008	天然能源利用理论与技术;土壤传热传质机理及应用;建筑节能理论与技术
13	西南交通大学	机械工程学院	四川省成都市二环路北一段	610031	隧道和地下工程通风;空调节能新技术;室内环境控制模拟等

序号	学校名称	所在院系名称	地址	邮编	主要研究方向
14	西安建筑科技大学	环境与市政工程学院	西安市雁塔路13号	710055	气流组织;节能新技术;IAQ,建筑热工环境,建筑设备自动化等
15	长安大学	环境工程学院	西安市长安中路小寨校区	710061	人工环境模拟;建筑节能;多相流与传热理论
16	重庆大学	城市建设与环境工程学院	重庆沙坪坝重庆大学B区	400045	暖通空调设备;建筑节能;建筑热湿环境;火灾安全;绿色建筑等
17	上海交通大学	机械与动力工程学院	上海市东川路800号	200240	热舒适,空调系统节能与控制;IAQ等
18	广州大学	土木工程	广州广园中路	510405	空调系统理论与节能技术;建筑通风理论与技术;空调设备节能与过程强化传热;建筑节能新材料与新技术;建筑系统智能控制技术
19	中国矿业大学	力学与建筑工程学院	江苏省徐州市泉山区金山东路1号	221008	地下空间环境调节与节能技术;建筑节能理论与技术、建筑节能检测与评价;土壤传热传质过程与工程应用;天然可再生能源利用技术
20	北京交通大学	土木建筑工程学院	北京市海淀区上园村3号	100044	空气调节与制冷技术;热能利用技术;建筑热工与建筑节能技术;建筑环境与设备自动化;空调蓄能技术;太阳能的热利用
21	兰州交通大学	环境工程学院	兰州市安宁区	730070	室内环境控制技术;热能利用与节能技术;通风除尘理论与应用;制冷理论与应用;太阳能利用;供热与热能利用技术;空调技术热湿交换过程
22	华南理工大学	土木与交通学院	广州市天河区	510006	风工程相关的应用基础研究;大型复杂建筑结构抗风;大跨度桥梁抗风;大型风电设备抗风;风环境;大气污染扩散;建筑节能
23	山东建筑大学	能工程学院	济南市临港开发区	250101	绿色建筑理论与技术体系研究;绿色建筑能源与环境系统研究
24	四川大学	建筑与环境学院	成都市一环路	610065	建筑节能理论与技术,建筑节能与人居环境

注:排名不分先后,以学校所在地点统计。

二、本专业设有供热、供燃气、通风及空调工程学科的硕士招生院校概况

目前,全国设立供热、供燃气、通风及空调工程学科硕士点的院校据不完全统计有一百多所。以下列出了全国各省(市、区)设立本学科硕士点的大部分院校,如有信息不正确的地方请指正。

1. 北京市

序号	学校名称	所在院系名称	地 址	邮编	主要研究方向
1	清华大学	建筑学院	北京市海淀区	100084	可持续建筑与建筑节能研究;城市供热新技术与设备研究等
2	北京工业大学	建筑工程学院	朝阳区平乐园100号	100124	生态能源建筑技术;建筑节能技术;建筑空气质量检测与控制技术;建筑智能化集成技术和建筑防火与减灾控制技术;建筑智能化
3	北京科技大学	机械工程学院	北京市海淀区学院路	100083	建筑环境模拟与控制;建筑供能系统监控和量化管理以及可再生能源与绿色建筑等
4	北京理工大学	机械与车辆学院	北京市海淀区	100081	太阳能热利用;强化传热传质;新型制冷技术等
5	北京建筑大学	环境与能源工程学院	北京市大兴区黄村镇永源路	100044	室内人工热湿环境和空气质量;通风空调制冷技术与设备;供热与热能利用;城市燃气输配;燃气燃烧与应用;流动传质传热;建筑节能技术;智能建筑设备自动控制;建筑设备设计方法及理论
6	北京交通大学	土木建筑工程学院	北京市海淀区上园村3号	100044	火电厂空冷系统的模拟和优化;蓄能空调系统及其优化控制技术;太阳能的热利用;建筑节能技术;热能工程
7	中国建筑科学研究院	建筑环境与节能研究院	北京朝阳区	100013	高精度恒温、恒湿环境技术;空气洁净技术;智能建筑技术;暖通空调实验室技术;供热与通风技术;建筑节能技术;热泵技术及应用;水力平衡产品和技术;太阳能在建筑中的应用技术;暖通空调和自控检测技术
8	华北电力大学(北京)	能源动力与机械工程学院	北京市昌平区北农路2号	102206	流动与强化传热;太阳能热储存与建筑节能;制冷空调及供热系统热物理;节能理论和技术
9	北京交通大学	土木建筑工程学院	北京市海淀区上园村3号	100044	空气调节与制冷技术;热能利用技术;建筑热工与建筑节能技术;建筑环境与设备自动化;空调蓄能技术;太阳能的热利用

2. 天津市

序号	所在学校	所在院系名称	地 址	邮编	主要研究方向
1	天津大学	环境科学与工程学院	天津市南开区卫津路92号	300072	室内人工热湿环境和空气质量、空气调节与制冷技术及设备、供热工程与太阳能利用、HVAC系统自动控制、供燃气及燃烧器设备

序号	所在学校	所在院系名称	地址	邮编	主要研究方向
2	天津商业大学	机械工程学院	天津市津霸公路东口	300134	人工环境控制;暖通空调系统节能及优化;空调用冷热源技术
3	天津城建大学	能源与安全工程学院	天津市西青区津静公路	300381	建筑节能与集中供热新技术;空气污染控制及空调技术;燃气输配与应用技术;城市能源利用及其设备运行的理论及自动测控技术;可再生能源利用与能量转换技术
4	河北工业大学	能源与环境工程学院	天津市北辰区西平道 5340 号	300401	城市集中供热系统节能技术;可再生能源利用及建筑节能技术;人工环境控制及节能技术;燃气燃烧技术及设备

3. 河北省

序号	所在学校	所在院系名称	地址	邮编	主要研究方向
1	华北电力大学(保定)	动力工程系	河北省保定市青年路20号	071003	制冷空调及供热系统热物理过程;蓄冷蓄热;海水淡化;热电冷三联供;分布式能源;节能技术与节能建筑;节能材料;室内环境;能源专家系统
2	河北工程大学	水利电力学院	河北省邯郸市光明南大街199号	056038	人工环境理论与系统;热泵理论与应用技术;空调制冷系统运行特性分析;建筑能耗对城市生态环境的影响研究;热能利用与供热系统优化
3	河北建筑工程学院	能源与环境工程学院	河北省张家口市朝阳西大街13号	075000	集中供热系统运行优化;室内人工热湿环境与空气质量;冷热源应用技术
4	石家庄铁道大学	机械工程学院	河北省石家庄北环东路15号	050043	供热及建筑节能技术;空调系统及热工设备的节能技术;空调系统及热工设备的节能技术;新能源及高效燃烧技术
5	燕山大学	建筑工程学院	河北秦皇岛市河北大街西段438号	066004	室内人工环境设计与控制;建筑新能源利用与建筑节能技术

4. 山西省

序号	所在学校	所在院系名称	地址	邮编	主要研究方向
1	太原理工大学	环境科学与工程学院	迎泽西大街79号	030024	集中供热技术与节能;新能源与可再生能源应用;太阳能应用等

5. 内蒙古自治区

序号	所在学校	所在院系名称	地址	邮编	主要研究方向
1	内蒙古工业大学	土木学院	呼和浩特市爱民路221号	010051	建筑节能与供热空调系统研究;新能源在建筑中的应用技术;可再生能源利用研究;能源与燃气供应
2	内蒙古科技大学	能源与环境学院热能工程专业	包头市昆区阿尔丁大街7号	014010	高效洁净燃烧技术的实验研究与数值模拟;冶金热过程研究;稀土冶炼传输过程研究

6. 辽宁省

序号	所在学校	所在院系名称	地址	邮编	主要研究方向
1	大连理工大学	土木工程学院	大连市凌工路2号	116023	空气环境健康与安全;建筑能源系统物联网与节能调控技术;区域能源系统能效提升及城市能源梯级利用;太阳能复合能源建筑技术与装备;新型热泵制冷技术及高效换热设;气候适应型建筑体系及自然调节技术;建筑系统设计及技术应用决策平台构建技术
2	辽宁工程技术大学	建筑工程学院	辽宁省阜新市中华路47号	123000	建筑设备工程;特种结构与设备;建筑节能新技术
3	沈阳大学	建筑工程学院	沈阳市大东区望花南街21号	110168	建筑与土木工程专业硕士
4	沈阳建筑大学	环境系	沈阳市东陵区文化东路17号	110015	供热空调节能技术;建筑节能技术;相变储能理论与技术;建筑室内环境空气质量保障技术;热泵技术;建筑火灾安全理论与技术;可再生能源利用与通风空调新技术

7. 吉林省

序号	所在学校	所在院系名称	地址	邮编	主要研究方向
1	东北电力大学	能源与动力工程学院	吉林省吉林市长春路	132012	清洁燃烧;新能源技术;燃料检测分析
2	吉林建筑工程学院	市政与环境工程学院	长春市红旗街27号	130021	建筑环境控制系统技术应用;新能源和可再生能源在建筑中的应用;建筑热能有效利用技术;建筑节能技术;污水源热泵技术;绿色建筑室内空气品质

序号	所在学校	所在院系名称	地 址	邮 编	主要研究方向
3	长春工程学院	能源动力工程学院	长春市宽平大路395号	130012	建筑与土木工程专业硕士

8. 黑龙江省

序号	所在学校	所在院系名称	地 址	邮 编	主要研究方向
1	哈尔滨工业大学	市政环境学院	哈市南岗区海河路204号	150090	建筑节能与新能源开发利用;城市集中供热系统与公用设施数字化技术;空调制冷系统与室内环境控制技术;城市燃气输配与应用;热工过程智能控制理论与应用;添加剂减阻与湍流数值模拟
2	东北石油大学	土木建筑工程学院	黑龙江省大庆市高新技术开发区发展路199号	163318	高温蒸汽及低温管道保温技术;拌热管道绝热技术;油田设施保温加热产品及软件研发;建筑节能一体化;供热计量改造技术;严寒地区既有建筑节能改造技术;供热管网优化;辐射采暖技术
3	哈尔滨商业大学	能源与建筑工程学院	哈尔滨市松北区学海街1号	150028	制冷空调中的热过程与质传递;制冷空调系统优化设计及智能化控制;热泵技术的研究及应用;食品冷冻冷藏技术;空调工程中的制冷技术;制冷节能与蓄冷技术
4	哈尔滨工程大学	航天与建筑工程学院	哈尔滨市南岗区南通大街145号	150001	供热、空调与制冷技术;能量转换与节能技术;热力系统及设备的优化与控制
5	东北林业大学	土木工程学院	哈尔滨市香坊区和兴路26号	150040	空气源热泵结、除霜特性及相变蓄能除霜技术;寒冷地区公共建筑室内空气品质特性及其控制;强化换热元件结构优化设计;土壤源热泵基础理论研究与应用

9. 上海市

序号	所在学校	所在院系名称	地 址	邮 编	主要研究方向
1	同济大学	机械学院	上海四平路1239号	200092	空调技术中的热湿交换过程和节能技术;空气洁净技术与室内污染物通风控制;燃气供热与制冷
2	上海交通大学	机械与动力工程学院	上海市东川路800号闵行机械群楼	200240	制冷空调中的动态特性;制冷空调中的能源利用与环境控制;气体液化及分离技术;空调系统节能及其自动化

序号	所在学校	所在院系名称	地 址	邮 编	主要研究方向
3	上海理工大学	城市建设与环境工程	上海市军工路516号	200093	大空间建筑室内热环境与环境检测;暖通空调设备系统集成技术及优化;建筑与设备环保节能技术;净化空调技术;通风除尘技术;建筑环境与设备自动控制技术;自然能源在建筑中的应用研究
4	东华大学	环境学院	上海延安西路1882号	200051	建筑环境空气质量控制;热能利用与节能技术;空调系统设备优化;服装与人体舒适性研究;纺织厂空调与除尘技术;抗菌过滤材料研究;气体净化与过滤技术
5	上海海洋大学	食品学院	上海市临港新城沪城环路999号	201306	制冷技术;制冷系统、装置、设备的设计应用研究

10. 浙江省

序号	所在学校	所在院系名称	地 址	邮 编	主要研究方向
1	浙江大学	能源工程学院	杭州市西湖区浙江大学玉泉校区	310058	先端低温技术;高效空调技术;绿色制冷技术
2	浙江理工大学	建筑工程学院	杭州下沙高教园区	310018	建筑节能及能源高效利用;流体输送技术

11. 安徽省

序号	所在学校	所在院系名称	地 址	邮 编	主要研究方向
1	合肥工业大学	土木与水利工程学院	安徽屯溪路193号	230009	暖通空调系统及设备;建筑节能及可再生能源应用技术;燃气储运及城市燃气应用;城市供热系统理论及应用
2	安徽工业大学	建筑工程学院	安徽马鞍山市湖东路59号	243002	热工理论与应用;室内环境品质与控制;建筑可持续系统与评价;工业通风、净化理论与技术
3	安徽理工大学	建筑工程学院	安徽省淮南市舜耕中路168号	232001	人工环境系统的设计与施工、运行调节和设备开发
4	安徽建筑大学	环境与能源工程学院	安徽省合肥市金寨路856号	230022	现代通风空调工程理论与技术;建筑节能与控制技术

12. 江西省

序号	所在学校	所在院系名称	地 址	邮 编	主要研究方向
1	华东交通大学	土木建筑学院	江西省南昌市	330013	制冷空调设备与节能技术;建筑节能;多孔介质理论及其应用

序号	所在学校	所在院系名称	地 址	邮 编	主要研究方向
2	江西理工大学	建筑与测绘工程学院	赣州市红旗大道86号	341000	空气净化与处理新技术;建筑节能与环境控制技术;建筑新能源利用为建筑节能新材料与冶金工业节能新技术

13. 山东省

序号	所在学校	所在院系名称	地 址	邮 编	主要研究方向
1	山东建筑大学	热能工程学院	济南市临港开发区凤鸣路	250101	可再生能源建筑利用技术研究;天然气高效利用技术研究;复杂工程体系换热理论分析与强化研究;燃气输配与燃烧;空调节能与自动控制;建筑热工与能源利用
2	青岛理工大学	环境工程学院	青岛市抚顺路11号	266033	建筑及列车空调与节能技术;新能源及绿色能源利用技术;通风除尘与空气净化
3	山东科技大学	土木工程与建筑学院	山东省青岛经济技术开发区前湾港路579号	266590	人工环境理论;人工环境系统;人工环境设备;热能利用、输配与规划
4	中国石油大学(华东)	储运与建筑工程学院	山东省青岛市黄岛区长江西路66号	266580	热能工程;流动与传热数值模拟与强化传热技术研究;微尺度传热技术;制冷与热泵技术开发;内燃机燃料特性与燃烧模拟;清洁能源开发与利用
5	青岛农业大学	建筑工程学院	青岛市城阳区长城路700号	266109	农业生物环境与能源工程

14. 湖北省

序号	所在学校	所在院系名称	地 址	邮 编	主要研究方向
1	华中科技大学	环境学院	武汉市洪山区武黄路39号	430074	多孔介质传热传质理论与应用;传热强化原理与技术;热工设备中的燃烧优化与技术
2	武汉科技大学	城市建设学院	武汉市青山和平大道947号	430081	供暖空调系统的理论与技术;暖通空调系统模拟与仿真;建筑节能与可再生能源利用
3	武汉纺织大学	环境工程学院	武汉市江夏区庙山开发区阳光大道特1号	430200	空气质量控制技术

15. 湖南省

序号	所在学校	所在院系名称	地 址	邮 编	主要研究方向
1	湖南大学	土木工程学院	长沙市岳麓山	410082	可持续建筑技术;可再生能源建筑应用;既有建筑节能监测与改造;通风空调过程的数值仿真及建筑节能
2	中南大学	能源科学与工程学院	湖南省长沙市麓山南路932号	410012	可再生能源建筑技术及应用;新型制冷空调系统与设备;空气品质与空气污染控制;车辆制冷空调及其测控技术
3	湖南科技大学	能源与安全工程学院	湖南省湘潭市雨湖区石码头2号	411201	建筑室内环境控制;矿井热害防治;建筑室内环境节能与控制
4	南华大学	城市建设学院	湖南省衡阳市常胜西路28号	421001	热质循环热回收技术在工业低品位废热回收中的应用研究
5	长沙理工大学	能源与动力工程学院	湖南省长沙市(雨花区)万家丽泽南路2段960号	410077	能源转换设备的状态评价与优化运行;燃烧理论与高效清洁燃烧技术;动力机械设备流动过程模拟与优化设计;新能源发电与动力技术
6	湖南工业大学	土木工程学院	株洲市河西泰山路	412007	建筑设备节能、建筑环境与室内空气品质的研究

16. 江苏省

序号	所在学校	所在院系名称	地 址	邮 编	主要研究方向
1	东南大学	能源与环境学院	南京市四牌楼2号	210096	新型空调系统;建筑用能系统控制与优化运行、建筑可再生能源利用;IAQ与建筑环境控制的理论;方法和技术研究
2	南京航空航天大学	能源与动力学院	南京市御道街29号	210016	工程热物理;热能工程;制冷剂低温工程
3	南京理工大学	能源与动力工程学院	南京市孝陵卫200号	210094	热力流体输配系统节能;暖通空调制冷系统优化;水电站天然冷源利用技术;相变墙体辐射供暖技术;有机固体废弃物能量回收利用技术
4	中国矿业大学	力学与建筑工程学院	江苏省徐州市泉山区金山东路1号	221008	建筑节能理论与技术;天然能源利用理论与技术;建筑及地下空间环境调节技术与环境评价;矿井降温理论与技术;高效传热传质理论与海水淡化技术;新型空调与制冷技术

序号	所在学校	所在院系名称	地 址	邮 编	主要研究方向
5	江苏大学	能源与动力工程学院	江苏省镇江市学府路 31 号	212013	动力工程与工程热物理
6	江苏科技大学	能源与动力工程学院	江苏省镇江市梦溪路 2 号	212003	空调制冷新技术及设备;可再生能源利用与建筑节能;舰船舱室环境控制系统及设备设计与性能优化;传热传质强化技术与数值模拟
7	南京师范大学	能源与机械工程学院	南京市栖霞区文苑路 1 号	210023	暖通空调系统节能与优化;制冷热泵系统性能分析与优化;新能源在暖通空调中应用
8	南京工业大学	城市建设与安全工程学院	南京市中山北路 200 号	210009	绿色建筑与建筑设备节能技术;可再生能源建筑应用;建筑设备智能化控制技术;通风与防排烟技术
9	扬州大学	水利与能源动力工程学院	扬州市华扬西路路 196 号	225127	室内空气品质与热湿环境;可再生能源利用与建筑节能;暖通空调系统优化与节能

17. 四川省

序号	所在学校	所在院系名称	地 址	邮 编	主要研究方向
1	西南交通大学	机械工程学院	四川省成都市二环路北一段	610031	通风技术;暖通空调节能技术;室内环境质量控制;暖通空调自动化
2	西南石油大学	土木工程与建筑学院	成都市新都区新都大道 8 号	610500	燃气管网安全检测与评价;燃气输配技术;油气管网传热分析与优化
3	四川大学	建筑与环境学院	成都市一环路	610065	污染物控制及其资源化的关键技术;能源与环境新材料与技术
3	西南科技大学	土木工程与建筑学院	四川省绵阳市涪城区青龙大道中段 59 号	621010	通风空调与除尘技术;室内空气品质与空气洁净技术;建筑节能技术;人工环境系统;流体力学及设备;人工环境设备;热能利用
4	西华大学	能源与环境学院	四川省成都市金牛区	610039	流体动力机械的流体动力学理论研究;流体动力机械的数字化设计与制造;流体动力工程优化与自动控制技术;流体及动力机械抗磨蚀材料及表面处理技术

18. 云南省

序号	所在学校	所在院系名称	地 址	邮 编	主要研究方向
1	昆明理工大学	土木工程学院	昆明市一二一大街文昌路 68 号	650093	暖通空调系统节能新技术;市热环境与建筑节能技术

19. 陕西省

序号	所在学校	所在院系名称	地 址	邮编	主要研究方向
1	西安交通大学	能源与动力学院	西安市咸宁西路28号	710049	制冷与空调技术的节能技术；地板采暖技术；建筑能量分析与模拟；建筑外环境与室内空气品质；建筑物理环境分析与绿色建筑技术
2	西安建筑科技大学	环境与市政工程学院	西安市雁塔路13号	710055	建筑物通风空调气流组织优化；特殊环境调控；建筑环境的CFD模拟与调控；置换通风技术及应用；冰蓄冷空调系统优化与评价
3	长安大学	环境工程学院	西安市长安中路小寨校区	710061	辐射供冷空调基础理论及应用；建筑热湿环境形成机理及节能调控；空调热湿交换过程；可再生能源在暖通空调系统中的应用；被动式通风技术
4	西安科技大学	能源科学与工程系	西安市雁塔中路58号	710054	空调节能技术研究；地下建筑通风系统的设计；室内环境检测控制技术；冰蓄冷技术研究；热计量、地板辐射供热技术及水源热泵供热技术研究
5	西安工程大学	环境与化学工程学院	中国·西安·金花南路19号	710048	建筑物内热、湿环境的理论及空气热、湿处理技术；建筑物内空气品质的理论及空气净化处理技术；PM2.5、PM1.0、P M10的测试及过滤技术；建筑节能技术

20. 甘肃省

序号	所在学校	所在院系名称	地 址	邮编	主要研究方向
1	兰州交通大学	环境与市政工程学院	兰州市安宁区安宁西路88号	730070	室内环境控制技术、热能利用与节能技术、通风除尘理论与应用、制冷理论与应用
2	兰州理工大学	土木工程学院	甘肃省兰州市七里河区兰工坪路287号	730050	住宅建筑室内环境保障技术的研究；室内环境污染控制与改善技术；供热空调系统设备的传热传质及其强化；太阳能在建筑中的利用与开发；相变储能理论与技术研究；建筑热工与建筑节能技术；供暖通风空调系统的自动控制

21. 广东省

序号	所在学校	所在院系名称	地 址	邮编	主要研究方向
1	广州大学	土木工程	广州广园中路	510405	空调理论与节能技术研究；建筑通风理论与技术研究；微纳系统传热与流动研究

序号	所在学校	所在院系名称	地 址	邮 编	主要研究方向
2	华南理工大学	土木与交通学院	广州市天河区五山路381号	510641	风工程相关的应用基础研究;建筑风环境模拟;大气污染扩散等
3	广东工业大学	土木与交通工程学院	广州市番禺区广州大学城外环西路100号	510006	建筑热工与建筑节能;空调系统理论与技术;建筑环境及其控制技术;太阳能建筑一体化技术;建筑设备智能控制技术

22. 新疆维吾尔自治区

序号	所在学校	所在院系名称	地 址	邮 编	主要研究方向
1	新疆大学	建筑工程学院	乌鲁木齐市友好北路21号	830008	暖通空调与燃气输配

23. 重庆市

序号	所在学校	所在院系名称	地 址	邮 编	主要研究方向
1	重庆大学	城市建设与环境工程学院	重庆沙坪坝重庆大学B区	400045	建筑节能技术在可持续发展建筑中的应用;可再生能源在建筑中的应用;小城镇可持续发展等建筑能效综合性能评价

24. 河南省

序号	所在学校	所在院系名称	地 址	邮 编	主要研究方向
1	河南科技大学	土木工程学院	洛阳市涧西西苑路48号	471003	空调冷热源节能技术研究;可再生能源在空调冷热源中的利用技术研究;温湿度独立控制的空调系统与冷热源耦合机理研究
2	中原工学院	能源与环境工程系	郑州中原西路41号	450007	暖通空调的基础理论和新技术研究方向;空调节能技术研究方向;室内空气品质及污染物控制技术研究方向
3	河南工业大学	土木建筑学院	郑州市高新技术产业开发区莲花街100号	450001	可再生能源利用与建筑节能;燃气燃烧与应用
4	河南理工大学	土木工程学院	河南省焦作高新区世纪大道2001号	454000	建筑节能理论及技术;城市复杂管网优化技术;人工环境控制理论及技术;太阳能热利用技术;通风除尘理论与技术;空调系统设计及设备开发

序号	所在学校	所在院系名称	地　址	邮编	主要研究方向
5	郑州大学	土木工程学院	郑州市国家高新技术开发区科学大道 100 号	450001	绿色建筑与空调系统节能技术；建筑环境的模拟与调控研究
6	华北水利水电学院	环境与市政工程学院	郑州市北环路 36 号	450011	建筑节能与新能源利用；制冷与热泵技术研究；暖通空调系统节能优化与评价

第三节　建筑环境与能源应用工程专业本科培养方案

根据《国家中长期教育改革和发展规划纲要（2010—2020 年）》的要求，本专业要注重提高人才培养质量，加强专业知识体系建设，做好实验室、校内外实习基地、课程教材等教学基本建设，深化教学改革，强化实践教学环节，推进技术创新创业教育，全面实施高校本科教学质量与教学改革工程。

一、建筑环境与能源应用工程专业规范

1. 专业规范的基本原则

《高等学校建筑环境与能源应用工程本科指导性专业规范》于 2013 年正式出版，该专业规范为指导性规范，遵循的基本原则为：多样化与规范性相统一；拓宽专业口径；规范内容最小化；核心内容最基本要求。

"多样化与规范性相统一"的原则是既坚持统一的专业标准，又允许学校多样性办学，鼓励办出特色；"拓宽专业口径"的原则主要体现为专业规范按照专业知识体系要求构建宽口径的知识单元；"规范内容最小化"的原则体现为专业规范所提出的知识单元和实践技能占用总学时比例尽量少，为各学校留有足够的办学空间，有利于推进学校特色的建设；"核心内容最基本要求"的原则主要是指本专业规范只提出了反映本专业知识单元的基本要求。这种做法有利于鼓励不同院校在满足本专业本科教育基本要求的基础上，充分发挥各自的办学特色。

2. 知识体系构建

本专业知识体系由知识领域、知识单元以及知识点三个层次组成，每个知识领域包含若干个知识单元，知识单元是本专业知识体系的最小集合。在专业要求的知识领域、知识单元及知识点外，由各高校根据本校实际情况设置选修内容，避免雷同化。

在自然科学、工程技术基础、专业基础、专业知识内容中要注重知识领域、知识单元、知识点的关系，注意知识传授的递进，明确对知识体系学习要求的深度（掌握、熟悉、了解），通过本专业学习使学生具有扎实的基础理论知识和系统宽广的专业知识。

3. 课程体系设置

课程体系是实现知识体系教学的基本载体，专业核心课程是对应本专业知识领域设置的课程。本专业规范鼓励各院校根据本校实际情况（设置的专业方向、师资的结构与水平、生源与知识基础）进行课程体系设置。但要注意设置的课程体系必须涵盖本专业要求的知识领域、知识单元及知识点，并明确给出本专业的核心课程及其他课程中需完成的教学任务、相应的学时和学分。

二、山东建筑大学本科专业课程体系

下面介绍山东建筑大学本专业课程体系的建设情况。2015年，山东建筑大学根据《高等学校建筑环境与能源应用工程本科指导性专业规范》在原有本科人才培养经验的基础上，结合该校山东省应用型人才培养特色名校建设及学校"五大工程"的实施，在总结学校近年来教育教学改革成果及本科专业人才培养经验的基础上，全面修订了各个本科专业培养方案。

1. 指导思想

全面贯彻党的教育方针，以《教育部关于全面提高高等教育质量的若干意见》、《山东省高等教育名校建设工程实施意见》、《山东省普通高等学校学分制管理规定》等文件精神为指导，坚持"以人为本，夯实基础，强化实践，突出特色，提高质量"的人才培养思路，把促进人的全面发展和适应社会需要作为衡量人才培养水平的根本标准。立足山东、面向全国、依托行业、开放办学，着力培养"基础实、适应快、能力强、素质高的具有创新精神和实践能力的应用型高级专门人才"，为国家建设事业和区域经济社会提供有力的人才和智力支持。

2. 基本原则

（1）通专结合，协调发展

按照"加强通识教育，打牢学科基础，凝练专业主干，灵活专业方向"的总体思路，优化人才培养体系，实施科学基础、实践能力和综合素质融合发展的人才培养模式。

（2）整体优化，突出特色

结合专业培养标准，构建由专业核心课程组成的课程体系，保证专业基本知识点的传授和基本技能的培养。注重结合该校专业自身优势进行课程体系的整合与教学内容的改革，突出本专业的人才培养特色。部分专业可设置绿色建筑专业方向，鼓励将绿色建筑类课程融入课程体系，体现学校建筑文化特色。

（3）注重创新，强化实践

将实践能力培养和创新创业教育贯穿融入到人才培养全过程。优化实践教学体系，适当加大实践教学比重，加强产学研结合，突出学生工程意识与实践能力培养。构建第二课堂素质教育体系，强化学生创新创业能力、人文精神和职业素养的培养。

（4）分类培养，发展个性

根据不同类型的人才培养需求，尊重学生在基础能力、兴趣特长、发展方向等方面的差异，实行分层次、分类型培养，促进学生的个性化成长。增加选修课程数量，加大学生自主选课范围；调整必修课程开设模式，允许学生自主选择修课学期；有条件的专业可实施订单式、复合型、双专业双学位等人才培养模式。

3. 培养目标与培养要求

（1）培养目标

面向国家建设事业与区域经济社会需求，培养德、智、体、美等全面发展，基础实、适应快、能力强、素质高的具有创新精神和实践能力的应用型高级专门人才。

（2）培养要求

1）具备正确的世界观、人生观和价值观，具有良好的思想道德品质、团结协作精神和高度的社会责任感。

2）具备必要的自然科学基础知识、良好的人文社会科学素养和职业素养，具有较好的外语和计算机应用能力，具有独立获取相关信息的能力。

3）系统掌握本学科专业必需的基础理论、基本知识和基本技能，了解相关学科发展现状及前沿动态，具有综合运用所学知识解决实际问题的基本能力。

4）具有较强的创新精神和实践能力，以及继续学习和不断提高的能力。

5）具有良好的语言和文字表达能力，具有一定的国际视野。

6）达到国家规定的大学生体质健康标准，具有健康的体魄和良好的心理素质。

4. 培养体系及基本要求

专业人才培养体系由理论课程体系、实践教学体系和素质拓展教育体系三个部分组成，其中素质拓展教育体系按课程类别融入理论课程体系、实践教学体系。体系结构如图1.3-1所示。

（1）理论课程体系

课内与课外、第一课堂和第二课堂、必修和选修课相结合，构建"3平台＋3模块＋X课程组"的理论课程体系，搭建通识教育课平台、学科专业基础课平台、核心专业课平台等3个平台；设置专业方向课模块、专业任选课模块、公共选修课模块等；配置创新课程组、创业课程组、职业素养课程组、就业指导课程组、建筑特色课程组等X个素质拓展课程组，不同专业可根据人才培养目标和定位进行选择。

1）平台课程：通识教育课平台主要由思想政治理论课、体育、英语、计算机等公共基础必修课和公共选修课组成。学科专业基础课平台主要包括学科基础课和专业基础课，是与学科专业知识、技能直接联系的基础课程，是学生学习专业课的先修课程。核心专业课平台是指反映本专业核心理论和技能的课程。

2）模块课程。专业方向课程是体现专业不同方向人才培养特色的课程，至少设1个模块。专业任选课程是反映本学科专业或相近学科专业新进展的课程，以拓展学生知识领域。公共选修课是面向全校学生开设的人文社科类、经济管理类等通识教育课程。

3）素质拓展课程组。素质拓展课程组是根据学生素质培养要求、职业发展需要等设定的课程组。

（2）实践教学体系

实践教学体系分为基础实践、专业实践、综合实践三个层次，每个层次设计不同的实践教学模块，构建"层次＋模块"实践教学体系。主要内容包括：实验、实习实训、课程设计（论文）、毕业设计（论文）、创新创业训练、科技文化竞赛、社会实践等。各专业根据学科特点，优化各层次模块组成及实践教学内容。

（3）素质拓展教育体系

构建"课程＋实践"的素质拓展教育体系。完善"创新课程＋创新实践"的创新教育，"创业课程＋创业实践"的创业教育，"职业素养课程＋社会实践"的职业素养教育，提升学生综合素质。将大学生社会实践、课外科技文化活动、创新创业就业教育、安全教育纳入本科人才培养方案，贯穿本科人才培养全过程。

（4）基本要求

学分计算：理论课程（含课内实验、上机）原则上每16学时计1学分，独立设置的

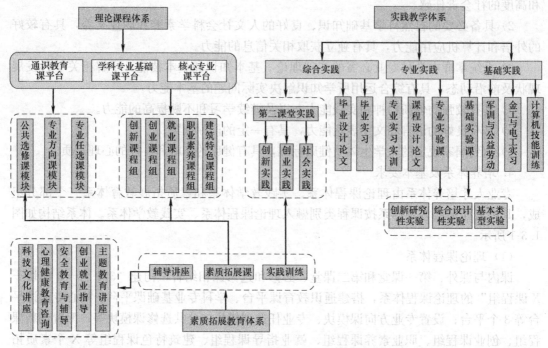

图 1.3-1　本科专业培养方案体系结构示意图

实验类课程 16 学时计 1 学分，军事理论与实践课程 36 学时计 2 学分；集中实践环节 1 周计 1 学分。

毕业学分要求：选修课学分比例一般不低于课程学分的 25％。实践教学学分比重，文管法类专业一般不少于总学分的 20％，理工农艺类专业一般不少于 30％。工学类专业集中实践教学环节不少于 40 周。各类专业毕业学分要求见表 1.3-1。

学期安排：学校实行两学期制，第一学期 20 周；第二学期（19＋1）周，前 19 周主要安排理论教学、课程考核和部分实践教学，最后 1 周安排实习、实训、设计等集中实践教学环节（见图 1.3-2）。

各类专业毕业最低学分要求　　　　　　　　　　　　　　　　　　　表 1.3-1

学时/学分 学科门类	课程总学时/学分	集中实践 环节学分	总学分
工学类	≤2500/156	≥40	190 左右
外语类	≤2700/168	≥25	
其他	≤2600/162	≥30	
五年制	≤3000/187	≥50	240 左右

图 1.3-2　学期安排示意图

课程考核：课程考核方式分为考试和考查，均采用百分制记分。考核方式根据专业与课程性质确定。考试采取闭卷笔试；考查课可采用开卷笔试、口试、论文、大作业等其他方式。

（5）课程设置要求

1）通识教育课

通识教育课包括"思想政治理论课"（以下简称思政课）系列课程，大学英语课程、计算机基础课程、公共选修课、体育系列课程以及素质拓展课程组，各个专业相同。

"思政课"包括《中国近现代史纲要》、《毛泽东思想和中国特色社会主义理论体系概论》、《马克思主义基本原理》、《思想道德修养与法律基础》以及《形式与政策》五门课程。以课堂教学为主，辅助观看影视资料片、参观调查、小组讨论、专题报告等多种教学形式，把讲课、读原著、研讨、参观、社团活动和实际应用结合起来进行教学，加强课外指导和社会实践，课内与课外、校内与校外有机结合，提高"思政课"教学效果与教学质量。

大学英语课程总学时为224学时，14学分，第1～3学期开设大学英语一、大学英语二和大学英语三，性质为必修课，每学期安排64学时（4学分，其中讲课48学时，听力16学时）课堂教学和8学时（不计学分）自主学习；自主学习部分的考核成绩，按10%的比例计入到大学英语一～三成绩中。第4学期开设大学英语四英语必修课程，安排32学时。为满足部分高年级学生的英语学习需求，第5～6学期面向全校开设英语写作、翻译实践、英语口语、科技英语、商务英语、英美社会与文化等公共选修课。

非计算机专业的计算机基础课程实行分层、分类教学，开设《计算机文化基础》（或《计算机应用技术》）和《计算机程序设计》两门课程；学生自主选择修读学期。

公共选修课包括人文社会科学、经济管理、自然科学与工程技术、体育卫生与艺术、外语与计算机五类课程。要求学生毕业前选修总学分不少于6学分，各专业应根据各自特点对人文社科、经济管理、自然科学与工程技术、体育卫生与艺术、外语与计算机五类课程提出分类选修要求。公共选修课实行两学期循环开设。

体育系列课程。体育系列课程分大学体育课和体育类选修课。大学体育课共128学时（8学分），为必修课程，分别在大学一、二年级4个学期开设，每学期32学时（2学分）。另外，每学期4学时的学生体质健康标准测试，不计学分。必修课开设项目有：篮球、排球、足球、手球、羽毛球、乒乓球、网球、武术套路、武术散手、健美操、瑜伽、体育舞蹈、棒垒球、保健体育等。体育类选修课程可在公共选修课程模块中选修。大学体育的教学大纲、教学要求按《学生体质健康标准》文件精神制定。

素质拓展课程组包括形势与政策专题、军事理论与实践、创业就业、心理健康、安全教育等课程，教学形式采取课堂教学与讲座相结合的方式，每16学时为1学分，其中军事理论与实践课安排36学时，结合军训、课外讲座集中安排。

2）学科专业基础课程

学科专业基础课程包括学科基础课、专业基础课和专业课三部分。

学科基础课包括数学、物理、化学、力学等学科基础课程。专业基础课程根据不同专业特点进行分类设计。专业课程则包括专业必修课、限定选修课（专业方向课）和专业任选课。

（6）实践教学

实践环节按教学的层次可分为基础实践、专业实践和综合实践 3 个层次，每个层次下面分若干模块，不同的专业可设不同的模块，并注重课内与课外、校内与校外的有机结合，着重培养学生实践技能、科技创新精神和创业就业能力。

基础实践：旨在培养学生基础性技能。主要包括：军训、公益劳动、计算机技能训练、金工实习、电工实习、基础实验（结合有关学科专业基础课程进行的实验教学）等。

专业实践：旨在培养学生掌握基本的专业技能和方法，促进学生科学思维能力的提高。主要包括专业实习（如认识实习、课程实习、生产实习、室外写生等）、专业实训（如工程测量、模拟训练、雕塑摄影、工程训练等）、课程设计（或论文）、专业实验（包括验证性、综合性、设计性实验）。

综合实践：旨在培养学生综合运用知识，分析解决专业和社会实际问题的能力。主要包括毕业实习、毕业设计（论文），以及创新实践、创业实践、社会实践等第二课堂实践。

三、建筑环境与能源应用工程专业人才培养方案

1. 人才培养方案

2015 年本专业在原有 2014 版人才培养方案的基础上，重新进行了修订，完成了 2015 版建筑环境与能源应用工程专业人才培养方案及教学计划，详见附录 1、附录 2 和附录 3，该计划从 2015 年入学的学生开始执行，并开始实行学分制。新版培养方案中学时与学分结构表见表 1.3-2。

建筑环境与能源应用工程本科专业学时学分结构表　　　　　　表 1.3-2

课程性质	课程类别	学时数	学分数	百分比(%)
必修课	公共必修课	584	36.5	75.8% (119/1880)
	学科基础必修课	672	42	
	专业基础必修课	336	21	
	专业必修课	192	12	
	素质拓展必修课	96	7.5	
选修课	专业限定选修课	344	21.5	24.2% (37.5/600)
	专业任选课	160	10	
	公共选修课	96	6	
小　计		2480	156.5	
集中实践教学模块			40	
合　计			196.5	
毕业需达到的最低学分数			196.5	

注：百分比是指该类课程占课程总学时数百分比。

2. 专业任选课程

建筑环境与能源应用专业涉及建筑环境、建筑节能、可持续建筑、智能建筑等方面，内容比较广。因此，不同的院校根据自身的特点，开设了不同的专业方向。山东建筑大学开设了暖通空调和自动控制两个方向。学生可以根据自己的兴趣和爱好，选择和确定自己最适合的方向。不同的专业方向选修课程的设置也不同，表 1.3-3 和为山东建筑大学暖通方向和自动方向选修课程情况。

建筑环境与能源应用专业选修课程一览表　　　　　　　　　　　　表 1.3-3

序号	课程名称	学分	学时
1	建筑概论	2	32
2	建筑电气	2	32
3	建筑给水排水工程 B	2	32
4	建筑节能新技术	1	16
5	中央空调运行管理	1	16
6	暖通空调设计	1.5	24
7	热泵技术及应用	1.5	24
8	绿色建筑能源系统	1.5	24
9	建筑能源审计	1.5	24
10	可再生能源应用	1.5	24
11	暖通用水处理技术	1	16
12	空气洁净技术	1	16
13	总计	17.5学分	280学时

3. 教学实践环节主要内容

建筑环境与能源应用专业的教学实践环节包括：实习、设计、实验与其他社会实践环节。

（1）实习环节

本专业的专业实习环节主要有认识实习、生产实习和毕业实习。

认识实习是学习专业课程前进行的教学环节，通过认识实习，要求学生能够认识本专业在生产和生活中的重要作用，从而加强学习的责任感，进一步培养对专业课的兴趣和热爱。通过这次实习进一步了解和学习有关空调、制冷、供热、锅炉等系统的设备构成、工作原理、作用等，为以后的专业学习打下基础。

认识实习时间为 1 周，一般是组织学生到工厂或暖通空调用户参观，对本专业相关设备、系统等获取感性认识。根据学生实习笔记、实习报告、实习表现等综合评定实习成绩。

生产实习是在学习了部分专业课程后进行的教学实践环节，通过生产实习，要求学生能够了解本专业中供暖工程、通风工程、空调与制冷工程、锅炉房工程等的施工程序、施工方法、系统相关设备的作用、原理等，同时对暖通空调产品的外形、设计制造过程，应用场合等有最基本的了解。通过生产实习，培养学生热爱劳动、吃苦耐劳的优秀品质。另外也进一步加深学生对本专业施工图纸的了解和认识，从而加强学习的责任感，进一步培养对专业课的兴趣和热爱，为以后的专业学习打下基础。

生产实习时间为 2 周，一般采用组织学生到工地或暖通空调设备生产厂家进行生产劳动，通过劳动，加深对本专业知识的理解。

毕业实习是在学习完了所有专业课程后，在毕业设计前进行的教学实践环节。通过毕业实习，使学生进一步了解和学习暖通空调工程的设计基本知识，收集与毕业设计题目有关的设计资料，补充生产实际知识的不足、巩固与丰富专业知识，为毕业设计工作做好准备。

毕业实习的主要内容如下：

1）了解暖通空调工程设计中应遵循的基本原则和国家制定的有关方针政策与规定。

2）学习暖通空调工程设计的程序、内容、步骤和方法。

3) 学习不同设计方案比较原则及方法。

4) 了解空调机房、制冷机房、锅炉房内设备的布置原则和知识。

5) 了解空调工程设计方面的动向，先进技术采用的情况、存在的问题及方法。

6) 参观相关工程应详细掌握的内容：

机房设备的布置情况；包括设备的数量、名称、设备的大小、产地、设备与设备之间、设备与建筑之间的相关尺寸以及设备合理安装高度、设备的基础高度等，应能画出机房的平面图（草图）。

① 管道布置位置以及管道的安装以及管道与设备之间的连接方式。

② 了解施工安装、操作运行与检修对空调设计的要求。

③ 了解机房对建筑上的要求以及机房对通风、采光安全防火措施的要求。

④ 了解辅助的各间及生活间的情况。

⑤ 同时了解冷冻水系统（冷站）及设备布置情况及管路保温情况。

⑥ 自动控制系统与热工仪表应用情况。

⑦ 参观生产厂家应进一步了解设备的性能结构及其发展情况。

毕业实习时间为 2 周，是学生将所学专业理论和专业知识与实际工程相结合的过程，根据实习报告、实习表现及答辩情况综合评定实习成绩。

（2）设计环节

设计环节包括课程设计和毕业设计两个主要环节。

课程设计一般依附于某门课程，是为了巩固所学知识而设立的教学环节，一般课程设计时间为 1～2 周。综合课程设计是依附于多门课程的综合性设计，设计时间为 4～5 周。各个学校根据所学课程内容不同，安排了不同的课程设计。

毕业设计或毕业论文是本科学生在完成教学计划规定的全部课程后所必须进行的重要实践教学环节，是大学生专业知识深化和系统提高的重要过程，是对学生实践能力、创新精神、理论联系实际能力的综合训练，是培养学生探求真理的科学精神、科学研究方法和优良的思想品质等综合素质的重要途径。

在毕业设计（或论文）过程中，通过完成具有一定理论或实践意义的科研性课题，使其受到科学研究方法的基本训练，培养学生综合运用、巩固与扩展所学的基础理论和专业知识，提高学生独立分析和解决问题的能力。另外，在设计过程中，学生通过查阅文献和收集资料、理论分析、经济技术分析、方案制定、计算、数据处理、使用计算机、外文阅读和翻译、撰写设计说明书或论文写作等方面的基本技能都得到进一步的训练和提高。

毕业设计时间一般为 13～15 周。毕业设计成绩的评定一般是根据毕业设计图纸（或论文）、毕业答辩来综合评定。

（3）实验环节

实验课是教学环节的重要组成部分。通过实验教学可以培养学生的科学研究方法和协作精神，同时锻炼学生的动手能力。建筑环境与能源应用专业的实验分为两大类：一类为教学实验，另一类为开放性实验。

教学实验为课程教学过程中根据课程安排的实验内容，各个学校一般根据自己的特点并结合全国建筑环境与能源应用专业指导委员会建议的教学实验自行确定实验数量和内容。山东建筑大学本专业开设的专业基础和专业课程实验教学内容见表 1.3-4。

建筑环境与能源应用专业教学实验内容   表 1.3-4

课程名称	实验名称		学时数
	序号	名称	
流体力学	1	动量方程实验	2
	2	文丘里流量计实验	2
	3	气体紊流射流实验	2
	4	雷诺数实验	2
	5	管路沿程阻力实验	2
	6	管路局部阻力实验	2
	7	孔口、管嘴实验	2
	8	阀门不同开启度阻力系数的测定	2
工程热力学	1	二氧化碳临界状态观测及 PVT 关系实验	2
	2	气体定压比热测定实验	2
传热学	1	材料导热系数和导温系数测定实验	2
	2	空气自由对流换热系数测定实验	2
自动控制原理	1	不同对象的阶跃响应分析	2
	2	PID 控制器分析	2
建筑环境测试技术	1	风管内风量测定实验风管	2
	2	热电偶校验实验	2
	3	热工仪表操作实验	2
	4	压力计校正实验压力计校正实验	2
流体输配管网	1	供热管网调节实验	2
热质交换原理与设备实验	2	喷淋室性能	2
锅炉与锅炉房设备	1	煤的发热量测定实验	2
	2	煤的挥发份测定实验	2
	3	煤的烟气分析实验	2
供热工程	1	热水供暖系统模拟实验	2
	2	散热器热工性能实验	2
通风工程	1	旋风除尘器性能实验	2
	2	工作区空气含尘浓度测定实验	2
制冷技术	1	制冷压缩机性能实验	2
	2	热泵系统运行实验	2
空气调节	1	风机盘管空调器制冷量的测定实验	2
	2	风机盘管空调器水侧阻力实验	2
	3	建筑室内热湿环境测试实验	2
燃气供应	1	土壤腐蚀性测定实验	2
	2	湿式气体流量计校正实验	2

开放性实验是针对优秀学生而开设的教学环节，旨在加强学生创新意识、创新能力和实践能力的培养。实验室开放分校内对学生开放和校外向社会开放两种形式。实验室向学生开放的具体形式分为学生参与科研型、学生参加提高型、自选课题型等，采用以学生为

主体、教师加以启发指导的模式。

1）学生参与科研型开放实验

主要面向高年级学生，实验室定期发布科研项目中的开放研究题目，吸收部分优秀学生早期进入实验室参与教师的科学研究活动。

2）学生参加提高型开放实验

实验室定期发布教学计划以外提高型实验项目，学生在指导教师的指导下，完成实验方案的设计、试验装置安装与调试，完成实验并撰写论文或实验报告。

3）学生自选实验课题型开放实验

学生自行拟定实验研究课题，结合实验室的方向和条件，联系到相应实验室和指导教师开展实验活动，实验室提供相应的实验条件，指派教师进行指导。学生参加开放性实验可获得创新性实践学分。

第四节 专业学习与执业资格考试

一、专业学习方法

专业学习是大学生最主要的任务，调查表明，大学一年级新生存在学习方面的问题主要表现在：因为就读的专业并非自己的兴趣所在；对自己所学的专业不了解，缺乏学习热情和兴趣，学习态度消极；对大学的学习方法感到茫然，甚至无所适从。因此，及时转变学习方法，适应大学教学方法和学习方法，培养对专业的学习兴趣和热爱是大学生顺应新环境必须做出的选择。

1. 中学与大学学习的区别

（1）学习目的

中学主要是传授基础科学、文化知识，是为广大学生的继续深造和就业做一般性的基础文化知识准备，不考虑未来职业的具体要求。大学教育则是一种按照专业分类的专门教育，其教学目标是瞄准未来具体职业的特殊教育。因此，大学教育是培养高级专门人才的成才教育。大学所传授的知识既有专业基础知识，又有专业知识；既重视实际动手操作技能的培养，又有本学科研究前沿的最新成就和动向的介绍和探索。大学所培养的人才既有学术型、研究型，也有应用型、技术型。大学的学习方法也与中学不同，大学的课堂教学已远不是知识和应试技巧的传授，而更多的是引导性质的、探讨性的甚至是质疑性的，而学生的学习目的和动机更加明确，学习的主动性也更强。

（2）学习内容

中学阶段的学习主要依赖老师，教学内容也相对浅显，要求学生把课本内容吃透，并达到熟练的目的，学生学习多数时间是被动接受。而大学则主要是获取新知识，培养继续学习能力，特别是自学能力。与获取知识相比，能力的培养和素质的提高，无疑是更重要的。

高等教育的教学手段、教学目标、教学内容、管理方法与中学相比会发生质的飞跃，大学生不必受统一教材、统一进度、统一知识获取方式的制约，可以按自己的方式来学习。因此从中学阶段进入大学，是人生的一个主要转折期。很多同学从中学阶段的集体管理方式，一下子转变为相对松散的大学管理方式，很容易产生一些不适应现象，出现一些心理和其他方面的问题。必须及时调整心态，尽快完成这个转变。

2. 学习方法

实践证明，学习动机与学习效果有很大的关系。学习动机强，学习积极性高，往往学习效果好。学习动机则主要来源于学习目标的确定及对所学专业的了解。

建筑环境与设备工程专业是一个经久不衰的专业，在新的形势下，专业有了新的内涵和发展方向，就业的广度有了新的拓展。不能从专业名称上来判断专业的好恶感，要尽快了解本专业的情况，确定可行的努力方向。实践证明，是否培养了对专业的学习兴趣和爱好，学习的效果大不相同。即使对所学专业不感兴趣，也没有必要自暴自弃。学习专业知识只是一个方面，能力培养才是最重要的。大学生培养能力的范围很广，主要包括自学能力、操作能力、研究能力、表达能力、组织能力、社交能力、查阅资料、选择参考书的能力、创造能力等。总之，这些能力都为将来在事业上奋飞做准备。

正如爱因斯坦所说："高等教育必须培养学生具备会思考、探索问题的本领。人们解决世上的所有问题使用大脑的思维能力和智慧，而不是搬书本"。我们提倡"干什么，就爱什么"，但未必一定"要学什么就干什么"。具备了能力，就是不从事本专业的工作，也是大有前途的，同样会取得成功。

要学好专业知识，除了有良好的学习态度外，科学的学习方法也是必不可少的。好的学习方法可以起到事半功倍的效果。首先，必须做到课堂上认真听讲，提高课堂学习效率；其次是注意及时复习，找出难点和疑点，及时消化；三是善于总结，注意问题的典型性和代表性，起到举一反三的作用；四是重视与教师和同学之间的交流，这样能够印象深刻、并能够从中得到启发，找到解决问题的方法；五是多读一些参考书，广泛了解本行业最新技术和科学信息，了解专业发展动向及社会对人才的需求。

二、职业规划与就业分析

1. 职业规划的必要性

职业规划对很多中国人来说都很陌生，这个问题与我们的教育体系和文化背景有很大关系。尽管职业规划对中国大学生来说还比较陌生，但毫无疑问，大学生需要职业规划。在英国，大学的职业培训系统非常完善，各个大学都有就业指导中心。现在，一些以研究著称的英国名牌大学也意识到职业培训的重要性，开始紧锣密鼓地与企业合作，加强这方面的培训和服务。与国外相比，我们在职业兴趣培养和职业生涯教育方面有着不足和差距。为了弥补这一差距，建筑环境与设备工程专业的学生应认真做好自己的职业规划，以便在将来的竞争中取得一席之地。

职业规划指的是一个人对其一生中所承担的职务和相继历程的预期与计划。包括一个人的学习，对一项职业或组织的生产性贡献和最终退休。职业规划的本质是根据自己的兴趣、特长和专业特点，结合社会的需求和发展趋势，系统地规划自己的人生和未来。职业规划一旦设定，她将时时提醒你已经取得了哪些成绩以及你的进展如何。当你为自己设计职业规划时，你正在用头脑为自己要达到的目标规定一个时间计划表，即为自己的人生设置里程碑。

个人的职业规划并不是一个单纯的概念，它和个体所处的家庭及社会存在密切的关系。每个人要想使自己的一生过得有意义，都应该有自己的职业规划。职业对大多数人来说，都是生活的重要组成部分，但是职业既不像家庭那样成为我们出生后固有的独特的社会结构、也不像货架上的商品那样，可以让我们随意挑选。大学生职业规划的意义在于寻找适合自身发展需要的职业道路，实现个体与职业的匹配，体现个体价值的最大化。一个没有计划的人生就像一场没有球门的足球赛，对球员和观众都兴味索然。一个没有职业规划的大学生，即使淡化专业对口，不再关心户口问题，甚至对工资没有什么要求，但因为没有工作经验、知识储备能力不足、英语不够好、自我定位不够准确等原因，也有可能找不到工作。

2. 职业规划的方法

面队严峻的就业形势和就业环境，以及为了自己成才的需要，建筑环境与设备工程专业的学生应该为自己的职业发展着想，有必要按照职业规划理论加强对自身的认识和了解，找出自己感兴趣的领域，及早进行职业规划和社会切入。

(1) 明确自身的定位和优势

大学生进行职业规划时，最重要的是要清醒地认识自我，给自己进行明确的人生定位。自我定位和规划人生就是明确自己"我想干什么"、"我能干什么"、"我的兴趣和爱好是什么"、"我的特长是什么"、"社会的发展趋势是什么"等等诸如此类的问题，使理想可操作化，为介入社会提供明确的方向。

定位首先就是明确自己的能力大小，给自己打分，看看自己的优势和劣势，找出自己与众不同的地方，并将其发扬光大。

1) 我学习了什么？在校期间，我从学习的专业中获取些什么收益；参加过什么社会实践活动，提高和升华了哪方面的知识。专业也许在未来的工作中不起多大作用，但在一定程度上决定自身的职业方向，因而尽自己最大努力学好专业课程是职业规划的前提条件之一。因此绝不能否认知识在人生历程中的重要作用，一个人所具有的知识是他得到满意工作的前提条件之一。

2) 我曾经做过什么？经历是个人最宝贵的财富，往往可以从侧面反映出一个人的素质、潜力状况。如在大学期间担任过学生会干部、曾经为某知名组织工作过等社会实践活动所取得的成绩及经验积累、获得过的奖励等。

3) 我最成功的是什么？我做过很多事情，但最成功的是什么？为何成功？是偶然还是必然？是否自己能力所为？通过对成功事例的分析，可以发现自我优越的一面，譬如坚强、果断、智慧超群，以此作为个人深层次挖掘的动力之源和魅力闪光点，形成职业规划的有力支撑。寻找职业方向往往要从自己的优势出发，以己之长立足社会。

4) 我的弱点是什么？人无法避免与生俱来的弱点，必须正视，并尽量减少对自己的影响。譬如，一个独立性强的人很难与他人默契合作，而一个优柔寡断的人绝对难以担当组织管理者的重任。卡耐基曾说："人性的弱点并不可怕，关键要有正确的认识，认真对待，尽量寻找弥补、克服的方法，使自我趋于完善"。在大学期间，应针对自身劣势，制定出自我学习的内容，努力克服和提高。

(2) 确定职业目标

每个人都应该知道自己现在和将来要做什么。对于职业目标的确定，需要根据不同时期的特点，根据自身专业的特点、工作能力、兴趣爱好等分阶段制定。许多人在大学时期就形成了对未来职业的一种预期，往往定位过高，趋于理想化。譬如。只盯着公务员、大企业等。

职业生涯目标的确定，是个人理想的具体化和可操作化，是指可预想到的、有一定实现可能的最长远目标。职业目标的确定并无定式可言，关键是要依据自身实际，适合于自身发展。伴随着现代科技与社会进步，个人要随时注意修订职业目标，跟上社会的发展，才不至于被社会淘汰出局。

（3）进行职业和社会分析

社会在进步，作为即将进入社会的大学生，应该善于把握当前社会、政治、经济发展趋势，社会热点职业门类分布及需求状况，本专业在社会上的需求形势等等。

（4）明确选择职业方向

通过以上自我分析，要明确自己该选择什么样的职业方向，即选择"干什么"的问题，这是职业规划的核心。职业方向的选择应按照职业生涯规划的四项基本原则，结合自身实际来确定，即选择自己所爱的原则，择己所长的原则，择世所需的原则和服务社会、实现自我的原则。

（5）规划未来

对于一个有良好背景的人来说，不应只看到眼前的利益，志向应该远大一些。人生最大的困扰在于平庸，只要有理想、有毅力，肯定会有一个辉煌的未来。

3. 就业与工作分析

建筑环境与设备工程专业是一个应用型的专业，学生有较好的就业前景，同时土建类专业也是未来最热门的专业之一。在北美地区是毕业生起薪最高的专业之一，排在十大热门专业的第 7 位。又如，澳大利亚制冷空调技师面临全国性的人才短缺，在就业前景中属于最优先的级别。这几年一直列为紧缺移民职业范围，年龄较大或者刚工作没有工作经验加分的制冷空调技师都可移民到澳大利亚。

建筑环境与设备工程专业是未来需求最旺盛的专业之一，建筑环境与设备工程专业所培养的毕业生能够胜任与建筑环境与建筑设备相关的工作，适合在国内外设计院、研究所、建筑安装工程公司、物业管理公司、军队营房基地、高等院校、市政园林政府部门以及相关企业等单位从事设计、技术支持、经营、运行管理、监理、概预算等工作。具体来讲可以进行以下几个方面的工作。

（1）进行设计工作

在建筑设计单位从事供热、通风、制冷和空调工程设计；从事建筑给水排水工程设计；从事建筑电气及智能建筑等方面的设计；也可以在制冷空调设备公司和设备制造企业从事建筑设备的设计和研发工作，还可以在市政部门从事燃气供应等设计工作。

（2）从事概预算等工程造价方面的工作

毕业生可以从事供热、通风、制冷、空调、建筑给水排水工程、建筑电气工程概预算和安装工程招投标等工作。

（3）从事施工管理和施工组织工作

在建筑安装公司或房地产公司从事暖通空调、建筑给水排水、建筑电气工程等工程施工。

（4）从事工程监理工作

本专业的毕业生可以在质量检查部门（质量监督局、检测站）从事建筑与建筑设备的安装质检工作，在安装工程监理公司从事设备监理工作。

（5）从事建筑环境管理与建筑设备维护工作

本专业的毕业生可以在高级商厦、宾馆饭店、办公大楼、机场、邮政大楼、会展中心、地铁、医院等大型民用建筑及卷烟厂、医药厂、纺织厂、冷冻站、电子厂等工业建筑及物业公司从事建筑环境与建筑设备的管理与维护工作。

（6）销售与管理

本专业的毕业生也可以从事建筑设备、制冷、空调设备等产品的销售和售后服务及管理工作。

（7）建筑能源环境评估与咨询

随着建筑能源与环境日益受到重视，越来越多的本专业毕业生可能从事建筑环境与能源环境模拟、评估和咨询的相关工作，成为建筑能源环境工程师。这是一个新兴的行业和领域，具有很好的发展前景。

可以说建筑环境与设备工程专业的毕业生就业前途广泛，本专业相当多的院校一次就业率就在90%以上。

三、执业资格考试

随着市场经济的发展，实行以执业资格为基础的行业准入制度将成为大势所趋。知识型、技能型、操作型的工程师将成为市场的抢手对象。有专家指出，在紧俏的建筑类人才中，能够把好建筑质量关的注册工程师将成为"金字塔的顶端"，这类人才的市场需求巨大。

根据住房和城乡建设部和人力资源和社会保障部的规划，从2001～2010年，我国将在建设领域全面实行注册工程师的执业制度。在今后的若干年内，我国将新产生出注册建筑师、注册结构工程师、注册造价工程师、注册土地评估师、注册岩土工程师、注册监理工程师、注册土木工程师、注册公用设备工程师等十多个新职业。注册公用设备工程师将与注册律师、注册会计师一样，成为一个企业最需要的、工作上能够独当一面的将才。

执业准入制度和任职资格是由多种因素组成的，包含了教育标准、职业实践标准、考试标准、注册标准、继续教育标准等方面，既包括了对专业技术人员的专业知识、技术水平的要求，又包括了对法律法规和职业道德的要求。

1. 执业资格制度的背景

中国加入WTO后，根据我国对WTO的承诺，勘察、设计、咨询市场自中国加入WTO后3年之内部分开放，5年后全部开放，国外具备条件的单位和个人将进入我国市场开展设计、咨询服务，享受同等的国民待遇。同样，我国的勘察、设计、咨询工程师也可以进入全球各个WTO成员方开展这方面的业务和工作。这意味着全球的勘察、设计、咨询市场是一个彻底开放的、不设防的多边市场。因此，为加速我国与世界各国的接轨，遵守国际社会共同遵守的"游戏规则"，按照WTO的要求，我国出台了勘察设计咨询行业的执业资格注册制度。

在此背景下，人事部与建设部于2001年正式出台了《勘察设计行业注册工程师制度总体框架及实施规划》，这个文件标志着我国注册工程师制度的全面启动。注册工程师认证制度总体框架将我国勘察设计行业执业资格注册制度分为三大类：即注册建筑师、注册工程师和注册景观设计师，其中注册工程师又分为17个专业。

2. 职业资格实施过程

注册公用设备工程师是指取得《中华人民共和国注册公用设备工程师执业资格证书》

和《中华人民共和国注册公用设备工程师执业资格注册证书》，从事暖通空调、给水排水、动力等专业工程设计及相关业务活动的专业技术人员。可见，要成为一名有专业资格的设备工程师，必须通过全国性职业资格考试，取得公用设备行业的执业资格证，并顺利将执业资格证书注册，从而取得职业资格的注册证书。在实施注册公用设备工程师执业资格考试之前，已经达到注册公用设备工程师执业资格条件的，可经过考核认定，获得《中华人民共和国注册公用设备工程师执业资格证书》。

  注册公用设备工程师又分为三个方向，即暖通空调方向、动力工程方向和给水排水方向。每个专业方向按专业划分又分为本专业、相近专业和其他工科专业，见表1.4-1。

注册公用设备工程师新旧专业对照表   表1.4-1

方向	专业划分	新专业名称	旧专业名称
暖通空调	本专业	建筑环境与设备工程	供热通风与空调工程； 供热、空调与燃气工程； 城市燃气工程
	相近专业	国防内部环境与设备 飞行器环境与生命保障工程	飞行器环境控制与安全救生
		环境工程	环境工程
		安全工程	矿山通风与安全、安全工程
		食品科学与工程	冷冻冷藏工程（部分）
		热能动力与工程	制冷与低温技术
	其他工科专业	除本专业和相近专业外的工科专业	
动力	本专业	热能动力与工程	热力发动机； 流体机械与流体工程； 热能工程与动力机械（含锅炉、涡轮机、压缩机等）； 热能工程； 制冷与低温技术； 能源工程； 工程热物理； 水利水电动力工程； 冷冻冷藏工程（部分）
		建筑环境与设备工程	供热通风与空调工程； 供热、空调与燃气工程； 城市燃气工程
		化学工程与工艺	化学工程； 化学工艺； 化学工程与工艺； 煤化工（或燃料化工）
		食品科学与工程	冷冻冷藏工程（部分）
	相近专业	飞行器设计与工程 飞行器动力工程 过程装备与控制工程 油气贮运工程	空气动力学与飞行力学； 飞行器动力工程； 化工设备与机械； 石油天然气贮运工程
	其他工科专业	除本专业和相近专业外的工科专业	

方向	专业划分	新专业名称	旧专业名称
给水排水	本专业	给排水科学与工程	给排水科学与工程
	相近专业	环境工程	环境工程
	其他工科专业	本专业和相近专业外的工科专业	

注册公用设备工程师属于一种执业资格考试，只要是工科专业，有志于从事公用设备的工作都可以参加这个执业资格考试。建筑环境与设备工程专业是与所注册的设备工程师执业资格最对应、最接近的专业。

当然，执业资格制度不过是个"持证上岗"的制度，有了注册公用设备工程师证书只不过是有了进入行业工作的"敲门砖"。目前，国际上广泛实行的以学历证书和执业资格证书并重的"双证书"人才认证制度。

3. 职业资格考试组织与报考条件

国家对从事公用设备专业工程设计活动的专业技术人员实行执业资格注册管理制度，纳入全国专业技术人员执业资格制度统一规划。住房和城乡建设部、人力资源和社会保障部共同负责注册公用设备工程师执业资格考试工作。全国勘察设计注册工程师管理委员会负责审定考试大纲、年度试题、评分标准与合格标准。注册公用设备工程师执业资格考试实行全国统一大纲、统一命题的考试制度，原则上每年举行一次。

凡中华人民共和国公民，只要遵守国家法律、法规、恪守职业道德，并具备相应专业教育和职业实践条件者，均可参加注册公用设备工程师执业资格考试。经国务院有关部门同意，获准在中华人民共和国境内就业的外籍人员及港、澳、台地区的专业人员，符合规定要求的，也可按照规定的程序申请参加考试、注册和执业。

在实施注册公用设备工程师执业资格考试之前，已经达到注册公用设备工程师执业资格条件的，可经考核认定，获得《中华人民共和国注册公用设备工程师执业资格证书》。除此之外的其他人员都必须参加考试才能获得资格证书。

专业考试分为基础考试和专业考试。要申请参加基础考试，必须具备下列条件之一：

（1）取得本专业（指公用设备专业工程中的暖通空调、动力、给排水科学与工程专业）或相近专业大学本科及以上学历或学位；

（2）取得本专业或相近专业大学专科学历，累计从事公用设备专业工程设计工作满1年；

（3）取得其他工科专业大学本科及以上学历或学位，累计从事公用设备专业工程设计工作满1年；参加基础考试合格并按规定完成职业实践年限者，方能报名参加专业考试。

基础考试合格后，如果具备下列条件之一者，可申请参加专业考试：

（1）取得本专业博士学位，累计从事公用设备专业工程设计工作满2年；或取得相近专业大学博士学位后，累计从事公用设备专业工程设计工作满3年；

（2）取得本专业硕士学位，累计从事公用设备专业工程设计工作满3年；或取得相近专业大学硕士学位后，累计从事公用设备专业工程设计工作满4年；

（3）取得本专业在内的双学士学位或本专业研究生班毕业后，累计从事公用设备专业工程设计工作满 4 年；或取得相近专业大学双学士学位或研究生班毕业后，累计从事公用设备专业工程设计工作满 5 年；

（4）取得本专业教育评估的大学本科学历或学位后，累计从事公用设备专业工程设计工作满 4 年；或取得未通过本专业教育评估的大学本科学历或学位后，累计从事公用设备专业工程设计工作满 5 年；或取得相近专业大学本科学历或学位后，累计从事公用设备专业工程设计工作满 6 年；

（5）取得本专业大学专科学历后，累计从事公用设备专业工程设计工作满 6 年；或取得相近专业大学专科学历后，累计从事公用设备专业工程设计工作满 7 年；

（6）取得其他工科专业大学本科及以上学历或学位后，累计从事公用设备专业工程设计工作满 8 年。

由本人提出申请，经所在单位审核同意，携带有关证明材料到当地考试管理机构办理报名手续。经考试机构审查合格后，发给准考证，应考人员凭准考证在指定时间、地点参加考试。国务院各部门所属单位和中央管理企业的专业技术人员按属地原则报名参加考试。每年的考试报名组织工作至 7 月中旬结束（各地不统一），考生可根据自己的专业学历、业务专长，在注册公用设备工程师暖通空调、给水排水、动力等专业中选一项报名，一般在 9 月下旬考试。考试合格者，由各省、自治区、直辖市人事行政部门颁发人力资源和社会保障统一印制的《中华人民共和国注册公用设备工程师执业资格证书》。

4. 执业资格考试科目与形式

执业资格考试分为基础考试和专业考试，专业考试又分专业知识和专业案例两部分内容，每部分内容均分为 2 个半天进行，每个半天考试时间均为 3 小时。

注册公用设备工程师（暖通空调、给水排水、动力）专业资格考试由基础考试和专业考试组成，分为 2 天考试，第一天为基础知识考试，分为 2 个半天进行，各为 4 小时，考试题型为客观题，上、下午各 70 道题，其中单选题 40 题，每题分值为 1 分，多选题 30 题，每题分值为 2 分，试卷满分为 200 分；成绩上午和下午合并计分。第二天为专业案例考试，上午 25 道必答题、下午 25 道必答题（对于有选择作答的 25 道必答题，如考生在答题卡和试卷上作答超过 25 道题，按题目序号从小到大的顺序对作答的前 25 道题评分，其他作答题无效），每题分值为 2 分，试卷满分为 100 分；成绩上午和下午合并计分。考试时间每天上午、下午各 3 小时。专业考试为非滚动管理考试，考生应在一个考试年度内通过全部考试。

各专业的基础考试均为闭卷考试，只允许考试使用统一配发的《考试手册》（考后收回），禁止携带其他参考资料。各专业的基础考试上午为统一试卷（即暖通空调、动力、给排水方向公用一套试卷），下午为分专业试卷。

各专业的专业考试为开卷考试，允许考生携带正规出版社出版的各种专业规范、参考书和复习手册。

注册公用设备工程师执业资格基础课考试大纲和考试内容见附录 1，专业课考试大纲和考试内容见附录 2。

5. 注册

基础考试和专业考试合格后，可获得《中华人民共和国注册公用设备工程师执业资格证书》。取得《中华人民共和国注册公用设备工程师执业资格证书》者，只要符合注册条件，可向所在省、自治区、直辖市勘察设计注册工程师管理委员会提出申请，由该委员会向公用设备专业委员会报送办理注册的有关材料。申请人经注册后，方可在规定的业务范围内执业。公用设备专业委员会将准予注册的注册公用设备工程师名单报全国勘察设计注册工程师管理委员会备案。注册公用设备工程师执业资格注册有效期为2年。有效期满需继续执业的，应在期满前30日内办理再次注册手续。

6. 执业

取得注册设备公用设备工程师执业资格证书，并顺利注册以后的工程师，可以在以下领域从事执业工作：

1）公用设备专业工程设计（含本专业的环保工程）；

2）公用设备专业工程技术咨询（含本专业的环保工程）；

3）公用设备专业工程设备招标、采购咨询；

4）公用设备工程的项目管理业务；

5）对本专业设计项目的施工进行指导和监督；

6）国务院有关部门规定的其他业务。

在公用设备专业工程设计、咨询及相关业务工作中形成的主要技术文件，应当由注册公用设备工程师签字盖章后生效。任何单位和个人修改注册公用设备工程师签字盖章的技术文件，须征得该注册公用设备工程师同意；因特殊情况不能征得其同意的，可由其他注册公用设备工程师签字盖章并承担责任。

四、专业组织与学术刊物

建筑环境与设备工程专业学科的学术组织、学术刊物、学术会议等对推动本学科的技术发展、工程应用和人才培养等起着很重要的作用。大学生通过了解这些专业组织和专业资源，能够及时了解本领域的最新动态和最新专业知识，促进专业课程的学习，并对未来的就业和研究方向起到指导作用。

1. 本专业主要学术组织

（1）美国供热、制冷空调工程师学会（ASHRAE）

ASHRAE 是 The American Society of Heating，Refrigerating and Air-conditioning Eingineers 的缩写，是世界上知名的国际学术组织，成立于1894年，其出版的国际性期刊 ASHRAE Journal、ASHRAE transactions、ASHRAE Handbook 等都对相关领域具有重要影响，也是我们了解本专业新技术的窗口。

（2）国际室内空气品质协会（ISIAQ）

ISIAQ 是 International Society of Indoor Air Quality and Climate 的缩写。ISIAQ 成立于1992年，是一个国际性的、独立性的、跨学科的、非盈利性的组织，其目的是为建立一个健康、舒适和生产效率高的室内环境而努力。ISIAQ 的会员包括各个方面的科学家，如管理和制定规范的专家、健康专家、职业医师、建筑业主和管理人员、空调工程师、建筑师以及环境工程领域律师等。

（3）英国屋宇设备工程师学会（CIBSE）

CIBSE 是英国屋宇设备工程师学会 Chartered Institute of Building Service Eingineers 的缩写，CIBSE 主要涉及与建筑设备有关的设计、安装、维修及制造的各个方面。

（4）国际制冷学会（IIR）

国际制冷学会（International Society of Refrigeration，IIR）是一个政府间的科技组织，其旨在世界范围内研究、推广和共享制冷领域所有的科技成果。IIR 提供的主要信息有制冷领域所有的数据库资料、各种出版物、网络图书馆、IIR 报告、信息搜索服务等。

（5）美国制冷空调工业协会（ARI）

美国制冷空调工业协会（Air-conditioning and Refrigerating Institute，ARI）囊括了北美 90% 的生产中央空调和商业制冷的设备制造商，是一个制冷空调领域的行业协会。ARI 最早追溯到 1953 年，当时只是美国一家制冰机器制造厂，经过几十年的发展，ARI 已成为国际上空调制冷行业最有名的协会。ARI 的活动主要包括以下几个方面：制定 ARI 标准、产品性能证明、发展会员资格、开展教育和培训。

（6）国际地源热泵协会（IGSHPA）

国际地源热泵协会是热泵研究领域最有实力的组织之一，尤其是在地埋管地源热泵的研究和设计方面最有影响。该网站的主要资源包括地源热泵的设计、模拟、计算方面的论文和软件等。

（7）中国制冷学会

中国制冷学会（Chinese Association of Refrigeration）是全国制冷、空调行业的学术团体，是中国科学技术协会所属的全国一级学会之一，并于 1977 年加入国际制冷学会。中国制冷学会下设 6 个专业委员会：第一专业委员会——低温专业委员会；第二专业委员会——制冷机械设备专业委员会；第三专业委员会——冷藏冻结专业委员会；第四专业委员会——冷藏运输专业委员会；第五专业委员会——空调热泵专业委员会；第六专业委员会——小型制冷机低温生物医学专业委员会。

中国制冷学会的主要任务是组织学术交流和科技咨询；编辑和出版《制冷学报》等技术资料和读物；组织各类培训班；促进国际学术交流；向政府和有关部分提出促进制冷科技发展建议、技术政策等；举办国际性空调、制冷及食品加工展览会和各类技术交流会，引进国外先进技术和产品，促进中国制冷业的发展。此外中国制冷学会还承担了全国制冷标准化技术委员会的工作，负责制冷行业各项标准的制定、修订和推广。

（8）中国建筑学会（ASC）

中国建筑学会（Architectural Society of China，ASC）成立于 1953 年，是经民政部批准注册的独立法人社团，也是中国科技协会所属的一级学会之一。学会下设 20 个分会，如暖通空调分会、热能动力分会等。

中国建筑学会的基本任务是开展各项学术活动，编辑出版各种学术刊物，对重大科技问题和工程项目进行咨询、评估，组织国际学术交流，定期评奖如建筑创作奖、暖通空调工程优秀设计奖、优秀论文奖等。中国建筑学会出版的本专业刊物有《建筑热能通风空调》等。

（9）中国制冷空调工业协会（CRAA）

中国制冷空调工业协会（China Refrigeration and Air-conditioning Industry Association，CRAA）成立于 1989 年，中国制冷空调工业协会是以生产制冷空调设备企业为主体、包括有关科研、设计、高等院校等事业单位和社会团体自愿组成的跨地区、跨部门的行业组织。协会开展的主要工作有：组织行业基本状况调研，反映问题并提出建议；向政府部分提出有利于行业发展的政策和建议；制定协会标准，参与并组织行业标准的宣传；对制冷空产品进行性能认证；为企业提供市场信息；开展技术咨询、服务与交流；组织展览和专业考察，帮助企业开辟国外市场；编辑出版专业刊物（《制冷与空调》杂志）、技术资料等。

（10）中国城镇供热协会

中国城镇供热协会是以全国各地供热企业为主体，有关设计、科研、院校、厂家参加的全国性行业社团，业务主管部门为住房和城乡建设部，其主要任务有：宣传国家有关集中供热方面的政策；开展调查研究、收集、整理基础资料，为政府主管部门制定政策、规划等提供依据；组织交流和推广供热方面的成果和经验；开展技术培训，对供热行业管理进行技术指导；开展技术咨询，参与重大供热项目的审查和验收，组织新工艺、新设备的技术鉴定；编辑出版协会刊物和信息资料；与国外同行进行技术交流等。

2. 专业学术刊物

（1）国际刊物

1) HVAC&R Research

HVAC&R Research 为（Heating, Ventilation, Air-conditioning and Refrigeration Research）的缩写，主要刊登来自全球暖通空调制冷领域的原创性研究论文。

2) ASHRAE Journal

ASHRAE Journal 是行业内具有实用性的刊物之一，它的在线网站提供了时事新闻、技术和产品信息、工程文献等，发表偏重于实践性的论文。

3) ASHRAE Transactions

ASHRAE Transactions 自 1895 年创刊以来，主要发表研究报告和应用经验方面的论文。这些论文包括技术论文、具有永久性价值和收藏价值的论文。

4) ASHRAE IAQ Application

ASHRAE IAQ Application 为从事建筑系统设计、运行和维护人员提高实践性的应用资料。这个刊物的内容包括应用研究、有关 IAQ 的新闻、对健康问题的讨论、有关 IAQ 标准的发展情况以及工程师发表的评论。

5) Indoor and Built Environment

Indoor and Built Environment 主要刊登原创性成果，涉及的主题有室内和建筑环境品质、建筑环境对人员健康、行为、工作效率和舒适感可能造成的影响等。

6) International Journal of Heat and Mass Transfer

International Journal of Heat and Mass Transfer 是世界各国研究人员和工程师之间交流传热、传质方面基本研究成果的主要媒介，其重点放在分析性和实验性的原创研究。涉及的主题有测量新方法、有关传输特性资料、能源工程及传热、传质在环境中的应用等。

7) Applied Thermal Engineering

Applied Thermal Engineering 主要刊登原创性的高质量论文，涉及的范围包括基础研究和现有装置和设备故障的排除，包括能源在建筑中的应用、能源在生产工艺中的利用等。

8) International Journal of Refrigeration

International Journal of Refrigeration 主要刊登制冷理论和实践方面的文章，特别是热泵、空调和食品储藏方面的原创性论文。可供从事制冷、冷藏、空调及相关领域的理论和实践工作的人员参考。

9）Journal of Thermal Sciences

Journal of Thermal Sciences 专门发表传热过程机理的基础性研究论文，特别侧重于热力学和传热学新技术和应用，此外也刊登各种热能利用过程、能源系统优化和环境影响的应用研究论文。

10）Solar energy

Solar energy 是国际太阳能协会主办的学术性刊物，主要刊登太阳能研究、发展、应用、测量或政策等各方面的文章。

11）Energy Conversation and Management

Energy Conversation and Management 主要刊登能源利用和转化领域内的重大技术进步和技术发展水平，涉及太阳能、核能、地热能、水力能、生物能等。

（2）国内刊物

1）《暖通空调》

《暖通空调》创刊于 1971 年，是中国建筑科学类中文核心期刊，目前为月刊。《暖通空调》主要刊登稿件以实用技术为主，兼具学术性和信息性，在行业中具有广泛的影响力。刊物报道的重点是供暖、通风、空调、制冷及洁净技术方面的国内外新技术、新经验、新设备，以及国内外的学术动态、国家的新方针政策等。

2）《制冷学报》

《制冷学报》创刊于 1979 年，目前为双月刊，是中国制冷学会主办的制冷领域的权威刊物，主要反映制冷科技领域中低温与超导、制冷机械与设备、空调工程等方面的科技新成果和实用技术。

3）《建筑热能通风空调》

《建筑热能通风空调》创刊于 1982 年，是中国建筑学会主办的学术刊物，为双月刊。刊登的论文主要涉及建筑能源与环境工程，暖通空调等专业内容。

4）《制冷空调与电力机械》

《制冷空调与电力机械》由国家电力公司主办，主要刊登暖通空调、制冷、太阳能、水处理以及电力机械等多方面的以工程应用为重点的文章。

5）《洁净与空调技术》

《洁净与空调技术》是目前国内唯一公开发行以宣传洁净技术为主要目的的科技期刊。刊登的内容以应用技术为主，兼具学术性和信息性。

6）《制冷与空调》

《制冷与空调》刊登的内容以实用技术为主，及时报道国家有关新政策、国内外最新技术进展等。该刊物主要面向制冷空调以及相关行业的设计、施工、科研及设备制造人员。

7）《节能技术》

《节能技术》面向基层，积极宣传和贯彻国家的能源方针、政策等，交流节能理论与研究成果，推广有效的节能技术，主要介绍能源科学管理和技术改造的经验。

8）《中国建设信息·供热制冷》

《中国建设信息·供热制冷》主要介绍供热、采暖、空调、通风除尘、水处理、给排水等领域的信息，以实用技术为主。

第二章　暖通空调新技术

第一节　绿色建筑评价标准

绿色建筑是将可持续发展理念引入建筑领域的结果，将成为未来建筑的主导趋势。目前世界各国普遍重视绿色建筑的研究，许多国家和组织都在绿色建筑方面制定了相关政策和评价体系，有的已着手研究编制可持续建筑标准。由于世界各国经济发展水平、地理位置和人均资源等条件不同，对绿色建筑的研究和理解也存在差异。我国从基本国情出发，从人与自然和谐发展，节约能源，有效利用资源和保护环境的角度，提出发展"节能省地型住宅和公共建筑"，主要内容是节能、节地、节水、节材与环境保护，注重以人为本，强调可持续发展。从这个意义上讲，节能省地型住宅和公共建筑、绿色建筑、可持续建筑虽然提法不同，但内涵相通，具有某种一致性，是具有中国特色的绿色建筑和可持续发展建筑理念。

我国资源总量和人均资源都严重不足，同时我国的消费增长速度惊人，在资源再生利用率上也远低于发达国家。

一、绿色建筑术语

1. 绿色建筑定义

绿色建筑是指在建筑的全寿命周期内，最大限度地节约资源（节能、节地、节水、节材）、保护环境和减少污染，为人们提供健康、适用和高效的使用空间，与自然和谐共生的建筑。

建筑的全寿命周期包括规划设计、施工、运营及拆除全过程。在全寿命周期内，发展绿色建筑能最大限度地节约资源，保护环境和减少污染，为可持续发展提供基本保障；同时，绿色建筑能为人们提供健康、适用和高效的使用空间，符合"以人为本"的发展理念；绿色建筑能与自然和谐共生，是实现"人—建筑—自然"三者和谐统一的重要途径，也是我国实施可持续发展战略的重要组成部分。

2. 热岛强度

热岛强度是指城市内一个区域的气温与郊区的气象测点温度的差值，为热岛效应的表征参数。

城市热岛效应是指城市中气温明显高于外围郊区的现象。在近地面温度图上，郊区气温变化很小，而城区则是一个高温区，就像突出海面的岛屿，由于这种岛屿代表高温的城市区域，所以就被形象地称为城市热岛。热岛是由于人们改变地表而引起小气候变化的综合现象，是城市气候最明显的特征之一。

热岛效应具有使城市气候舒适度变差、加大能源消耗（如增加对降温电器的使用）和水资源消耗、加重空气污染、引发疾病、影响生态平衡等危害。热岛效应可以用两个代表性测点的气温差值即热岛强度来表示。

3. 可再生能源

可再生能源指从自然界获取的、可以再生的非石化能源，包括风能、太阳能、水能、生物质能、地热能和海洋能等。

可再生能源是在自然界中可以不断再生，持续利用的能源。可再生能源是清洁能源，它对环境无害或危害极小，而且资源分布广泛，适宜就地开发利用。促进可再生能源的开发利用，对增加能源供应，改善能源结构、保障能源安全，保护环境，实现经济社会的可持续发展具有重要意义。

4. 非传统水源

非传统水源是指不同于传统地表水供水和地下水供水的水源，包括再生水、雨水、海水等。水是实现经济持续发展的重要物质基础。随着人口的增加，城镇化和工业化的进程加快，水资源短缺问题日益突出，从不同的角度影响着生产和生活。同时，随着经济的发展、生活水平的提高，对建筑用水提出了更高的要求。我国是严重缺水的国家之一，水资源短缺已经严重地制约了我国经济的发展。

5. 可再利用材料和可再循环材料

可再利用材料指在不改变所回收物质形态的前提下进行材料的直接再利用，或经过再组合、再修复后再利用的材料。

可再循环材料指对无法进行再利用的材料通过改变物质形态，生成另一种材料，实现多次循环利用的材料。

最大限度地减少材料消耗，回收建筑施工和拆除产生的废弃物，合理利用可再利用材料与可再循环利用材料，实现材料资源循环利用，是评价绿色建筑的重要指标之一。

二、绿色建筑评价对象和时限

1. 评价对象

绿色建筑的评价以建筑群或建筑单体为对象。评价单栋建筑时，凡涉及室外环境的指标，以该栋建筑所处环境的评价结果为准。

2. 评价分类

绿色建筑的评价分为设计评价和运行评价。设计评价应在建筑工程施工图设计文件审查通过后进行，运行评价应在建筑通过竣工验收并投入使用一年后进行。

3. 对申请评价方的要求

申请评价方应进行建筑全寿命期技术和经济分析，合理确定建筑规模，选用适当的建筑技术、设备和材料，对规划、设计、施工、运行阶段进行全过程控制，并提交相应分析、测试报告和相关文件。

评价机构应按《绿色建筑评价标准》GB/T 50378—2014 的有关要求，对申请评价方提交的报告、文件进行审查，出具评价报告，确定等级。对申请运行评价的建筑，尚应进行现场考察。

绿色建筑在全寿命周期内，均应以资源节约和环境保护为主要目标。申请评价方应进行建筑全寿命周期内技术和经济的综合分析，并提交相应分析报告，作为评价的基本依据。单项技术的过度采用虽可以提高某一方面的性能，但很可能造成新的浪费。为此，在建筑的全寿命周期的各个阶段综合评估建筑规模、建筑技术与投资，以节约资源和保护环境为主要目标，考虑安全、耐久、适用、经济、美观等因素，比较确定最优的技术、设备和材料。

申请评价方应对规划、设计与施工的各个阶段进行过程控制，并提交相关文档。

三、绿色建筑的评价体系

《绿色建筑评价标准》GB/T 50378—2014 是总结了近年来我国绿色建筑方面的实践经验和研究成果，借鉴国际先进经验制定的第一部多目标、多层次的绿色建筑综合评价标准。

绿色建筑评价指标体系由节地与室外环境、节能与能源利用、节水与水资源利用、节材与材料资源利用、室内环境质量、施工管理、运营管理 7 类指标组成。设计评价时，不对施工管理和运营管理两类指标进行评价，但可预评相关条文。运行评价应包括 7 类指标。控制项的评定结果为满足或不满足；评分项和加分项的评定结果为分值。

绿色建筑评价应按总得分确定等级。绿色建筑分为一星级、二星级、三星级 3 个等级。3 个等级的绿色建筑均应满足本标准所有控制项的要求，且每类指标的评分项得分不应小于 4 0 分。当绿色建筑总得分分别达到 50 分、60 分、80 分时，绿色建筑等级分别为一星级、二星级、三星级。

1. 节地与室外环境

尽管我国国土面积位居世界第三，但是将近 25％被沙漠、戈壁、高山寒冷地区所覆盖，难以利用。我国的可耕地面积仅占世界 10％，但供给全世界 20％的人口。中国近几十年来经济的快速增长是以环境为代价完成的，带来了全国范围的污染，建筑物在建造和运行过程中消耗了大量的自然资源和能源，并对环境产生重要影响。建筑活动造成的污染占全部污染的 34％。同时，建筑占据土地资源和自然空间，影响自然水文状态、大气质量、对环境产生重大的负面影响。

建筑节地与保护环境，需要统筹考虑建筑全寿命周期内各个阶段的具体情况，通过贯穿从场地选择、场地规划、景观设置、空间利用、施工过程、旧建筑的利用等全过程营造绿色的建筑环境。

（1）建筑节地

人均用地指标是控制建筑节地的关键性指标，控制该指标的方法：一是控制户均住宅面积；二是通过增加中高层住宅的建设比例。建筑节地的另一个措施是地下空间的利用和旧建筑的综合利用。

（2）室外环境

在选择建设用地时，应严格遵守国家和地方的相关法规，保护现有的生态环境和自然资源，优先选用已开发且具有城市改造潜力的地区，充分利用原有市政基础设施，提高使用率；合理利用废弃场地进行建设；绿色建筑建设地点的确定应避开危险源。

绿色建筑的室外环境包括日照与采光、声环境、风环境、热环境、绿化与景观五个方面。

绿色住宅建筑应满足《城市居住区规划设计规范》GB/T 50180 中有关住宅建筑日照标准要求。环境噪声是绿色住宅的评价重点之一。根据不同类别的居住区，要求对场地周边的噪声现状进行检测，使之符合《声环境质量标准》GB 3096—2008 中对于不同类别住宅区环境噪声标准的规定。

建筑设计对风环境因素考虑不周，会造成局部地区气流不畅，在建筑物周围形成漩涡和死角，使得污染物不能及时扩散，直接影响到人的健康。风环境还涉及建筑节能，过渡季自然通风对建筑节能十分重要，住宅小区室外风环境不良，在夏季可能阻止室外自然通风的顺畅进行，增加空调负荷，而冬季又可能增加围护结构的渗透负荷而提高采暖能耗。在规划设计时，应进行风环境预测分析，运行后应进行现场测试。

城市热岛效应是由于人们改变了城市地表而引起的夏季城市中心温度高于郊区温度的现象。绿色建筑评价标准中规定热岛强度以 1.5℃作为控制值。在居住区规划设计时，应进行热岛模拟预测分析，运行后应进行现场测试。

绿地率是衡量住区环境质量的重要标志之一。该指标应综合分析居住区建筑层数、密度、房屋间距的相关指标及可行性后确定。

（3）交通设施与公共服务

在新版《绿色建筑评价标准》中增加了交通设施与公共服务项目，场地与公共交通设施具有便捷的联系，该项评价指标包括场地出入口到达公共汽车站的步行距离、是否合理设置停车场所、能否提供便利的公共服务等项。

（4）场地设计与场地生态

场地设计与场地生态也是新版《绿色建筑评价标准》中增加的评价项。该项主要包括：1）是否结合现状地形地貌进行场地设计与建筑布局，保护场地内原有的自然水域、湿地和植被，采取表层土利用等生态补偿措施；2）是否充分利用场地空间合理设置绿色雨水基础设施；3）是否合理规划地表与屋面雨水径流，对场地雨水实施外排总量控制；4）合理选择绿化方式，科学配置绿化植物。

2. 节能与能源利用

我国建筑分为民用建筑和工业建筑。民用建筑又分为居住建筑和公共建筑，其中公共建筑包括办公建筑、商业建筑、旅游建筑、教科文卫建筑和交通运输建筑。

建筑能耗是指民用建筑使用过程中的能耗，主要包括采暖、空调、通风、热水供应、照明、炊事、家用电器、电梯等方面的能耗。与世界上相同气候条件发达国家相比，我国当前单位建筑面积供暖或空调能耗高好几倍，主要是由于我国当前建筑的保温、隔热性能差。据统计，我国建筑能耗中，供暖、通风、空调系统能耗占建筑总能耗的主要部分。因此建筑节能应主要通过改善建筑围护结构保温、隔热性能，提高供暖、通风及空气调节设备、系统的能效比，以及采取增加照明设备效率等措施，在保证室内相同的热环境舒适参数的前提下，降低总能耗。近几年来，我国相继出台了相关建筑节能设计标准，如《民用建筑节能设计标准（采暖居住建筑部分）》JGJ 26—95、《夏热冬冷地区居住建筑节能设计标准》JGJ 134—2001、《夏热冬暖地区居住建筑节能设计标准》JGJ 75—2012 和《公共建筑节能设计标准》GB 50189—2015。

节能与能源利用指标主要从以下几个方面来考虑：

（1）建筑热工节能

建筑规划设计是建筑节能设计的重要内容，它是从分析建筑所在地区的气候条件出发，将建筑设计与建筑微气候、建筑技术和能源利用有效结合的一种建筑设计方法。因此，建筑节能设计应考虑日照、主导风向、夏季的自然通风、朝向、建筑热工设计等。

建筑结构的热工设计应该符合或超过现行的节能设计标准的规定值。按照现行标准确定，建筑热工设计参数有两种方法：一种为规定性方法，另一种为性能化方法。应用规定性方法是建筑设计满足一些规定的要求，这些要求用强制性条文来表述。它们是：1）体形系数；2）围护结构热工性能（包括屋面、外窗、外墙、屋顶透明部分的传热系数、遮阳系数以及地面和地下室外墙的热阻）；3）每个朝向的窗墙比、可见光透射比；4）屋顶透明部分比例。如果所设计建筑的体形系数等超过规定值则应采用性能化方法来校核围护结构的总体热工性能是否满足要求。

（2）供暖、通风与空调系统

对大型公共建筑，一般采用集中采暖或空调系统，对于居住建筑则可采用多种采暖或空调方式。系统方案的选择应考虑节能方案，国家也鼓励和提倡采用可再生能源，同时选用的冷热源的性能系数、能效比等也应满足国家标准的规定。在暖通空调系统运行过程中，提倡采用节能技术和措施，如采用冰蓄冷技术，可以提高夜间负荷率，减少配电设施的装机容量；对排风能量进行热回收；控制水系统、风系统的输送能耗等。

（3）照明与电气

在住宅建筑的能耗中，照明能耗占了相当大的比例，因此要注意照明节电。在建筑设计中，尽量利用自然采光，在建筑的公共场所尽量采用高效光源和灯具，并且设置控制设施。

（4）能量综合利用

该项是新版规范中增加的内容，主要包括排风能量回收系统设计合理并运行可靠、是否合理采用蓄冷蓄热系统，是否合理利用余热废热解决建筑的蒸汽、供暖或生活热水需求、是否根据当地气候和自然资源条件，合理利用可再生能源等项。

3. 节水与水资源利用

水资源短缺和水污染是当前影响我国可持续发展的主要因素之一，我国人均水资源占有量仅为世界人均占有量的1/4，有关数据显示，全国有420个缺水城市，其中110个城市存在严重的缺水问题。

建筑水系统不仅仅涉及建筑内外的给水排水系统、设施、水资源利用等，还涉及与生态环境相关的人工水环境系统，包括人工水体与景观绿化等。

节水是实现绿色建筑的一个关键环节，通过减少用水量、梯级用水、循环用水、雨水利用等措施，提高水资源的综合利用效率。

（1）制定水资源规划方案

在规划、设计阶段，合理制定水资源规划方案，统筹考虑传统与非传统水源的综合利用，并保证经济合理、技术先进和建设可实施性。利用雨水、再生水等非传统水源是重要的节水手段。

（2）给排水系统设计

给排水系统设计主要从以下几个方面来评价：规划、设计、建设合理、完善的给水系统，使给水水质达到国家或行业的相关标准；设有完善的污水收集和污水排放等设施；合理利用雨水资源；对冲厕废水或其他废水宜分开收集、排放，将洗浴、盥洗等优质杂排水作为再生水源，再生处理后回用，以减少市政供水量；在给水系统设置用水计量仪表，并且安装率达100%；采取有效措施，避免管网漏损；采用节水器具和设备，节水率不低于8%。

（3）再生水的利用

再生水的利用主要从以下几个方面来评价：缺水地区应该设计合理的再生水方案；再生水的储存、输配系统应采取有效的水质、水量安全保障措施，对人体和环境不应产生负面影响；采用多种措施增加雨水的渗透量；滨海缺水地区在设计阶段应合理规划海水利用方案；应优先采用雨水或再生水进行绿化灌溉或景观用水。

4. 节材与材料资源利用

该标准主要从节材和材料资源利用两个方面考虑了节约资源的绿色措施。节材主要是结合我国工程建设的实际情况，针对钢筋混凝土是我国目前的主要建筑结构材料的现状，从预拌混凝土、高性能混凝土、高强度钢、耐久性和材料的再生利用五个方面制定了相应的条文和措施。对于材料资源的利用，从选用环保型材料、建材运输、建材合理利用、土建与装修一体化设计施工和选用新型建筑结构体系五个方面制定相应的条文和措施。

5. 室内环境质量

人的一生大部分时间是在各种建筑物内度过的，因此建筑的室内物理环境对人的生理、心理健康以及工作效率非常重要。这里所说的室内物理环境包括室内的声、光、热环境和空气品质。良好的室内环境有助于身体健康、心情愉快、工作高效。

建筑的室内环境常常是当建筑建成之后就自然形成了，很难靠居住者和使用者入住后的个人行为去改善。另一方面，室内物理环境又是在建筑的设计和建造过程中不知不觉地形成的，因此在设计绿色建筑时就应该充分考虑室内环境，在建造绿色建筑的过程中也应对将要形成的室内环境加以关注。

（1）声环境

建筑的噪声主要来自外部，例如周边道路的交通噪声、附近工地的噪声等等，也有一部分噪声来自建筑内部，例如人员活动产生的声音、设备运行产生噪声等等。尽管室内噪声通常与室内空气质量和热舒适度相比，对人体的影响不那么显著，但其危害是多方面的，也是明显的，因此必须对室内噪声加以限制。

室内允许噪声级并非客观上有一个绝对的标准，而是根据建筑用途不同，技术经济上的可行性而定的。例如《民用建筑隔声设计规范》GBJ 50118 中给出了宾馆和办公建筑室内允许噪声级别。

现代城市的一个特征就是喧闹，道路的交通噪声、工地的施工噪声、各种社会活动噪声等都是不可避免的，对绝大多数建筑而言，可以说建筑外部的声环境是很差的。要使建筑室内噪声不超过允许噪声值，提高建筑围护结构的隔声性能是最重要的技术措施之一，另外一个措施就是对建筑进行合理的布局。对一个小区或一群建筑，应尽量将室内声环境要求不高的建筑布置在外围。对一栋建筑而言，尽量将室内声环境要求高的房间远离噪声源。

（2）光环境

充足的日照对人的生理和心理健康都是非常重要的。针对居住建筑的日照，《绿色建筑评价标准》GB/T 50378—2014 提出每套住宅至少有一个居住空间满足日照标准的要求，同时提出当一套住宅有 4 个及以上居住空间时，至少应有 2 个居住空间满足日照要求。对于办公建筑，由于立面玻璃所占面积较大，透过窗户玻璃进入室内的太阳辐射常常转化为空调冷负荷，因此有必要采取可调节的外遮阳设施，减少太阳辐射得热量，改善夏季室内热舒适并起到节能的作用。

除了日照之外，充足的天然采光对人的生理和心理健康也非常重要。《建筑采光设计标准》GB/T 50033—2001 规定了用采光系数来评价室内天然采光的水平。采光系数就是室内某一位置的在没有人工照明时的照度值与室外的照度值之比。该标准明确规定了居住建筑和公共建筑各类房间的采光系数最低值，绿色建筑房间的采光系数必须高于这些规定的最低值。

照明对创造一个良好的室内光环境是必不可少的。国家标准《建筑照明设计标准》GB 50034对各类功能的空间照度、眩光值以及显色指数等重要指标都提出了明确的要求。绿色建筑照明必须满足这些要求。

（3）热环境

室内热环境主要指影响人体冷热感觉的室内环境因素，主要包括室内空气温度和湿度、室内空气流动速度以及室内屋顶墙壁表面的温度等。室内热环境靠空调采暖系统来创造和维持，但以付出巨大的能耗为代价。绿色建筑不能只注重靠空调采暖系统来维持热舒适，应通过精心设计，尽可能通过提高围护结构的热工性能、采用自然通风等方法来获得热舒适，降低建筑能耗。

（4）室内空气品质

室内空气品质对居住者和使用者的身体健康有着直接的、重大的影响。任何人都无法在一个有害物质浓度很高的房间内长期生活、工作而保持身体健康。室内有害物浓度主要受建筑材料、内部装修材料、家具等的影响，同时良好的通风对提高室内空气品质有至关重要的作用。

《民用建筑室内污染控制规范》GB 50325对危害人体健康的游离甲醛、苯、氨、氡和TVOC五类空气污染物的活度、浓度提出了限值要求，见表2.1-1，绿色建筑必须满足这些规定。除了采用无污染的绿色材料装修外，还应加强建筑物的通风换气来降低室内污染物的浓度。

室内空气污染物限值 表 2.1-1

污染物名称	活度、浓度限值	污染物名称	活度、浓度限值
氡	≤200Bq/m³	氨	≤0.2mg/m³
游离甲醛	≤0.08mg/m³	总挥发性有机物（TVOC）	≤0.5mg/m³
苯	≤0.09mg/m³		

6. 施工管理

随着国家及各级政府部门对环境保护的重视，增加了施工管理一项评价内容。该项目要求建立绿色建筑项目施工管理体系和组织机构，施工项目部应制定施工全过程的环境保护计划，并组织实施；施工项目部应制定施工人员职业健康安全管理计划，并组织实施；施工前应进行设计文件中绿色建筑重点内容的专项会审。

7. 运营管理

从全寿命周期来说，运营管理是保障绿色建筑性能，实现节能、节水、节材与保护环境的重要环节。运营管理阶段应该处理好住户、建筑和自然三者的关系，它既要为住户创造一个安全、舒适的空间环境，同时又要保护好周围的自然环境，实现绿色建筑的各项指标。

运营管理是通过物业管理来实现的，对运营管理的评价主要是物业管理、节水与节材管理、绿化管理、垃圾管理、智能化系统管理等方面。

（1）物业管理

绿色建筑物业管理应采用智能化物业管理，主要表现在以下几个方面：

1) 对节能、节水、节材与环境保护的管理，采用定量化，达到设计目标；

2) 安保、消防、停车管理采用智能技术；

3) 管理服务网络化、信息化；

4) 物业管理应用信息系统。

ISO 14001 标准是组织规划、实施、检查、评审环境管理运作系统的规范性标准，牧业管理通过 ISO 14001 环境管理体系认证是提高管理水平的需要。

绿色建筑运行管理要求物业在保证建筑的使用性能要求以及投诉率低于规定值的前提下，实现经济效益与建筑用能系统的耗能状总况、用水和办公用品等的情况直接挂钩。

（2）技术管理

物业管理公司应提交节能、节水与节材管理制度，并说明实施效果。评价方法为查阅物业管理公司相关管理文档、日常管理记录、现场考察和用户抽样调查；应定期检查、调试公共设施设备，并根据运行检测数据进行设备系统的运行优化；对楼宇的能源管理可采用智能技术，即设置能源管理系统与暖通空调设备自动监控与调节，并对楼宇的耗电、冷热量等实行计量收费；对空调通风系统进行定期检查和清洗

（3）环境管理

环境管理主要包括：对绿化用水量进行计量，建立完善型节水灌溉系统；采用无公害病虫害防治技术，规范杀虫剂、除草剂、化肥、农药等化学品的使用，有效避免对土壤和地下水环境的损害；栽种和移植的树木一次成活率大于 90%，植物生长状态良好；垃圾收集站（点）及垃圾间不污染环境，不散发臭味，并实行垃圾分类收集和处理。

第二节 热 泵 技 术

一、热泵的定义

众所周知，热泵是靠高位热能拖动，迫使热量由低位热源流向高位热源的装置。也就是说热泵可以把不能直接利用的低品位热能，如空气、土壤、水、太阳能、工业废热等转换为可以利用的高位能，从而达到节约部分高位能（如煤、石油、天然气、电等）的目的。目前，热泵在暖通空调工程中得到了广泛的应用，这是一项很有潜力的节能技术[2]，也是减少 CO_2、SO_2、NO_x 排放量的一种有效方法，是国家"十一五"期间大力推广的节能减排项目之一。

热泵（Heat Pump）就是以冷凝器放出的热量来供热的制冷系统。实际上，从热力学或工作原理上说，热泵就是制冷机。如果要说这两者有什么区别的话，主要有两点：

（1）两者的目的不同。一台热泵（或制冷机）与周围环境在能量上的相互作用是从低温热源吸热，然后放热至高温热源，与此同时，按照热力学第二定律，必须消耗机械功。如果目的是为了获得高温（制热），也就是着眼于放热至高温部分，那就是热泵。如果目的是为了获得低温（制冷），也就是着眼于从低温热源吸热，那就成了制冷机。

（2）两者的工作温度区往往有所不同。上述所谓高温热源或低温热源都是相对于环境温度而言的。由于上述两者目的不同，热泵将环境温度作为低温热源，而制冷机则是将环境温度作为高温热源。那么，对同一环境温度说来，热泵的工作温度区就明显高于制冷机。

正是由于有以上两点区别，在工程实践上热泵与制冷机就有许多共性，也有许多特殊性。当这种装置同时实现制热与制冷功能时，也就是说，这种装置运行时高温（冷凝器）输出用作制热，而低温（蒸发器）吸热用作制冷，这种"一举两得"功能的联合装置既可称热泵也可称制冷机。

二、热泵的分类

热泵空调根据其低温热源的不同可分为空气源和水源热泵空调系统。而水源热泵空调则包括以地下水、海水、江河湖水、污水或废水、土壤等为低温热源的空调系统，土壤等热源也称为地源热泵系统。

按热泵驱动方式主要可分为机械压缩式热泵和吸收式热泵。机械压缩式热泵是一种用机械能驱动的热泵。按驱动装置的形式，压缩式热泵又分为电动机驱动的热泵、柴油机驱动的热泵、汽油机驱动的热泵、燃气轮机驱动的热泵、蒸汽透平驱动的热泵等。吸收式热泵是一种以热能直接驱动的热泵。

根据热泵系统低温端与高温端所使用的载热介质分为空气—空气热泵；空气—水热泵；水—水热泵；水—空气热泵；土壤—空气热泵；土壤—水热泵。

1. 空气源热泵（Air-Source Heat Pump，ASHP）

空气源热泵在制热工况下利用室外空气作为热泵的低温热源，从室外空气中吸收热量，经过热泵提高温度后送入室内供热，其性能系数 COP 一般在 2.0～3.0 之间。空气源热泵系统简单，初投资较低。其主要缺点是冬季寒冷天气时热泵的制热效率大大降低，而且其制热量随室外空气温度降低而减少。这与建筑热负荷需求趋势正好相反。因此当室外空气温度低于热泵工作的平衡点温度时，需要用电或其他辅助热源对空气进行加热。此外，在制热工况下，空气源热泵的蒸发器上会结霜，需要定期除霜，这也消耗一定的能量。在寒冷地区和高湿度地区热泵蒸发器的结霜可成为较大的技术障碍。因此，在建筑物中采用空气源热泵会受到气候条件的限制。

2. 水环热泵（Water-loop Heat Pump，WSHP）

所谓水环热泵空调系统是指小型水/空气热泵机组的一种应用方式，即用水环路将小型水/空气热泵机组并联在一起，构成以回收建筑物内部余热为主要特征的热泵采暖、供冷的空调系统，也是水源热泵的一种形式。该系统于 20 世纪 60 年代在美国加利福尼亚州出现，早在 1955 年就在美国申请专利，这套系统很快传遍美国，产品早已商品化，如美国空气过滤公司生产的恩纳康（Enercon）系统，美意、特灵公司生产的水源热泵机组等。到了 20 世纪 70 年代，英国最主要的制造商开始批量生产水源热泵并设计了这套系统，并用在 5000～20000m² 的商业建筑中。该系统进入日本是在 20 世纪 70 年代，东芝、三菱电机等均有水源热泵机组出售，并出现了很多采用水环热泵空调系统的工程实例。20 世纪 80 年代以来，我国深圳、上海、北京等一些城市的一些工程也开始采用水环热泵空调系统，例如北京天安大厦、上海锦江 4 号楼、西安建国饭店、深圳国贸大厦等工程。

（1）水环热泵空调系统的组成

水环热泵空调系统由许多并联式水源热泵机组、室内双管封闭式水环路、辅助设备三部分组成，典型的水环路热泵空调系统见图 2.2-1。室内水环路则包括水系统的定压设备、水处理及补水系统、循环水泵及附件等；辅助设备则包括冷却塔、加热设备、蓄热设备等。此外，考虑到室内空气品质，还应设置新风与排风系统。

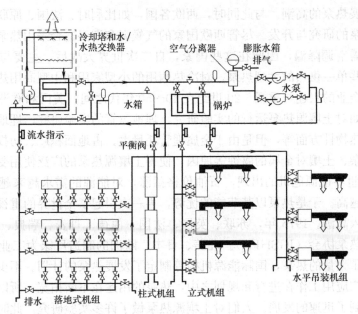

图 2.2-1　典型的水环热泵空调系统

（2）水环热泵空调系统的特点

水环热泵机组夏季利用冷却塔将系统内热负荷排放掉，冬季则将建筑物内区的热量转移到需要供热的外区，不足部分由辅助热源（如电锅炉、热水换热器等）供给。该系统充分利用了大型建筑物内区的热量，特别适用于内区冷负荷较大，而且在冬季时内区仍然需要供冷，而外区需要供热的场合。

水环热泵系统的主要特点如下：

1）由于水环热泵系统充分利用了建筑物内区的热量，因此节约了能源。

2）系统设备分散布置，故系统不需要集中的制冷机房和空调机房，节省了机房占地面积。

3）可以安装独立的电表，分户计量，便于管理。

4）系统只需安装水管，管路简单、安装方便。

5）可同时对不同房间供冷和供热，调节灵活，可满足各种用户需要。

6）运行费用低。

7）过渡季不能最大限度地利用新风，机组暗装给维修带来不便。

3．地源热泵（Ground-Source Heat Pump，GSHP）

根据中华人民共和国国家标准《地源热泵系统工程技术规范》GB 50366—2005 规定：地源热泵系统就是以岩土体、地下水或地表水为低温热源，由水源热泵机组、地热能交换系统、建筑物内系统组成的供热空调系统。根据地热能交换系统形式的不同，地源热泵系统分为地埋管地源热泵系统、地下水地源热泵系统和地表水地源热泵系统。

三、地源热泵系统

1．地源热泵技术研究现状

（1）国外地源热泵技术的发展

20 世纪 30～40 年代，英国、美国、德国、瑞士等国已进入了热泵的研制开发阶段。二次世界大战后，美国许多重要公司同时发展了各种热泵，其中以小型热泵空调器发展迅速，出现了发展热泵的高潮。与此同时，西欧各国，如比利时、法国、原联邦德国、瑞士等也致力于热泵的研究与开发。尽管西欧国家的气候温和潮湿适合采用热泵供暖，但其夏季气温偏低不需空调降温，因此在这些国家，自二次世界大战后，主要与集中供热相结合，发展了一些单一供热的大型热泵，对冷热两用的小型家用和中型商用热泵却未能引起生产商和供电企业的兴趣与重视。20世纪在40～50年代之间，美国和欧洲对土壤源热泵进行了研究，如对土壤源热泵运行的实验研究、埋地盘管的实验研究、埋地盘管的数学模型以及土壤的热物性方面等，但是由于金属埋管耗量大、占地面积广、初投资成本高、计算传热过程复杂、土壤对金属的腐蚀等原因，使得土壤源热泵的广泛使用受到了限制。

1973年，世界能源危机的出现，石油价格猛涨，对能源的需求越来越紧迫，节约能源的需求越来越高。于是热泵以其节能的优势，再一次引起了全世界的重视，地源热泵的研究又一次进入高潮。1976年，苏联、英国、法国、西德、丹麦、瑞典、挪威等国都加入了国际地源热泵协会（IGSHPA）。北美、日本、欧洲的制造厂家为工业、商业建筑和公共建筑提供了大量的热泵，国际能源机构等制定了发展热泵的计划。不少新技术在新领域的试验及推广应用工作在进行和规划之中，热泵的用途在不断拓宽，所以热泵技术在以后的几年里得到了迅速的发展。人们对土壤源热泵做了许多实验研究。此时地下埋管已由早期的金属管改为塑料管，解决了土壤的腐蚀问题，计算机的发展又为计算和设计土壤源热泵带来了极大的便利条件。这个时期，欧洲建立了不少水平埋管作为地下换热器的地源热泵工程，但主要用于冬季供暖。1981年田纳西大学安装了水平埋管式土壤源热泵，同时俄克拉荷马州立大学，一些能源机构等也都对土壤源热泵进行了研究。在欧洲，瑞典、丹麦等国对该项的研究也很活跃，并出现一些具体的应用实例。20世纪80～90年代，美国的工程承包商建立了大量的地源热泵系统，据估计到现在大约有数十万个这样的系统在应用。美国和欧洲安装的地源热泵系统很多是参照条件类似的已建工程设计安装的，另一些工程则是采用复杂的方法计算后设计而成。

（2）国内地源热泵技术的发展

早在20世纪50年代，我国就已经开始空气源热泵方面的研究工作，而地源热泵的发展则比较缓慢。自20世纪80年代末，地源热泵技术的研究才日益受到人们的重视。国内最早开展地源热泵研究的是青岛建工学院、天津商学院、天津大学等，初期的研究主要是关于系统性能方面的试验研究。

20世纪90年代末期。同济大学、重庆建工学院、湖南大学、山东建筑工程学院等相继建立了水平埋管和竖直埋管换热器的地源热泵的实验装置，热泵技术的研究进入了一个新的发展阶段。这一阶段的研究主要内容如下：

1）有关地源热泵理论方面的研究

这些研究包括：

① 地热换热器的传热模型研究；

② 地热换热器换热计算模拟研究；

③ 水平埋管换热器夏季瞬态工况数值模拟研究；

④ 地热换热器合理间距的理论分析；

⑤ 土壤冻结对地热换热器传热的影响研究；

⑥ 地热换热器间歇运行工况分析。

2）完成了地源热泵供冷及供热方面的试验

① 水平埋管热泵系统冬夏季供冷供热试验；

② 竖直 U 形管热泵系统冬夏季供冷供热试验；

③ 垂直套管式地热换热器试验。

3）相关产品的开发及制造标准的研究，包括水源热泵等的批量生产

20 世纪 80 年代末，我国水冷式冷水机组开始应用，因此制定了关于冷水机组的国家标准《容积式冷水机组性能试验方法》GB 10870—89，但缺乏风冷式冷水机组及热泵机组的内容。因此导致我国某些机型处于无章可循的局面。例如，水冷式冷水机组名义工况冷却水进口温度有 30℃，32℃，风冷式室外侧空气干球温度有 30℃，35℃；而且型号表示与制冷量极不对应，缺少统一指导，使用户选型和使用处于较困难的境地，质量评估也缺少技术指导。

20 世纪 90 年代以来，冷水机组和热泵机组发展迅速，为了满足生产需要，根据《冷水机组》JISB 8613—86、《活塞式冷水机组》ARI590-81、《容积式冷水机组》ARI 590-92 以及《制冷和空调设备名义工况一般规定》JB/T 7666—95，我国制定了《容积式冷水（热泵）机组》JB/T 4329—97。因此目前我国的热泵机组大多是按照该标准执行的。

20 世纪 90 年代末，地源热泵空调系统在国内开始得到了应用，热泵生产厂家也逐渐增多。由于地源热泵在国内还是一项新技术，而且也缺乏地源热泵机组的相关生产标准，所以多数厂家仍然按照《容积式冷水（热泵）机组》JB/T 4329—97 的标准执行。2003 年，随着水源热泵机组应用的增加，国家制定了《水源热泵机组》GB/T 19409—2003，分别规定了水环式水源热泵机组、地下水式水源热泵机组和地下环路式水源热泵机组正常工作的冷热源范围和性能要求。

4）开始了地下水源热泵和土壤源热泵的工程应用

在地源热泵系统中，地热换热器的研究一直是地源热泵技术的难点，同时也是该项技术研究的核心和应用的基础。现有的地热换热器设计方法大都基于美国和欧洲对地热换热器的试验研究。国内有关地源热泵的研究重点均放在地热换热器的试验研究上，试验的重点是：

① 单位管长放热量的确定；

② 实验系统 COP 的确定；

③ 埋管合理间距的确定；

④ 土壤热物性的确定等。

重庆建筑大学、同济大学、青岛理工大学、山东建筑大学等也分别根据各自的地质条件给出了相关的试验结果。结果表明，不同的地理位置及土壤热物性，单位管长放热量相差较大。目前已开展的研究绝大多数都局限于对所建立的实验系统进行性能测试并与传统的空气源热泵性能进行技术经济比较，从而得出地源热泵节能的一般性结论。由于缺乏对换热器在土壤中复杂的传热机理的深入研究，使得所得结论只适用于某一具体实验系统，理论性较差，提供的基础数据又较少，因而难于指导实际的工程设计。

2000 年以后，国内的地源热泵工程逐渐增加，相关的研究包括钻孔技术的研究、回填材料的热物性、地下岩土热物性的测试等，其技术也逐渐成熟，并相继研发了地源热泵空调系统设计软件等。2005 年，由中国建筑科学研究院主编、山东建筑工程学院等单位参编的《地源热泵系统工程技术规范》GB 50366—2005 已于 2005 年正式颁布实施，标志着我国地

源热泵技术的发展已进入了一个新的阶段，并于 2009 年进行修订。近年来，地埋管地源热泵系统的理论研究成为暖通空调行业的热点，规范的实施也推动了地源热泵技术的应用。

2. 地埋管地源热泵系统（Ground Coupled Heat Pump Systems）

（1）地埋管地源热泵系统组成及工作原理

地埋管地源热泵系统是利用土壤作为热源或热汇，它是由一组埋于地下的高强度塑料管（地埋管换热器，又称土壤热交换器）与热泵机组构成。在夏季，水或防冻剂溶液通过管路进行循环，将室内热量释放给地下岩土层；在冬季，循环介质将岩土层的热量提取出来释放给室内空气。由于较深的地层在未受干扰的情况下常年保持恒定的温度，远高于冬季的室外温度，又低于夏季的室外温度，因此地源热泵可克服空气源热泵的技术障碍，效率大大提高，且又不受地下水资源的限制，它在欧、美等国得到了广泛的应用。

地埋管地源热泵系统的工作原理见图 2.2-2。系统主要由三个环路组成，第一个环路为制冷剂环路，这个环路与普通的制冷循环的原理相同。第二个环路为室内空气或水环路。第三个环路为地埋管换热器环路。另外还有一个可供选择的生活热水环路。

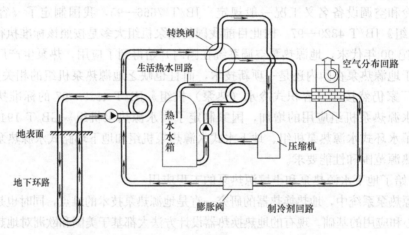

图 2.2-2　地埋管地源热泵的运行原理图（制热模式）

（2）地埋管地源热泵系统类型

根据管路埋置方式不同，地埋管地源热泵系统分为水平地埋管换热器和竖直地埋管换热器。换热管路埋置在水平管沟内的地埋管换热器，又称水平土壤热交换器。换热管路埋置在竖直钻孔内的地埋管换热器，又称竖直土壤热交换器。

1）地埋管换热器

水平埋管是将高强度的塑料管埋于地表以下 1～2m 处的地沟内。水平埋管的地热换热器有以下几种形式：水平单管；水平双管；水平四管；水平六管。水平埋管地热换热器的结构见图 2.2-3。最近国外又开发了两种新形式：即水平螺旋状和扁平曲线状。在水平钻孔内，一般采用直管。常用管子的直径为 20～32mm，每冷吨制冷量或制热量所需的管子长度为 400～600 英尺[1]（121.9～182.9m）。

水平埋管地源热泵系统由于地热换热器更接近地表面，系统性能受天气和空气温度的波动影响更大一些，因此系统效率比竖直埋管地源热泵系统要低，所需的埋管长度更长。但水平埋管地热换热器埋管比较浅，施工容易，因此安装费用相对较低。实践证明，水平换热器的寿命较长。如果埋管场地足够大且无坚硬岩石，则水平式较经济。

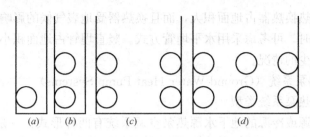

图 2.2-3 水平埋管地热换热器示意图

(a) 单管；(b) 双管；(c) 四管；(d) 六管

2）竖直地埋管换热器

竖直埋管地热换热器又可分为套管式地热换热器与 U 形管竖直埋管地热换热器两种。套管式换热器的结构见图 2.2-4，来自热泵机组的循环流体被输送到换热器的钻孔中，流体通过钻孔垂直壁面直接与周围岩土进行热交换，之后通过设在钻孔底部的回水管将流体抽回到热泵机组当中。由于套管式换热器内流体与周围土壤的接触面积增大，在相同负荷的情况下，可以减少地热换热器的埋管长度，因此采用套管式换热器的热泵系统投资比 U 形管竖直埋管系统要低。这种形式的系统适用于地下坚硬岩石区域，当然若用在土壤区域，需在钻孔内增加套管。

U 形管竖直地热换热器就是在地层中垂直钻孔，孔的深度一般在 30~150m，钻孔直径为 70~200mm，在每个钻孔中放置一个或多个 U 形管，U 形管的直径一般为 25~40mm。竖直埋管的地热换热器有以下几种形式：单 U 形管；双 U 形管；小直径螺旋盘管；大直径的螺旋盘管；立式柱状；蜘蛛状。在竖直埋管换热器中，目前应用最为广泛的是单 U 形管和双 U 形管，详见图 2.2-5。由于岩土类型、湿度在不同的地点各不相同，因此设计和安装地热换热器有许多不确定的因素。而地热换热器的设计是否准确合理直接影响到地源热泵的性能。

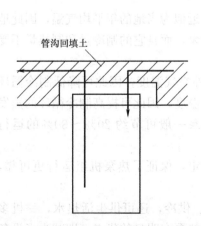

图 2.2-4 套管式地热换热器示意图

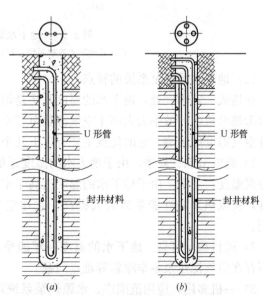

图 2.2-5 竖直 U 形埋管地热换热器示意图

(a) 单 U 形埋管；(b) 双 U 形埋管

水平埋管的地热换热器占地面积大，而且换热器受地表气候的影响，但初投资低，因此在场地面积较大时，可考虑采用水平埋管方式。竖直埋管占地面积小，系统效率高，比较适合国内人多地少的情况。

3. 地下水源热泵系统（Ground Water Heat Pump Systems）

（1）地下水源热泵系统类型

以地下水为热源或冷源的地下水源热泵空调系统有两种形式：一是间接地下水系统，二是直接式地下水系统，见图 2.2-6。所谓直接式系统就是通过潜水泵将抽取的地下水直接送入热泵机组。这种形式的系统管路连接简单，初投资低，但由于地下水含杂质较多，当热泵机组采用板式换热器时，设备容易堵塞。另外，由于地下水所含的成分较复杂，易对管路及设备产生腐蚀和结垢，因此，在使用直接式系统时，应采取相应的措施。所谓间接式系统就是通过一个板式换热器将地下水和建筑物内的水系统隔绝开来。这种系统比直接式系统增加了一个冷媒环路。地下水不直接进入热泵机组，机组运行可靠，寿命长。但由于增加了换热设备，系统初投资增加，换热效率将会降低。

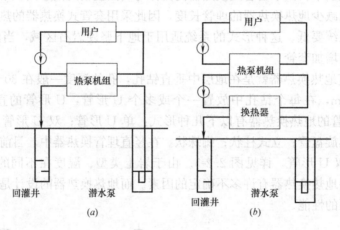

图 2.2-6　地下水源热泵系统
（a）直接式地下水换热系统；（b）间接式地下水换热系统

（2）地下水源热泵系统的特点

在地表一定深度处，地下水的温度几乎是恒定的，近似为当地的年平均气温，因此地下水源热泵机组的效率大大高于空气源热泵和土壤源热泵，而且它的制冷量和制热量不受室外空气温度的影响。它的优点主要有以下几个方面：

1）高效节能。夏季，由于地下水的温度远低于室外空气温度，因此可降低制冷循环的冷凝温度；冬季，由于地下水的温度远高于室外空气温度，因此可提高制冷循环的蒸发温度，所以热泵的性能系数大大提高，它比空气源热泵一般可节约 20%～30% 的运行费用。

2）运行稳定可靠。地下水的温度一年四季相对稳定，保证了热泵机组运行更可靠，也不存在空气源热泵冬季除霜等难点问题。

3）一机多用，应用范围广。水源热泵系统可供暖、供冷，还可供生活热水，一机多用，特别是对于同时有供热和供冷要求的建筑物，水源热泵有明显的优点，即减少了设备的初投资。水源热泵不仅能够应用于宾馆、商场等商业建筑，更适合于别墅住宅的采暖空调。

近几年地下水源热泵（GWHP）系统的发展也呈上升趋势，即抽取地表深处温度恒定的水作为热泵机组的冷热源，地下水在机组中放出或吸收热量后回灌到地下。这种技术可靠性高、有明显的节能和保护大气环境的效益，但它的应用受到一定的限制。首先，这种抽取地下水的办法需要有丰富的地下水为先决条件，如果地下水位较低，水泵的耗电量增加，这将大大降低系统的效率。此外，虽然理论上抽取的地下水将回灌到地下水层，但在很多地质条件下回灌的速度大大低于抽水的速度，造成地下水资源的流失。即使能够把抽取的地下水全部回灌，怎样保证地下水层不受污染也是一个棘手的问题。再就是大量抽取地下水造成地下水位降低，地面下陷，危及建筑物的安全。我国并不是地下水源特别丰富的国家，因此，推广这种技术应慎重。

4. 地表水源热泵系统（Surface Water Heat Pump Systems）

（1）地表水源热泵系统的类型

地表水源热泵就是利用江、河、湖、海的地表水作为热泵机组的热源或热汇。按照所用水源的不同，地表水源热泵系统分为河水（或江水）源热泵、海水源热泵和污水源热泵。

当建筑物的周围有大量的地表水可以利用时，可通过水泵和输配管路将水体的热量传递给热泵机组或将热泵机组的热量释放到地表蓄水体中。根据热泵机组与地表水连接方式的不同，可将地表水源热泵分为两类：开式地表水换热系统和闭式地表水换热系统。

开式地表水换热系统和直接式地下水源热泵系统近似，即从湖水底部将水通过管道和水泵输送到热泵机组中，进行热量交换后，然后通过排水管道又将其输送回湖水表面。闭式地表水源热泵系统就是通过放置在湖中或河流中的换热器与热泵机组连接，吸热或放热均通过湖水换热器内的循环介质进行，闭式地表水源热泵系统见图 2.2-7。当热泵机组处于寒冷地区时，在冬季制热工况时，地表水热交换器内应采用防冻液作为循环介质。

图 2.2-7　闭式地表水源热泵系统

（2）地表水源热泵系统的特点

在开式地表水源热泵系统中，地表水的作用与冷却塔相似，而且不需要消耗风机的电能及运行维护费用，因此初投资较低。开式系统存在的最大缺点是热泵机组的结垢问题。在冬季制热模式时，当湖水温度较低时，会有冻结机组换热器的危险，因此开式系统只能用于温暖气候的地区或热负荷很小的寒冷地区。在实际工程中，开式系统多应用于容量小的系统。

与开式系统相比，闭式地表水源热泵系统的优点是机组结垢的可能性降低。这主要是由于在热泵机组换热器内的循环介质为干净的水或防冻液。另外，闭式系统湖水环路循环泵的耗电量明显低于开式系统，而且它的应用范围更广。

地表水源热泵（SWHP）系统的特点与空气源热泵相似，即低温热源的温度均随室外气候的变化而变化。当室外温度降低时，热泵的供热量及效率也随之降低，而此时所需的热负荷却增加。同理，在夏季制冷时，所需冷负荷越大，机组的制冷量越小。因此，在极端情况下，机组往往不能满足要求，而且采用地表水源热泵系统需要一定的自然水体，这也使得地表水源热泵系统的应用受到一定的限制。

（3）海水源热泵空调系统

海水源热泵是地表水源热泵的一种。夏季以海水作为冷却水（热汇）使用，冷却系统不再需要冷却塔，这样会大大提高机组的 COP 值。据测算，冷却水温度每降低 1℃，可以提高机组制冷系数 2%～3%。冬季海水作为热源，通过热泵的运行，提取海水中的热量供给建筑物使用。海洋中蕴藏的巨大热资源对于节能和环保意义非常重大。利用海洋资源，结合热泵，进行区域供热/制冷，具有非常明显的优势。到目前为止，世界范围内利用海水作为热源与热汇的热泵供热、供冷已经有一些工程实例在运行，经过几十年的研究，北欧一些国家在利用海水热泵空调系统来供冷、供热具有丰富的经验，例如瑞典的海水源热泵机组单机容量已有 10MW、11MW、25MW 等，但在我国海水源热泵空调系统仍然处于起步阶段。

大型海水源热泵系统是由海水取水构筑物、海水泵站、海水输送系统、热泵站、供冷供热管网及用户末端设备组成。海水与湖水、河水相比，具有一些特殊性，因此限制了它的应用。目前海水源热泵空调系统在国内只有极少应用实例，影响其使用的关键技术问题如下：

1）海水对设备及管道的腐蚀

由于海水中含有氯化钠等多种电导率较高的成分，因此输送海水的管道、水泵以及与海水接触的换热器等需要防止海水的腐蚀。防止海水腐蚀的主要措施有：

① 采用耐腐蚀的材料。通常采用的防腐蚀材料有铜、铜镍、钛、玻璃钢及塑料等，海水换热器一般采用铜合金或钛钢。钛钢具有强度高、传热系数大、耐腐蚀性强的特点，但其价格较高，在国内应用较少。因此开发出高效、节能、耐腐蚀、经济性能好的海水换热器是促进其应用的关键技术。

② 表面涂敷防护，如在管道或设备内表面涂防腐材料，涂料有环氧树脂漆、环氧沥青涂料、硅酸锌漆等。

③ 采用阴极保护，通常的做法有牺牲阳极保护法和外加电流的阴极保护法。

2）海水的处理

海水中存在多种生物，如海藻、细菌、微生物等。这些生物在适宜的条件下会大量繁殖，严重时可堵塞管道，影响设备的正常运行，而且也会造成设备及管道的腐蚀。因此确定有效的海水处理方法，以防止或有效控制藻类的滋生是海水源热泵技术应用的关键。防治海生物的主要方法是：

① 设置过滤装置，如拦污栅、格栅、筛网等粗过滤和精过滤。

② 投放杀生剂类药物。

③ 电解海水法。

④ 含毒涂料防护法。

3）冬季海水温度过低问题

① 采用双机压缩机组，可根据需要采用单级或双级运行。

② 冬季增加海水流量。

（4）污水源热泵空调系统

污水源热泵空调系统是地表水源热泵的一种。城市处理后的污水是一种优良的低温热源。利用城市中水作为水源热泵的低温热源具有以下特点：1）污水处理厂的中水、二级水出水夏季水温基本维持在 22～25℃，比外界环境温度低十几度，是热泵机组夏季空调工况良好的散热体；2）污水处理厂的出水水量稳定，流量大；3）污水处理厂将中水出水作为公园水系补水，水质接近清洁水，其硬度较小，pH 值适中，金属盐含量少，因此，作为水源热泵的低温热源是一种比较理想的水源，4）利用污水作为吸热源或放热源，节省了空调系统冷却水的用量，具有环保节水的优点。总之，城市污水、二级水、中水具有水量大、水量较稳定、温度适宜、水温在应用季节相对稳定等特点，能很好地满足水源热泵的使用要求，用作水源热泵的水源是完全可行的。现在全世界范围内，特别是中国水资源日益短缺，节能、环保的要求日益提高，大力发展污水源热泵系统符合可持续发展的要求，应用污水源热泵技术实现区域供冷、供热前景广阔。

污水源热泵在北欧、日本等国家发展比较早。我国污水源热泵技术推广应用则刚刚起步，但发展比较快。在北京、哈尔滨、秦皇岛、南通等地相继建立了污水源热泵系统，并投入运行。

由于污水中有许多悬浮物又有一些盐类物质，因此研究防止机组换热器堵塞、腐蚀、微生物生长等污水防堵塞技术，以及开发相应的取水设备和换热设备，将是污水源热泵技术应用的关键所在。

四、热泵的评价方法

在暖通空调工程中，热泵节能的经济性评价问题十分复杂，影响因素很多，其中主要有负荷特性、系统性能参数、地区气候特点、低位热源特性、设备价格、设备使用寿命、燃料价格等，但总的原则是节能效果与经济效益两个问题。

1. 热泵经济性的评价方法

（1）热泵的制热性能系数

热泵将低品位热源的热量品位提高需要消耗一定的高品位能量。因此，热泵消耗的热量是一项重要的技术经济指标。常用热泵的制热性能系数来衡量热泵的能量效率。热泵的制热性能系数通常有两种：一是设计工况的制热性能系数；二是季节制热性能系数。

1）热泵制热性能系数 ε_h

对于蒸气压缩式热泵，其设计工况的制热性能系数定义为：

$$\varepsilon_h = \frac{Q_C}{W} = \frac{Q_e + W}{W} = \varepsilon_c + 1$$

式中　ε_h——热泵设计工况的制热性能系数，也可用 COP 表示；

ε_c——热泵设计工况的制冷性能系数；

Q_C——冷凝器排热量，kW；

Q_e——制冷量，kW；

W——压缩机消耗的功率，kW。

由上式可知，热泵设计工况的制热性能系数永远大于 1，因此用热泵供热总比用热泵的驱动能源直接供热效率高，而且能够节约高位能源。

上式中，压缩机消耗的功率是指轴功率，若考虑到驱动电动机效率对能耗的影响，提出输入能效比（EER）来评价热泵的能量消耗，其定义为热泵供热量与电动机输入功率之比。

2）季节制热性能系数

众所周知，热泵的制热性能系数不仅与热泵本身的设计和制造情况有关，还与热泵的热源、供热负荷系数、热泵的运行特性有关。因此为了评价热泵用于某一地区在这个采暖季节运行时的热力经济性，提出热泵的季节制热性能系数 ε_{hs}，其定义为：

$$\varepsilon_{hs} = \frac{\text{整个供热季节热泵供给的总热量＋整个供热季节辅助热源加热量}}{\text{整个供热季节热泵消耗的总能量＋整个供热季节辅助热源的耗能量}}$$

由于室外空气的温度随着不同地区、不同季节变化很大，因此对于不同地区使用空气源热泵时，应选取 ε_{hs} 最大时热泵相应的最佳平衡点，并以此来选择热泵制热量和辅助加热容量。

（2）热泵能源利用系数 E

热泵的驱动能源有电能、柴油、汽油、燃气等，这些虽然都是能源，但其价值不一样。电能通常是由其他初级能源转变而来，在转变过程中必然有损失。因此，对于有同样制热性能系数的热泵若采用的驱动能源不同，则其节能意义和经济性均不同。为此，提出能源利用系数 E 来评价热泵的节能效果。能源利用系数定义为：

$$E = \frac{\text{热泵的供热量}}{\text{热泵消耗的初级能源}}$$

对于以电驱动的热泵，若热泵制热性能系数为 ε_h，发电效率为 η_1，输配电效率为 η_2，则这种热泵的能源利用系数为 $E = \eta_1 \eta_2 \varepsilon_h$；对于燃气热泵，若热泵制热性能系数为 ε_h，燃气机的效率为 η_1，燃气机的排热回收效率为 α，则燃气热泵的能源利用系数为 $E = \eta \varepsilon_h + (1-\eta)\alpha$。

（3）热泵经济效益评价方法

一般来说，热泵是节能的，但同时也增加了设备投资费用。因此，必须寻求热泵经济效益评价方法及综合评价各种因素以判断热泵在暖通空调系统中的应用是否省钱，帮助人们在不同方案的比较中作出正确的选择。但应注意，影响方案经济性的因素很多，应考虑到以下几点：

1）在对多个方案进行选择时，应注意诸方案产出价值应相同，满足相同要求的方案可以互相替代。对这些方案的评价不仅要研究替代方案中经济方面的合理性，还要着重比较其经济效果，以此来鉴别方案的最优性。

2）热泵的初投资大，使用寿命长，经济性影响因素多。因此，要准确评价与分析就必须考虑资金的时间价值。所谓资金的时间价值可体现在两个方面：一是资金用于项目投资时，资金的流动所产生的增值就是资金在这一段时间内的时间价值；二是如果放弃资金的使用权，所失去的收益相当于付出一定代价，这也是资金的时间价值。因此，采用动态评价方法为宜。

3）由于方案满足相同要求后，其效益很难用货币形式准确表达。因此，一般不采用净现值法和内部收益效率法。而应以选用比较方案费用的方法确定最优方案。因此，进行热泵经济效益评价时常选用投资回收年限法、费用现值法和费用年值法。

2. 热泵空调系统模糊分析评价法

热泵空调系统作为热力循环体系往往具有多种属性，例如供热能力、性能系数、成本、寿命、噪声、安全性、可靠性及对生态环境的污染、资金投入回收期等。如果某一热泵空调系统的热力学性能和经济效益均很好，但工程的可靠性低，并对生态环境造成严重污染，这样的空调系统也绝不会被社会所接受。因此，对热泵空调系统进行决策评价就要兼顾各个方面，必须对多个相关因素作出综合分析。为此，提出热经济工程模糊分析——模糊决策方法。它将热力系统放在自然物理环境、经济环境和工程环境中，进行智能综合分析研究，获得热经济工程模糊分析模型，具体可查阅相关文献。

第三节　地热利用技术

一、地热资源量估算

1. 概述

地球是一个巨大的能源宝库，进入地球内部越深，温度就越高。每天由地球内部向地表传递的能量相当于全人类一天使用能量的 2.5 倍。这种储存于地球内部的能源其实远比化石燃料丰富，特别是在当今人们日益关注全球变化和各种环境污染问题的形势下，地热能作为一种清洁能源而备受关注。

按照一般概念，地热能是以热能为主要形式储存于地球内部的热量。这部分热量一方面来源于地球深处的高温熔岩体，另一方面则来源于放射性元素的衰变。按其属性地热能可分为四种类型。

（1）水热型，即地球浅处（地下 100~4500m）所见到的热水或水蒸气。

（2）地压地热能，即在某些大型含油气盆地深处（3~6km）存在着的高温高压热流体，其中含有大量甲烷气体。

（3）干热岩地热能，是由于特殊地质构造条件造成高温但水少甚至无水的干热岩体，需用人工注水的方法才能将其热能取出。

（4）岩浆热能，即储存在高温（700~1200℃）熔融岩浆体中的巨大热能，但如何开发利用这类地热能源目前仍处于探索阶段。

在上述四类地热能中，只有第一类水热型地热能已达到大规模商业性开发利用阶段。

根据开发利用的目的，又可将水热型地热资源分为高温（>150℃）、中低温（中温 90~−150℃，低温<90℃）水热资源。前者主要用于地热发电，而后者主要用于地热直接利用（供暖、制冷、工农业用热和旅游疗养等）。高温地热资源的最大特点是其分布具有地区局限性。从全球范围来看，高温水地热资源一般出现在火山、地震活动频繁的构造带、板块边缘及其内部，如美国的黄石公园、盖尔瑟斯，墨西哥的塞罗普列埃托，冰岛的克拉夫拉，意大利的拉德瑞罗，印度的普加，日本的松川等。

2. 全球地热资源量估算

全球地热资源的估算按如下三级进行：第一级称为"可及资源基数"，指的是地表以下 5km 之内积存的总热量，这部分热量理论上是可开采的；第二级称为"资源"，是指上述"资源基数"中在 40~50 年内可望有经济价值者；第三级称为"可采资源"，专指"资源基数"中在 10~20 年内即可具有经济价值者。

据 Palmerini 估算，全球地热"资源基数"为 140×10^6 EJ/a，可采资源量为 500EJ/a，虽然后者只占前者很小的一部分，但其量仍然很可观，已超过全球一次性能源的年消耗量（约 400EJ/a），中国地热资源占全球的 7.9%（11×10^6 EJ/a）。

二、中国地热资源分布

前已述及，根据地热资源分为高温及中低温两类，而从热量传递的方式又可将上述地热资源分为传导型和对流型。根据我国所处的大地构造位置及地热背景，将中国地热资源分为高温对流型地热资源、中低温对流型地热资源和中低温传导型地热资源。现将其分布情况简述如下：

1. 高温对流型地热资源

高温对流型地热资源主要分布在滇藏及台湾地区。在西藏南部，地表共有 600 多处高温地热显示，包括间歇喷泉、沸泉、喷气孔、冒气地面、水热爆炸等，其中 345 处在 20 世纪 70 年代已经过实地考察。热水分布结果表明，大部分热水属于 $Cl^- - HCO_3^- - Na^+$ 型，并含有丰富的 Li、Rb、Cs、B 等元素，总矿化度介于 1~3g/L 之间。据估算，西藏地区的地表天然放热量为 622.8×10^6 J/s。

腾冲为现代火山区，位于我国西南边陲与缅甸接壤。该区已确认的水热区共有 58 处，其中"热海"热田最具有开发前景。地球化学温标显示，腾冲地区热储温度可达 230~240℃，其热源可能是一个正在冷却的高温岩浆囊。

从全球地热系统及地球资源分布来看，滇藏地热带实际上是地中海地热带的东延部分。文献［8］的研究表明，滇藏地热带总的发电潜力为 5817.60MW，其中西藏为 3040.04MW，占整个地热带的 52%，西藏羊八井地热电站目前总的装机容量为 25.18MW，只占西藏地热资源发电潜力的 1/121。可见西藏的地热发电潜力巨大。

中国台湾地区属于全球"环太平洋地热带"，即火山学上的"环太平洋火环"的一部分，高温地热资源丰富。据报道，中国台湾地热资源主要分布在大屯现代火山区和中央山脉变质岩带，前者温度最高达 293℃，而后者在清水地区深部热水温度在 197~229℃ 之间。虽然大屯火山区有较大的地热发电潜力，但地热流体的 pH 多小于 2，地热开发所需装备的严重腐蚀问题无法解决，在当前技术经济条件下无法加以利用。中央山脉清水热田虽然在 1981 年建起一座地热发电试验电站，但投产后水量急剧下降，已于 1995 年停产。

2. 中低温对流型地热资源

中低温对流型地热资源主要分布在我国东南沿海地区，包括广东、海南、广西以及江西、湖南和浙江。从成因上来说，这类地热资源是在正常或略微偏高的地热背景下（以"大地热流值"来衡量），大气降水经断层破碎或裂隙发育带渗入地下，并从围岩中汲取热量成为温度不等的地下热水。这类地下热水在适当的地质构造条件下（如遇断层）可出露地表成为温泉，构成一个完整的地下环流系统。一般情况下，地热背景越高，下渗深度越大，地下热水温度也越高。据勘探工作证实，我国东南沿海地区的中低温地热资源分布区共有 27 处。此类热水资源大多蕴藏于中生代花岗岩和火山岩分布区，热水水质良好，矿化度一般＜3g/L，水量不大，宜就地分散直接利用。

3. 中低温传导型地热资源

中低温传导型地热资源是一类能源潜力巨大的地热资源，主要埋藏在大中型沉积盆地之中（如华北、松辽、苏北、四川、鄂尔多斯等）。据估算，我国 10 个主要沉积盆地可采资源可达到 18.54 亿吨标准煤的量级，可见其资源潜力之巨大。目前北京、天津、西安等大中城市及广大农村开发利用的就是这类地热资源。

必须指出，上述地热资源分布只是基于温度和传热机制，实际上在自然界很难看到单纯的传导或对流型地热资源。通常情况下，往往是两种类型的叠加，或传导-对流，或对流-传导，只是看其以何为主罢了。不同类型的地热资源能源潜力是各不相同的，这涉及开发利用方向、开采模式等实际问题，具体可参阅其他有关文献或资料。据估计，我国目前各省市近期可开采地热水资源量，折合为 32.83 亿吨标准煤[9]。

三、地热资源开发利用现状

1. 世界地热资源开发利用现状

从世界范围来看，利用温泉洗浴已有数千年的历史，但只是在 20 世纪地热资源才作为能源大规模用于发电、供暖和工农业用热。1904 年，在意大利拉德瑞罗首次利用地热蒸汽发电成功，而较具规模的地热城市供暖则始于 20 世纪 30 年代（冰岛）。地热利用的步伐在 20 世纪 70 年代开始加快，据统计，1975～1995 年的 20 年间，全球范围内地热发电每年大约以 9% 的速率增长，而地热直接利用的增长率略低，约为 6%。表 2.3-1 列出了地热直接利用前 10 名国家。可以看出，中国地热直接利用装机容量已居世界第一，但其年产能值却不如日本、冰岛。原因在于不同类型的地热直接利用的荷载系数不同。截至 2014 年年底全球地热能发电累计总装机容量已达 12.7GW，全国地热发电累计装机容量为 100MW。

地热直接利用前 10 名国家 表 2.3-1

序　号	国　家	装机容量(MW)	年产能值(GW·h/a)
1	中国	1914	4717
2	美国	1905	3971
3	冰岛	1443	5878
4	日本	1159	7500
5	匈牙利	750	3286
6	土耳其	635	2500
7	意大利	314	1026
8	法国	309	1359
9	新西兰	264	1837
10	俄罗斯	210	673

2. 中国地热资源开发利用现状

我国地热资源利用始于 20 世纪 70 年代，一方面由于世界性（石油）能源危机的出现促使人们去寻找可替代的新能源；另一方面我国著名地质学家李四光教授提出要大力开发地热，将地球这个"庞大热库"中的能量充分利用起来为社会服务。1970 年，我国掀起了地热普查、勘探和开发利用的热潮。由于缺乏经验，许多不具备高温地热资源的地区也都热衷于地热发电，于是在广东丰顺、湖南灰场、江西宜春、河北怀来等地先后利用67~92℃的地下热水建立起一批装机容量仅为50~300kW的试验性地热电站。但由于效率太低，目前只有1970年建设的我国第一座试验性地热电站（广东丰顺）及湖南灰场电站仍在运行。与此相反，西藏自治区由于常规能源短缺，而高温地热资源却相当丰富，因此从20世纪70年代初即开始了距拉萨仅90km的羊八井地热田的勘探、开发工作，并于1977年10月建成一号实验机组（1MW），正式投产发电。后几经扩建，目前羊八井地热电站的总装机容量为25.18MW，夏、冬两季的发电量分别占拉萨电网的40%和60%。可以看出，羊八井地热电站的装机容量虽小，但在拉萨地区的电力供应上却起着很大的作用。

中低温地热资源的开发利用始于北京、天津，主要用于城市的集中供暖、工农业用热及洗浴、疗养等。与此同时，华北地区农村及中小城镇都建立起一批地热温室，培植越冬蔬菜，其中京郊小汤山地区的地热温室专种从国外引进的"洋菜"，供使馆及各大宾馆使用，效益很好。我国东南部沿海诸省则利用地热水进行水产养殖，取得了很好的经济效益。地热直接利用的地方还有印染、烘干、水稻育秧等，但规模较小。

四、地热资源的评价方法

1. 地热资源的评价类型

在资源评价中地热资源是指地壳中地温高于当地多年平均气温时所包含的全部热量，它包括可及和不可及的基础资源，可及基础资源中又分为经济和亚经济两种类型。这里讨论的地热资源是指在某一时间内可以从地壳浅部经济、合理地取出热量，它依赖于开采井的结构设计和部署、开采时间等多种因素，开采资源的评价对于热田的使用寿命和热田的管理至关重要。

2. 可及的基础资源评价

热水资源评价有热储法、地表热流法、解析模型法、统计法和数值模型法。常用的方法为热储法，它是计算热储中岩体层和水中所含的全部热能量，即地下热能的积存量，等于热储的体积、平均温度、孔隙率和岩石与水的比热容、密度的乘积。在地热资源评价中，热储的几何参数和热物理性质的确定至关重要，其中主要的参数如下：

（1）面积

根据同一深度的地热等温线所圈定的范围确定，同时要考虑地热田的构造边界。

（2）热储厚度

根据钻孔资料，结合地球物理勘探资料确定的热储顶板和底板深度，以及经济合理的开采深度计算热储厚度。

（3）热储温度

在有条件的地区，应该对热田内所有的钻孔进行地温测量，取得热储顶板和底板温度。在缺少其资料的地区，可以根据区域的地温梯度推算，或者采用地球化学温标计算热储温度。

（4）热储压力

通过热田区钻孔试井资料确定。

（5）热储的岩石物理参数

热储的岩石物理参数包括岩石的密度、比热容和热导率。有条件的地区应该采用钻孔岩芯送有关实验室测定，如果岩芯的采集有困难，就只能引用文献资料中经验数据。

资源评价热储法的计算公式为：

$$Q_r = cAd(T_r - T_0) \tag{2.3-1}$$

$$c = \rho_\tau c_\tau (1-\varphi) + \rho_w c_w \varphi \tag{2.3-2}$$

式中　Q_r——热储中储存的热量，J；

$\qquad$ A——热田的面积，m^2；

$\qquad$ d——热储的厚度，m；

$\qquad$ T_r——热储的温度，℃；

$\qquad$ T_0——当地的年平均气温，℃；

$\qquad$ c——热储岩石和水的平均比热容，$J/(m^3 \cdot ℃)$；

$\qquad$ c_τ、c_w——热储岩石、水的比热容，$J/(kg \cdot ℃)$；

$\qquad$ ρ_τ、ρ_w——热储岩石、水的密度，kg/m^3；

$\qquad$ φ——热储岩石的孔隙度。

3. 开采资源评价

开采资源评价中的关键问题是确定经济合理的开采量，因此开采区内水文地质参数的确定非常重要。在热田开采初期，只能假设热储是均质、各向同性等厚且各处的初始压力相等，然后用解析模型法计算。当热田开采一段时间之后，可以根据监测井的系统观测数据、热田的地质和水文地质资料，采用统计分析方法或数值模型法比较准确地计算热田的开采储量，同时预测热田的寿命。

五、地热利用

1. 地热发电技术

（1）地热发电概况

地热发电是 20 世纪新兴的能源工业，它是在地质学、地球物理、地球化学、钻探技术、材料科学以及发电工程等现代科学技术取得辉煌成就的基础上迅速发展起来的。地热发电的装机容量和经济性主要取决于地热资源的类型和品位。

我国在 20 世纪 70 年代先后在广东顺丰、山东招远、辽宁熊岳、江西温场、湖南灰场等地建立试验性热电站。这些地热区热水的温度低、水量小、电站容量小（50～100kW），进气参数低，大部分均采用一次扩容发电，仅有江西温场采用双工质循环。这批小试验电站大都已经停产。

西藏羊八井热电厂始建于 1977 年，目前该厂总装机容量为 25.18kW，有两个分厂：其中一厂的一号 1000kW 试验机组是我国第一台参数高、容量最大、安装于世界屋脊的地热发电机组。从 1982 年起又建成国内自行设计制造的容量为 3MW 两次扩容的二号至四号机组，这四台机组最高出力可达 10.6MW，二厂的五号机组是美国 HEC 公司的成套设备，其中汽轮发电机由日本富士公司生产，辅机由美国配套，装机容量为 3.18MW 的两级扩容地热机组，后又相继安装了六号至九号单机容量为 3MW 的两次扩容机组。

（2）我国地热发电存在的问题

我国地热发电自 1992～2001 年的 10 年中，增加的装机容量不到 1MW。我国地热发电停滞不前，归纳起来主要有以下几个方面。

1）高温地热资源不多；

2）高温地热资源分布的局限性；

3）高温地热资源勘探的风险性；

4）政策问题。

（3）我国地热发电的前景

我国地热发电事业总体说来走出了一大步，有很好的经验和教训，地热工程技术人员对地热发电的重大技术问题有明确的认识和处理经验。地热发电在今后的几年中应重点做好以下几个方面的工作。

1）在缺乏传统能源而有高温地热资源保证的边远地区，积极开展地热发电事业。

西藏地区传统能源缺乏，水利资源受季节性限制，但高温地热资源丰富，潜力巨大，因此应积极开展地热发电工作。

2）地热发电设备的研究和完善

地热发电机组虽可以制造，但其结构的合理性、运行的安全性和经济性应提高，为防止井口结垢，应研制出 300m 以上的深井泵、扩容器，冷凝器也需要进一步完善，其主要内容为结构的改进以提高效率、材质的改进以适应长期安全运行。

3）解决设备的腐蚀问题

地热设备的腐蚀问题严重影响其安全性，应着重研究这一世界地热发电领域的技术难题，主要在材料防腐上下功夫。电站用的射水泵、回水泵、进水泵以往采用铸铁、铸钢制造泵壳，运行一年就锈穿了，而进口机组采用不锈钢可运行 10～15 年。另外，其他防腐材料也应重点加以研究。

4）解决设备的结垢问题

地热井和设备的结垢问题严重影响出力，除了需要研制出性能优良的深井泵以外，还要采取一些先进可行的除垢方法，其中高压脉冲水射流除垢是一种很好的除垢方法，应从工艺上加以完善，以适应地热发电设备的除垢。

5）解决地热田的回灌问题

地热水一旦用于发电或综合利用，就要进行回灌，国外地热利用后基本都是 100% 进行回灌，一方面延长热田寿命，另一方面也减少对周围环境污染。

6）各种发电方式协调发展

在同一地区，如果有地热资源可以利用，则应优先开发地热资源。这样可以减少化石能源的消耗和环境污染。

2. 地热制冷技术

利用地热制冷空调或为生产工艺提供所需的低温冷却水是地热能直接利用的一种有效途径。地热制冷就是利用足够高的地热水驱动吸收式制冷系统，制取温度高于 7℃ 的冷冻水，用于空调或生产。一般要求地热水温度在 65℃ 以上。用于地热制冷的制冷机有两种，即溴化锂吸收式制冷机和氨吸收式制冷机，在实际工程中常采用前者。

地热制冷原理与吸收式制冷原理相同。与常规的电压缩式制冷相比，地热吸收式制冷可节约大量的电能。

地热制冷系统主要由地热井、地热深井泵、热交换器、热水循环泵、制冷机、冷却塔、冷却水循环泵及系统、冷冻水循环泵及空调末端系统。

3. 地源热泵技术

地源热泵已在北美、欧洲等地得到广泛应用，技术也趋于成熟。地源热泵主要利用浅层地热能，其工作原理详见本章第一节，这里不再赘述。

4. 地热供暖技术

地热供暖技术在地热直接利用领域中应用最为广泛。地热取代常规能源对建筑物供热已成为减少大气污染的有效途径之一。由于地热供热站占地面积小、运行费用低、资源综合利用收效大、资金回收快，而且对大气污染小，受到越来越多的关注。

世界各国对地热都非常重视，例如冰岛、匈牙利、美国、法国、新西兰、日本等。冰岛地处北极圈边缘，气候寒冷，一年中有 300 多天需要取暖，其主要能源中地热占 48.8%，石油占 31.5%，水力能占 17.2%，煤炭能占 2.5%。全国有 85% 的房屋用地热采暖，占地热直接利用的 77%。首都雷克雅未克市的地热供暖已有 73 年的历史，城市已全部实现"地热化"，被誉为"无烟城"。它的地热供暖成本只有石油采暖成本的 35%，电气采暖成本的 70%。

2000 年我国地热供暖面积达到 $800 \times 10^4 m^2$，最近十年地热供暖发展很快，以山东省为例，地热供暖最高峰时，供热面积超过 $1000 \times 10^4 m^2$，近年来，由于受到地热屋水处理的限制，地热供暖面积呈现出逐渐减少的趋势。

地热供暖就是以一个或多个地热井的热水为热源向建筑群供暖。在供暖的同时满足生活热水以及工业生产用热的要求。根据热水的温度和开采情况，可以附加其他调峰系统（如传统的锅炉或地源热泵等）。

地热供暖系统主要由三部分组成，见图 2.3-1。第一部分为地热水的开采系统，包括地热井和回灌井，调峰站以及井口换热器。第二部分为输送、分配系统，它是将地热水或被地热水加热的水引入建筑物。第三部分包括中心泵站和室内装置，将地热水输送到中心泵站的换热器或直接进入每个建筑物的散热器，必要时可设蓄热水箱，以调节负荷的变化。

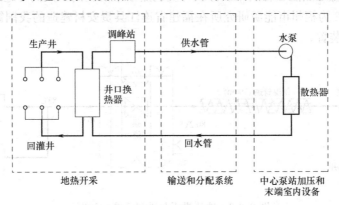

图 2.3-1 地热供暖系统组成

5. 地热在农业的应用

目前世界各国地热的直接利用大多数是农业利用。匈牙利的地热直接利用居世界首位，主要用于农业温室和温泉疗养，全国已建成地热温室 $1300 \times 10^4 m^2$，平均每平方米可以收蔬菜 20~25kg，是匈牙利蔬菜、蘑菇、鲜花供应的主要来源。地热养殖利用也很广泛，从鱼苗养殖、养鱼到养家禽，成活率高，生长快。此外，还通过地热水加热空气进行农副产品的脱水。

我国的地热资源分布广泛，资源丰富。地热直接利用已经有相当的规模。其中农业方面的研究和利用也取得了很大的成功。主要是建造地热塑料薄膜温室，用于作物加工、育种、水稻育秧、蔬菜生产、食用菌生产等。地热在农业方面的直接利用收到了较好的经济效益和社会效益。

（1）地热温室

地热温室以地热能和太阳能作为热源，因而生产成本低，在各种能源温室中占据十分有利的地位。地热温室的加热方式有热风采暖、热水采暖和地下采暖等，其中热水采暖是通过热水管或散热器散热，只要热水管或散热器布置均匀，温度分布就很均匀，即使70℃左右的管道温度即便接近茎叶对作物生长也没有多大影响；热风采暖不需要很长的输热管道，温室直接利用地热水通过散热设备加热空气，因此设备简单、造价低廉，质量轻，容易搬动，便于控制，缺点是室内温度不如热水采暖好，特别在温室上部，温度可能较高，不利于地温的提高。

随着农业技术的发展，现在地热温室大多数采用热风采暖和地下采暖相结合的方式，同时利用散热器加热和地下埋管加热。

（2）地热养殖与孵化

我国已有19个省、市、区利用地热水越冬养鱼，至2000年总养殖面积已经达到两千多亩，主要养殖罗非鱼、鳗鱼、甲鱼等。

地热孵化是近几年逐渐发展起来的一个地热能利用项目，它是利用地热水通过散热设备把热量输送到孵化箱。孵化箱内设置温度控制组件，控制箱内温度和湿度。

（3）地热烘干

地热烘干技术是地热能直接利用的重要项目，虽然这项技术在地热直接利用领域所占比例很小，但随着地热能综合利用和梯级开发利用水平的提高，人们对地热烘干的兴趣日益增大。图2.3-2为福州市能源研究所在福建省连江县贵安村建造的我国第一座规模较大的地热烘干专用装置。

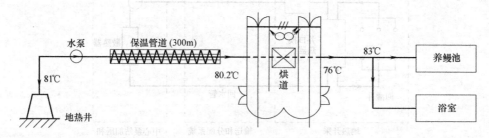

图2.3-2　地热烘干与养鳗系统示意图

该装置与原地热养鳗场组成一个地热水综合利用系统。整个干燥装置分为左右两个烘道，每个烘道长12m，宽1.2m，高2m，可放10部烘车，每部烘车可放20层竹帘，总共一次可烘鲜香菇2000kg，18～20h可使香菇含水率降为11%，平均脱水量为90kg/h。风机和热交换器放在中间的主风道，热风温度在30～65℃之间连续可调，新风量和回风量可按不同干燥阶段进行调节。

（4）地热医疗

地热被应用于医疗及卫生保健事业，远在工农业应用之前，有着十分悠久的历史。

用于洗浴医疗的地热水，通常称为"矿泉"。地热矿泉治疗疾病，很多年前就被人类所认识，有许多矿泉水被供为"圣水、仙水"。日本位于环太平洋火山活动带上，有着丰富的地热资源，素有"温泉之国"之称。他们依据这些优势建起矿泉保健所 700 多所，矿泉旅馆一万多个，并利用地热显示和火山地貌等独特景观开发旅游业。

地热矿泉习惯上常称为温泉，而实际上两者的含义有所区别。矿泉是依靠水中所含盐类成分、矿化度、气体成分、少量活性离子及放射性成分的多少来划分的，而温泉是以泉水的温度来划分的。

根据矿泉含有的化学成分的不同，矿泉可分为以下几种：氡泉、碳酸泉、硫化氢泉、铁泉、碘泉、硅酸泉等。

六、地热直接利用环境特征分析

由于温度高和深循环过程中的水—岩互相作用，地热水一般都含有一些特殊的化学成分，如硫化氢气体、氟及铅、砷、汞等重金属，在地热开发利用中，若不进行回灌，地热尾水的不合理排放，必将对大气环境、水环境和土壤环境造成损害和污染，进而对人类生存环境造成危害。

1. 地热水水质特性

水质分析结果表明，地热水主要是含有无机盐的水溶液，除二氧化硅之外，这些盐均能离解形成电导率很高的离子溶液。例如河北省河间市 16 号井中的地热水就是强电解质溶液，其中钠离子、钾离子、钙离子、镁离子、氯离子、硫酸根离子、碳酸氢根离子等七种离子分布最为广泛。

地热水的另一个特点是氟离子和二氧化硅的含量远比一般地下水高，这主要是由于温度对溶滤作用的影响。地热水的水质是影响环境的主要因素。

2. 地热开发利用对环境的影响

地热相对于常规能源是一种环境友好、清洁且廉价的新能源。然而随着地热的大规模开采利用，如果地热尾水不加以回灌，也将对周围环境造成污染。地热尾水对环境的影响主要在以下几个方面：

（1）对地表水的影响；

（2）对地下含水层的影响；

（3）对土壤的影响；

（4）对农作物的影响；

（5）对水产养殖的影响；

（6）对环境的热污染；

（7）地面沉降问题。

3. 地热水污染的防治措施

（1）制定相关的法规；

（2）地热尾水回灌；

（3）对地热水中所含硫化氢气体进行处理；

（4）控制地热尾水的热污染。

除了进行回灌以外，大力推广地热资源的梯级开发利用，尽可能降低地热尾水的排放温度，是提高地热资源的利用率和防止热污染最好的方法。

第四节　太阳能的利用

太阳能是一种洁净的可再生能源，取之不尽，用之不竭，而且太阳能是所有国家和个人都能够分享的能源。为了能够经济有效地利用这一能源，人们从技术角度研究太阳能的收集、转换、储存及输送，并已取得了显著进展。

太阳能利用技术从能量转换方式来分，有三种形式：即光热转换、光电转换和光化学转换，其中应用最广的就是光热转换技术。

一、太阳能光热转换技术

太阳能光热转换技术是将太阳辐射能转换为热能加以利用的技术。吸热体吸收太阳辐射后温度升高，再将所得热能通过传热工质传递，加以利用。太阳辐射一般从紫外区到红外区都被物体吸收，但以 $0.4\sim0.9\mu m$ 的可见光区和近红外区辐射对光热利用价值最大。其系统由光热转换和热能利用两部分组成，前者为各种形式的太阳能集热器，后者是根据不同使用要求而设计的各种用热装置。光热利用种类繁多，可按其使用温度的高低划分为低温（200℃以下）、中温（200～500℃以下）和高温（500℃以上）三大类。目前以200℃以下的低温热利用技术发展最快，应用最广，取得了显著节能和环境效益，并已不断发展而形成一定规模产业。如家庭或单位供应热水及采暖用的各式热水器、游泳池或鱼池越冬等用的太阳能加热，太阳能温室，太阳能干燥，太阳能制冷与空调，海水淡化，污水净化用的太阳能蒸馏，箱式太阳灶，太阳开水器，太阳消毒器，太阳水泵等。中温热利用技术，如太阳能水泵系统、聚光太阳灶、中温太阳热力发电等。高温热利用技术，如高温太阳炉（热处理等）、高温太阳热发电、太阳能焊接机等。中、高温应用则由于技术比较复杂，材料和加工要求高及经济效益低等原因，大多仍处于研究和试制阶段。

1. 太阳能热发电技术

（1）太阳能热发电的类型和特点

太阳能发电分为两种类型：

1）太阳能热动力发电，就是利用反射镜或集热器将阳光聚集起来，加热水或其他介质，产生蒸汽或热气流推动涡轮发电机发电。

2）利用热电直接转换为电能的装置，将聚集的太阳光和热直接发电，例如温差发电、热离子发电和磁流体发电等。

目前太阳能热发电主要为热动力发电系统。太阳能辐射很容易以极高的效率转化为热，但把热转化为功则受到限制。热力学第二定律和卡诺循环定律阐述了热转换为功的条件和最大转换效率。提高热机效率的主要途径是提高热源温度。太阳能是一种能流密度比较低的能源，若要提高经济效益，就必须提高热机效率和规模大型化。太阳能发电还要考虑太阳能间歇性的不利因素，为保证正常供电和发电系统正常运转，理论上有三种选择，即配置蓄电装置，把多余的电能储存起来以供需要；在太阳能集热器与热机之间设置蓄热装置，把电负荷较低时多余的热能储存起来，使发电机在用电高峰时，能以更大的功率发电；把太阳能发电系统与电网并联。

（2）太阳能热发电原理

太阳能热发电是利用集热器将太阳能转化为热能，再通过热力循环进行发电。热源采用太阳能向蒸发器供热，工质在蒸发器中蒸发为蒸汽并过热，进入透平，通过喷管加速后驱动叶轮旋转，带动发电机实现发电。离开透平的工质成为饱和蒸汽，进入冷凝器后向冷却介质（水或空气）释放潜热，凝结为液体工质并重新回到蒸发器中循环使用。

（3）太阳能热发电系统

太阳能热发电系统包括：集热系统、热传输系统、蓄热与热交换系统、汽轮机发电系统等。它的主要功能是把太阳光反射、集中并变成热能，再把热能储存和转变为高温水蒸气，实现蓄热和热交换。

目前世界上的太阳能发电系统主要有四类：塔式电站、蝶式电站、槽式电站和太阳能烟囱。塔式电站是利用独立跟踪太阳能的定日镜，将太阳能聚集到一个固定的接收器上，以产生很高的温度；蝶式电站是由许多镜子组成的抛物面反射镜，接收器设在抛物面的焦点处，其内部工质被加热到 750℃左右，驱动发动机发电；槽式电站是利用抛物柱面槽式反射镜将阳光聚集到管状接收器上，将管内工质加热产生蒸汽，推动常规汽轮机发电；太阳能烟囱发电系统由烟囱、集热器和发电机及储能系统组成，被温室加热的空气在温室中心和烟囱底部产生气流，带动发电机发电。

（4）太阳能集热吸收器

太阳能发电站与火力发电站之间最重要的区别是用集热器取代锅炉。集热器的功用是有效吸收太阳能而又不向外扩散。集热器有多种，这里主要介绍用于太阳能发电的集热器，即真空管集热吸收器和腔体集热吸收器。

真空管集热吸收器为一置于同心玻璃管内的金属圆管，其外表面涂有光谱选择性涂层，夹层抽真空以减少对流热损失。真空管吸收器主要与短焦抛物镜相配，以此可以增大吸收表面，降低光照处的热流密度，从而减少热损失，真空管吸收器也可以利用长焦抛物镜。真空管吸收器的优点是金属管与玻璃管之间不存在对流热损失，玻璃管外径较小且透明，从而减少了对阳光的遮影，也通过增大热阻降低了外表面的对流热损失。有选择性涂层的真空管壁对阳光的吸收率很高，但发射率却很低。真空管吸收器的缺点是由于玻璃管与金属管的热膨胀系数不同，玻璃管与金属管之间存在温差，造成中温时（略低于350℃）真空封口处的玻璃容易脆裂，从而难以在室外环境下长期维持真空度；在中温时，光学选择性涂层容易老化和脱落，难以长期维持大规模光学选择性吸收表面的热稳定性，较大的流通断面造成流体的雷诺数较低，热损失增大。

腔体吸收器的结构为一柱形腔体，外表面覆隔热材料，由于腔体的黑体效应，使其能充分吸收聚焦后的阳光。腔体式吸收器主要适用于长焦聚光器。腔体吸收器的优点是吸收过程不是发生在最强聚焦区，而是在聚焦过后和发射时，以较大的内表面积向工作流体传热，致使和真空管吸收器相比具有较低的投射辐射能流密度。腔体壁温比较均匀，可减小与流体之间的温差，使开口的有效温度降低，从而最终使热损失降低。经过优化设计的腔体式吸收器，其热性能比真空管吸收器稳定。在同样情况下，工作介质温度平均大于 230℃时，腔体式吸收器既不需要抽真空，也不需要涂光学选择涂层，仅采用传统的材料和制造工艺。成本低和便于维护也是腔体式吸收器的特性。腔体式吸收器的集热效率大于真空管吸收器，这使它成为槽形抛物镜集热器的吸收器，腔体式吸收器的发展已受到重视。

（5）太阳能热电站的发展趋势及相关问题

太阳能热发电技术涉及光学、热物理、材料、力学及自动控制等学科，是一门综合性的技术，也是太阳能领域的难题。当前，太阳能发电技术的新方案有以下几种：

1）以熔盐为传热介质的腔体式直接吸收器（DAR）

在 DAR 中有一块隔热良好、倾斜放置的吸热板，来自定日镜场的高强度太阳辐射经腔体内壁反射到吸热板上，吸热板又传给顶端熔融的碳酸盐。目前开展的研究是：对熔盐掺杂，提高熔盐对太阳辐射的直接吸收能力；研究吸热板与熔盐液膜之间强化传热的途径；研究熔盐在高温下的热物性参数（包括导热率、比热容、黏度和热辐射）。

2）勃莱敦循环

该方案是以微粒和惰性气体组成的固—气两相流为工作介质，当工作介质通过接收器时，强烈吸收射入接收器窗口的高强度太阳辐射，并在极短时间内达到一高温状态。受热的工质可直接推动燃气轮机工作。

采用耐高温且导热能力强的陶瓷材料（如碳化硅）作吸收器，实际上它是腔体内的一个换热器。当空气通过换热器后，温度升高到 1000℃，压力达到 1000kPa，可直接供燃气轮机做功。由于燃气轮机排气温度高达 500℃，利用排气产生蒸汽推动汽轮机。这种燃气、蒸汽联合循环的效率可望达到 40%～50%。为强化传热，降低热损和缩短启动时间，目前开发成功了一种多腔体容积式太阳能接收器。这种接收器是由大量小通道组成的一个蜂窝状结构，小通道的入口面向定日镜场。当空气被压缩机驱动而通过多腔体接收器时，经聚集的高强度太阳辐射照射的腔体能使空气加热到很高的温度。这种多腔体结构的突出优点是接收器入口所处温度较低，减小了对环境的辐射和对流热损。同时多腔体结构不需在高压下工作，不存在腐蚀问题。主要缺点是腔体与空气之间的换热性能差。进一步的工作是研究接收器的材料、结构及因日照变化而引起的动态反应等复杂问题。

3）两级聚光

从热力学角度看，应尽力提高工作介质的温度，设备又不能复杂。科学家们完成的一种新的两级光学的槽型抛物镜集热器，使太阳能电站的热转换效率大为提高而且成本降低，这种设计能使主级的聚光比增大 2～2.5 倍，并且主级聚光镜的张角可保持 90°甚至 120°，由于作为第二级的复合抛物镜可置于展开能量接收器之内，可使热损失大为降低，工作温度由 400℃增至 500℃，可满足常规火电厂所需的蒸汽参数。

4）新一代反光镜

传统的玻璃/金属反光镜价格高、反射率低，目前，一种在聚合物上镀银的紧绷式反光镜不仅质量轻、成本低、反射率高并抗老化，使用两年后的反射率仍在 90%以上。

2. 太阳能供暖技术

太阳能供暖技术直接利用太阳辐射能供暖，也称太阳房。现代技术不断扩展和完善太阳能的功能，新式太阳房具有太阳能收集器、热储存器、辅助能源系统和室内暖房风扇系统，可以节能 75%～90%。

（1）被动式太阳房

不用任何机械动力，仅靠太阳能自然供暖的方式称为被动式太阳房。被动式太阳房不需要辅助能源，主要靠太阳能采暖。

1）利用温室效应的被动式太阳房

图 2.4-1 所示的太阳房在阳面利用温室效应建成集热墙，在集热墙的上部和下部分别

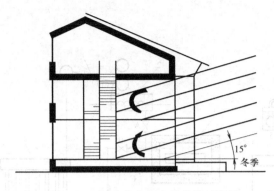

图 2.4-1 被动式太阳房的结构示意图

开排气孔和通风孔。选择这两种通孔时要考虑到合适位置，当太阳照射到集热墙时，墙内的空气被加热后由于冷热空气密度不同而产生对流。由于热空气的上升，冷空气会源源不断地进入室内，而室内底层的冷空气则被集热墙吸收，形成循环对流后，室内的温度慢慢升高。当没有阳光时，关闭集热墙的通风孔，房屋的四壁和顶棚的保温性能得到保障，室温可以保持。当天气炎热时，将集热墙上部通向室内的通风孔关闭，再打开顶部的排气孔，如有地下室还可引入冷空气。这种集热墙将起抽风作用，使室内的空气加速运动，达到降温的目的。

2）自然式被动太阳房

图 2.4-2 是另一种结构的被动式太阳房，称为自然式被动太阳房。这种太阳房南墙采用大面积的落地窗，背面则是较封闭的实墙。冬天阳光通过落地窗直接进入室内，提供热能。这种太阳房的阳台根据太阳高度角设计，夏天阳光仅照到阳台而不进入室内，并且室内空气流通。

（2）主动式太阳房

主动式太阳房不是自然接受太阳能采暖，而是安装了一套系统来实现热循环供暖。它通常在建筑物上装设一套集热、蓄热装置与辅助能源系统，实现人

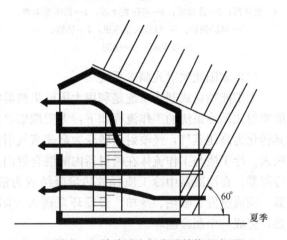

图 2.4-2 被动式太阳房的结构示意图

类主动地利用太阳能。主动式太阳房本身就是一个集热器，通过建筑设计把隔热材料、遮光材料和储能材料有机地用于建筑物，实现房屋吸收和储存太阳能。

3. 太阳能制冷技术

太阳能制冷技术与常规能源驱动的制冷装置原则上相似，但太阳能属于低品位和低密度能源，要求太阳能制冷系统有独特的性能。

太阳能制冷从原理上可分为：（1）直接以太阳辐射热能为驱动能源，主要有吸收式制冷、吸附式制冷和喷射式制冷等；（2）以太阳能产生的机械能为驱动能源，主要有压缩式制冷、光电式制冷和热电制冷。

目前常用的太阳能制冷包括太阳能吸收式制冷系统、太阳能喷射式制冷和太阳能驱动压缩式制冷系统。

（1）太阳能吸收式制冷

太阳能吸收式制冷主要包括溴化锂吸收式制冷和氨吸收式制冷，其原理同普通的吸收式制冷系统相同。图 2.4-3 为太阳能溴化锂吸收式制冷系统示意图，图 2.4-4 为间歇式太阳能氨吸收式制冷系统示意图。

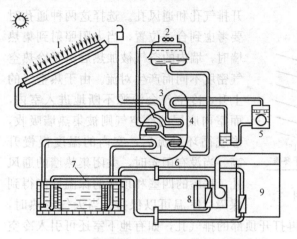

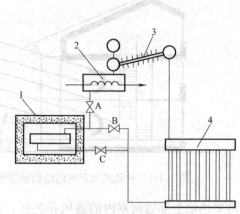

图 2.4-3　太阳能溴化锂吸收式制冷系统示意图
1—集热器；2—冷却塔；3—高压发生器；4—低压发生器；
5—辅助锅炉；6—吸收式制冷机；7—热槽；
8—空调机；9—房间

图 2.4-4　间歇式太阳能氨吸收式
制冷装置示意图
1—平板式集热器；2—空气冷凝器；
3—水冷凝器；4—蒸发器

（2）太阳能喷射式制冷系统

太阳能喷射式制冷系统是利用太阳能集热器将工作流体加热后实现制冷的系统。太阳能喷射式制冷系统的工作流程如下：太阳能集热器吸收太阳辐射热量，加热工作流体并将其转化为高压蒸气，经喷射器转变为高速蒸气射流，造成低压并将蒸发器中的冷工质蒸气吸入。冷工质与工作流体在喷射器内的混合管内进行混合，并在增压器中增压，然后进入冷凝器，在冷凝器中冷工质释放热量凝结成为液体，经过膨胀阀后降压，重新进入蒸发器，完成蒸发、吸热、冷却，经循环泵送入太阳能集热器回路中的蓄热式热交换器中加热，完成一个制冷循环。

太阳能喷射式制冷系统往往采用相同介质作为工作流体和冷介质。例如 R113 或 R11。

太阳能喷射式制冷系统循环泵是其唯一运动部件，结构简单，造价低廉，具有发展潜力。性能参数低是太阳能喷射式制冷系统的主要缺点。

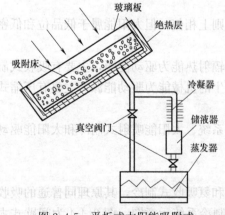

图 2.4-5　平板式太阳能吸附式
制冷系统示意图

（3）太阳能吸附式制冷系统

太阳能吸附式制冷系统以太阳能驱动的吸附床取代传统蒸汽制冷系统中的压缩机实现制冷。太阳能吸附式制冷系统的主要部件有吸附床、冷凝器、蒸发器和节流阀，图 2.4-5 为太阳能吸附式制冷系统示意图。

太阳能吸附式制冷的工作过程如下：在吸附床中吸附剂与吸附质形成的混合物在太阳能的作用下解吸，释放出高温高压的制冷剂气体进入冷凝器，制冷剂由节流阀进入蒸发器；制冷剂蒸发吸收热量产生制冷效果；蒸发出来的制冷剂气体进入吸附床，重新形成混合气体，完成一个循环过程。这是一个间歇式过程，循环周期长，COP 较低。采用切换吸附床的工作方式及相应的外部加热和冷却装置可以实现连续工作。

太阳能吸附式制冷系统的特点是吸附床为平板式吸附集热器结构，吸附器与集热器的功能合二为一。由于平板式吸附集热器耐压能力差，太阳能吸附式制冷系统多适用于真空状态下工作。

太阳能吸附式制冷系统构造简单，一次投资少，运行费用低，使用寿命长，无噪声，无环境污染，同时吸附式制冷系统不存在结晶和分馏问题，并可用于振动、倾斜或旋转的场所。

国内外对太阳能吸附式制冷系统开展了大量的研究工作，其中主要有吸附工质的性能、吸附床的传热、传质、系统循环和结构等，取得了重要进展，但是还有许多问题正在探索中，包括固体吸附剂的导热性能、制冷功率和制冷性能参数 COP 等。

（4）太阳能驱动式压缩制冷系统

太阳能驱动式压缩制冷系统实质上是用太阳能热机驱动普通制冷系统的压缩机和膨胀机制冷，与传统的制冷系统没有原则的区别。就太阳能利用来讲，可以分为单工质双回路和双工质双回路两种类型。

单工质双回路系统在循环时采用同一种工质，可以兼用冷凝器，同时简化了轴封结构，缺点是单一工质对于动力循环和制冷循环的参数难以匹配。

双工质双回路系统可以根据动力循环和制冷循环的各自需要来选择合适的工质，使整个系统运行合理。缺点是需要分开冷、热循环回路，各自专设冷凝器，造成回路复杂。

作为驱动压缩机系统的太阳能热机，需要采用高温旋转抛物面聚光镜，技术要求较高，许多工作处于开发中。

4. 太阳能热水系统

太阳能热水系统主要讨论太阳能热水器。太阳能热水器是目前太阳能热利用技术领域商业化程度最高、推广应用最普遍的技术。

太阳能热水系统元件主要有三部分：集热器、蓄热器及循环管路和控制系统。按流体的流动方式可分为循环式、直流式和闷晒式系统；按照形成水循环的动力，循环式又可分为自然循环式和强制循环式。

（1）太阳能集热器

太阳能集热器是用来收集太阳能的装置，太阳能利用都离不开集热装置。太阳能集热器有多种，根据不同功能主要讨论平板式集热器、聚光式集热器和管式集热器。

1）平板式集热器

平板式集热器吸收太阳辐射能的面积与其采光窗口的面积基本相同，外形像一个平板。它的结构简单，固定安装，不需要跟踪太阳，可采集太阳的直射辐射和漫射辐射，成本低，是目前世界上应用广泛的集热器。平板式集热器的结构见图 2.4-6，它主要由透明盖板、吸热体、保温材料和壳体组成。

透明盖板安装在吸热板的上方，它的作用是

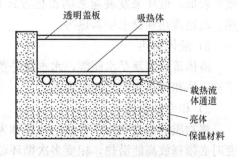

图 2.4-6 平板式集热器结构示意图

让太阳光辐射透过，减少热损失和减少环境对吸热体的破坏。常用的透明盖板材料有普通玻璃、钢化玻璃、透明玻璃钢和透明材料等。普通玻璃、钢化玻璃、透明玻璃用作盖板时，往往都采用涂膜的方法以减少太阳光的反射而造成的损失。涂层材料有 SnO_2，TiO_2，Ag/TiO_2，$ZnS/Ag/ZnS$ 等。

吸热体是把太阳辐射转换为热能，同时把热能传递给传热工质的器件。吸热体由吸热板和载热流体管路组成。吸热板往往被设计成尽可能多地吸收太阳辐射，同时把吸收到的太阳能尽量地传递到传热工质，尽量减少热损失。

吸热板常采用普通钢、不锈钢、铝、铜和玻璃等。普通钢通常镀锌处理，可以提高耐腐蚀性；铝的热导率比普通钢大，热效率也高，为耐腐蚀起见往往有涂层；铜的导热性好、耐腐蚀、易加工，但价格相对较高。吸热板的构造有瓦楞式、极管式和扁盒式。

壳体要有一定的强度和刚度，要有能力阻止外力破坏，并将吸热体、透明盖板和保温材料组成一个整体。

在集热器的背面和侧面都装有绝热材料，一般采用玻璃棉和蛭石等。

2）全玻璃真空管

全玻璃真空集热管是由两根同心的玻璃管组成，内外圆管之间抽真空。在内管的外表面上沉积选择性吸收涂层，涂层通过吸热实现加热内玻璃管的传热流体。全玻璃真空集热管上的玻璃主要是硼硅玻璃，外管表层制备反射薄膜和选择性涂层。

3）聚焦型集热器

利用光学系统，反射式或折射式增加吸收表面的太阳能辐射的太阳能集热器称为聚焦型集热器。聚焦型集热器相当于在平板型集热器中附加了一个辐射聚焦器，提高了辐射热的吸收，同时也附加了聚焦器的散热损失和光子损失。聚光镜只能聚焦直射光，所以聚光型集热器通常设置跟踪装置，目的是保持聚光镜的采光面与太阳直射相垂直。

（2）太阳能蓄热器

太阳能蓄热器通常有三种：固体蓄热器、液体蓄热器和潜热蓄热器。

固体蓄热器和液体蓄热器靠物质温度的升高或降低而吸收或放出热量，被称为显热蓄热。显热蓄热在放热过程中物质的本质性能不改变，而潜热蓄热则利用物质的相变蓄存热量。

1）固体蓄热器

早期的固体蓄热器采用堆积床式，它的原理是利用松散堆积床的热容量，当空气通过时，堆积床可以吸收或放出热量。堆积床常采用的固体材料有鹅卵石或石堆。堆积床的热效率较低，近年来发展起来的蓄热方式有黏土蓄热、岩石中的井孔蓄热、充水的岩洞蓄热、坑道蓄热和储水层蓄热等。

2）液体蓄热

液体蓄热器就是水储能，水本身是蓄热介质，它可同时实现热能的存储和取出，消除了输送体和蓄热介质之间的温差。

3）相变蓄热器

将物质的相变热用于蓄热的装置称为相变蓄热器（或潜热蓄热器）。这种物质发生相变时必须释放高能潜热，相变多次循环可逆进行，不发生严重变质，价格低廉。

（3）太阳能热水器循环系统

太阳能热水器的循环方式分为自然循环式和强制循环式两种。普通太阳能热水器的基本构件是平板集热器和蓄水箱，水箱位于集热器顶部，当集热器内的水吸收了太阳能并形成密度差时，水通过自然对流进行循环。

强制循环式太阳能热水器系统中水箱不必置于集热器上部，可以用泵实现循环。当上联箱中的水温高于水箱底部的水温时，差动控制器就启动泵工作。为了防止集热器在夜间损失热量，通常设置止回阀。

太阳能热水器的发展经由低效到高效的过程，它由热效率和保温性能较差、受环境温度影响较大的闷晒式、平板式到集热效率较高的玻璃真空管式、金属玻璃真空管式和热管真空管式热水器循环系统。现在各国已研制出一系列高效新型的太阳能热水器。

真空管太阳能热水器由圆筒形玻璃管吸收太阳热，可进行360°集热，其原理与保温瓶相同，所以冬天保温性能也很好。

真空热管式太阳能热水器的工作原理是当太阳光穿过玻璃管投射到吸热板上时，吸热板吸收太阳辐射并转化为热能，通过热管中工质的蒸发与凝结，热能被传送到热管的冷凝端。冷凝端插入到蓄热水箱中，水被加热。真空热管式太阳能热水器是一种高性能全天候太阳能热水器。它是继闷晒式、平板式太阳能热水器之后的新一代产品，它不但能够供给洗澡用热水，还可用于开水器和工业加热。

5. 其他的太阳能热利用技术

太阳能热利用技术处于发展和创新的阶段，新技术、新方法和新产品不断推出，这里主要介绍太阳灶、太阳炉、太阳能干燥器和太阳能海水淡化系统。

（1）太阳灶

太阳灶用于炊事，它将太阳能以辐射热的形式传递给食物。太阳灶结构相对简单，主要有箱式太阳灶、聚光太阳灶和蓄热式太阳灶。

箱式太阳灶的原理是黑体吸收，利用温度效应将太阳辐射能积蓄起来，形成一个热箱。最简单的箱式太阳灶由一个密闭的箱体构成，顶面用透明板，周围用保温材料，整个封装严密，阳光通过顶部透明玻璃盖板进入热箱，温度可达 150～200℃。该灶结构简单、价格低廉、使用方便，但功效有限，箱温不高。

聚光太阳灶利用抛物面聚光原理，提高了功率。聚光太阳灶的基本结构包括聚光器、跟踪器和吸收器。聚光器将太阳辐射能反射后聚集到焦平面上，导致一个较小面积具有较高的辐射能流密度；将接收器安置在焦平面上，实现辐射能转变为热能，跟踪调节聚光器对称轴，使其与太阳辐射方向大致保持平行，保证最佳转换效率。在聚光太阳灶中，吸收器就是锅、壶等炊具。

蓄热式太阳灶利用化学热源储能，实现了环境温度下长期储存太阳热能，热损失很小，热能在需要时可以释放出来。蓄热式太阳灶有两个部分，一个是室外中心太阳能加热器，主要由聚焦透镜组成；另一部分是蓄热箱，包括吸收与储存太阳能的化学系统。主要原理是通过化学反应放出热量，温度可达 300℃。蓄热式太阳灶结构复杂，但在室内、晚上或阴天均可使用。

（2）太阳炉

太阳炉由凹面反光镜、平面反光镜、控制系统和炉体组成。平面反光镜将太阳光反射到凹面反射镜上，经聚光后形成光斑，温度可达 3200℃，主要用于熔炼高纯度金属和特殊材料。

（3）太阳能干燥器

太阳能干燥器的原理是利用太阳辐射能加热空气，再用热空气带走物质中的水。太阳能干燥器主要有两种类型：高温聚焦型和低温空气集热型。

高温聚焦型太阳能干燥器多采用抛物面聚光器，实现对太阳自动跟踪，设备运行复杂，待干燥物为易流动颗粒，它以动态处于聚焦面上，输送物料采用螺旋输送机或空气传输机。

低温空气集热型太阳能干燥器的工作温度在 40～65℃，适用于干燥水果、药材、烟叶、豆制品和挂面。

（4）太阳能海水淡化系统

海水淡化技术有多种方法，利用太阳能蒸馏淡化海水，具有发展前景。太阳能蒸馏器主要为顶棚式、聚光式、圆球式和蜂窝结构式等。太阳能海水淡化系统的原理就是利用太阳辐射能将海水加热，使其汽化，经过高速冷凝器使蒸汽凝结而获得淡水。

二、太阳能光电转换技术

太阳能光电转换技术在世界范围内得到了高度重视。西方发达国家，如德国、美国与日本大力发展光伏产业，在太阳能电池研究、产业和应用方面取得了惊人的进展，为世界各国发展可再生能源利用树立了典范。

我国从 20 世纪 80 年代就开始了太阳能电池的开发生产，国家也在西部地区大力推广了离网光伏发电系统的应用，其中"光明工程"和"乡乡通"等工程的实施，为我国光伏产业的发展和光伏技术的提高起到了积极的作用。自 2003 年起，我国太阳能光伏产业增长加快，太阳能电池工业正进入了一个快速发展的阶段。

太阳能光伏发电产业增长迅速，不仅因为它是具有许多优点的清洁能源，一个更诱人的动因是，在太阳能与建筑一体化的过程中，太阳电池组件比太阳能热水器与建筑更有亲和力。太阳电池组件不仅可以作为能源设备，还可作为屋面和墙面材料，既供电节能，又节省了建材，国外已有非常好的案例。因此，太阳能光伏发电技术与建筑结合方面，将具有良好的经济效益，前途无限。

1. 太阳能光伏发电原理及应用

不论产销量、发展速度和发展前景，光热发电都赶不上光伏发电。光伏发电是利用太阳电池将太阳光能直接转化为电能。不论是独立使用还是并网发电，光伏发电系统主要由太阳电池板（组件）、控制器和逆变器三大部分组成，它们主要由电子元器件构成，不涉及机械部件，所以，光伏发电设备极为精练，可靠、稳定、寿命长、安装维护简便。理论上讲，光伏发电技术可以用于任何需要电源的场合，上至航天器，下至家用电源，大到兆瓦级电站，小到玩具，光伏电源可以无处不在。目前，光伏发电产品主要用于三大方面：一是为无电场合提供电源，主要为广大无电地区居民生活生产提供电力，还有微波中继电源等，另外，还包括一些移动电源和备用电源；二是太阳能日用电子产品，如各类太阳能充电器、太阳能路灯等；三是并网发电，这在发达国家已经大面积推广实施。我国并网发电还未起步，不过，2008 年北京"绿色奥运"部分用电由太阳能发电和风力发电提供。

2. 太阳能电池的原理

太阳能光伏发电的最基本元件是太阳电池，太阳能电池与传统电池的概念不同，它只是一个装置，本身并不提供能量储备，它是利用某些材料受到太阳光照射时而产生的光伏效应，将太阳能转化为电能的器件。太阳能电池包括应用广泛的半导体电池和目前正在研究之中的光化学电池。

所谓半导体太阳能电池就是一个大的 p-n 结半导体材料，它可以把照射在其上面 10％以上的光转化为有用的电功率。单晶硅制成的电池开发较早，其中硅可以是 n 型或 p 型。如果这个基底材料是 p 型，那么，把它加热后放在含有 n 型杂质的蒸气中，就会在基底上形成一个带有很薄的 n 型材料的 p-n 结，这就是一个 n 在 p 上的太阳能电池的过程。n 型层要做得很薄，使它透光。一根连接线接在 p 型基底材料上，另一根是用很薄的导电材料贴在 n 型薄层上。当光照到 p 型薄层上时，便可以从这对接头上得到电能。单晶硅电池生产成本高，为了降低成本，开发了多晶硅太阳能电池。多晶硅与单晶硅的本质区别在于多晶硅内存在着晶界，晶粒很细小。多晶硅与单晶硅电池性能相比，转换效率较低，一般为 10％，二者电池制作工艺基本相近。目前单晶硅太阳能电池的光电转换效率已达 15％左右，最高可达 30％。

非晶硅电池是近年来发展迅速的一种低成本太阳能电池。这种电池的制作工艺比较简单，生产成本低。非晶硅对太阳光的吸收系数大，因此非晶硅太阳能电池可以做得很薄，膜的厚度通常为 $1\sim2\mu m$ 左右，仅为单晶硅和多晶硅厚度的 1/500。由于生长的硅为非晶态，即硅原子构成不规则排列，可用玻璃、石墨、铅、多晶硅等材料作衬底，适于大批量生产。

在航天领域，目前采用了半导体化合物 GaAs 单晶体制作的太阳能电池。这种材料具有透光性好、耐高温和抗辐射等特点。用 GaAs 制作的高效单结电池效率达到 28％。为了充分利用太阳能，层叠结构电池已经问世。它将两种以上不同带隙的半导体化合物电池有机叠加在一起构成叠层电池，其中上部具有较宽的带隙，吸收能量较大的太阳光，下部带隙较窄，吸收较少的太阳光。叠层电池的转换效率得到提高，GaAs 层叠电池的转化效率高达 35％。

纳米晶体化学太阳能电池（简称 NPC）是 20 世纪 80 年代开发的新产品，以其廉价的原料和简单的制作工艺引起人们的重视。目前该电池的效率已稳定在 10％左右。仿植物光合作用太阳能电池是由美国洛斯阿拉莫斯国家实验室提出的，据报道这种光电转换的效率有望达到 50％，目前尚处于试验阶段。

太阳能光伏发电的优点：

（1）太阳能取之不尽，用之不竭；

（2）避免长距离输送，可就近供电；

（3）太阳能发电系统采用模块化安装，方便灵活，建设周期短；

（4）太阳能发电安全，不受能源危机的影响；

（5）太阳能发电没有运动部件，不易损坏，维护简单；

（6）太阳能发电不用燃料，不产生废弃物，无公害，是理想的洁净能源。

太阳能光伏发电的缺点：

（1）太阳能发电受气候限制，发电量负荷用量不等，存在间歇性，需要配备储能装置；

（2）能量密度低，大规模使用需要占用较大面积；

（3）发电成本相对较高，初始投资大。

3. 太阳能光伏发电系统组成

太阳能光伏发电系统主要由太阳电池板（组件）；充放电控制器、逆变器、仪表控制设备；蓄电池或其他蓄能和辅助发电设备。

（1）太阳能电池组件

太阳能电池组件按照系统需求，串联或并联而成，它是光伏系统的核心部件。

（2）蓄电池

将太阳能电池产生的电能储存起来，当光照不足，或晚上，或负载需求大于太阳能电池所发电量时，将储存的电能释放，以满足负载的能量需求。它是太阳能光伏系统的储能部件。目前光伏系统常用的是铅酸电池，通常采用深放电阀控式密封铅酸电池、深放电吸液式铅酸电池。

（3）控制器与逆变器

控制器对蓄电池的充、放电条件加以规定和控制，并按照负载的电源需求控制太阳能电池组件和蓄电池对负载的电能输出，是整个系统的核心控制部分。

在太阳能光伏供电系统中，如果含有交流负载，那么就需要使用逆变器。它的作用是将太阳能电池产生的直流电或者蓄电池释放的直流电转化为负载需要的交流电。

太阳能光伏系统的应用具有多种形式，但其基本原理大同小异，只是在控制机理和系统部件上根据实际的需要有所不同。

4. 太阳能光伏发电的发展

太阳能光伏发电技术在过去的二十年间发展迅速。截至 2015 年 9 月底，全国光伏发电装机容量达到 3795 万 kW，其中，光伏电站 3170 万 kW，分布式光伏 625 万 kW。2015年，我国太阳能发电量 383 亿 kWh，同比增长 64%，全国太阳能发电设备平均利用时数为 1164h，6 个省份太阳能发电设备利用小时数超过 1500h，均在国家电网调度范围内。"十二五"期间，太阳能光伏发电量年均增速为 219%。2015 年光伏发电量增加量排名前三的国家依次为中国、日本和美国。

三、太阳能化学能转化技术

太阳能转化为化学能的过程包括光化学作用、光合作用和光电转换，其中光分解制氢、绿色植物的光合作用、热化学反应合成燃料等正是太阳能—化学能应用的实例。

1. 光合作用

人类生存所依赖的能源都是光合作用的结果，例如粮食、煤炭和石油等。化学燃料、绿色植物和藻类植物通过光合作用，将 CO_2 和 H_2O 转化为碳水化合物和 O_2，这是生命活动的基础。

$$nCO_2 + mH_2O \longrightarrow C_n(H_2O)_m + nO_2$$

光合作用包括以下两个步骤：

（1）光反应，即在叶绿体的囊状结构上进行太阳光参与反应；

（2）暗反应，即在有关催化酶的作用下叶绿基体内反应，不需阳光参与。

在光合作用中，暗反应是将活跃的化学能转变为稳定的化学能，形成了葡萄糖将能量储存；而光反应是将光能转变为电能，再将电能转化为活跃的化学能。暗反应是接续光反应进行的，如果利用光合作用发电，关键步骤是光反应中的第一步，即在光能转化为电能时设法将电输出。

光合作用高效吸能、传能和转能的机理和调控原理是光合作用的理论核心。人类关于光合作用的研究至今没有重大突破，但在基因工程、蛋白质工程、生物电子器件、生物发电等领域取得了重要成果。

光合作用利用生化反应进行能量转换将是未来能源开发的重要组成部分，甲醇、乙醇燃料应是重要的开端。

2. 光化学作用——光催化水解制氢

氢是一种理想的高能物质和清洁能源，水是地球上丰富的资源，如果用太阳能通过分解水来制取氢，是一种理想的开辟新能源的途径。但研究发现，水不吸收可见光，不可能直接将水分解，必须借助于光催化。目前光催化制氢的研究主要包括：（1）半导体催化光解水制氢；（2）配合物模拟光合作用光解制氢。

1972 年日本学者对光照 TiO_2 电极导致水分解从而产生氢气这一现象的发现，揭示了利用太阳能分解水制氢的可能性，吸引了很多科学家投入到以此为目标的科学研究中。

光解水能否实用，最终将取决于能量转化效率。迄今为止，大多数能用于光解水的光催化剂仅能吸收紫外线，而紫外线在太阳光中只占 3％左右（波长为 500nm 的太阳光辐射强度最高）。尽管真正实现太阳能光解水制氢仍有漫长的路需要走，科学家们正通过不断努力期待着找到新的突破口，研制和开发出高效率的光解水催化剂，使"太阳氢"工程真正能服务于人类。

太阳能转化系统可以分为五大类：光化学系统（太阳能被溶液中的分子吸收）、半导体系统（太阳能被半导体或溶液中的悬浮颗粒等吸收）、光生物系统、混合系统和热化学系统。

（1）光化学系统

纯水只能吸收太阳辐射中能量很低的红外部分，不可能引起任何光化学反应。因此，光解水的光化学反应都需要光敏剂，也就是说，需要某种分子或半导体吸收太阳能以进行光化学反应，生成氢气。

目前所有光化学系统的转化效率均未超过 10％，光解水技术研究进展缓慢的主要原因有以下几点：

1）在实际的应用中，捕获剂必须在经过千百次的使用后还能保持原来的活性。在通常日光照射的条件下，催化剂的各部分物质组成每年必须接受约 10^6 的光子。这意味着光降解反应的量子产额必须小于 10^6，这是难以实现的。

2）由光捕获剂激发的分子必须在溶液中扩散，发生电子转移。扩散是个非常缓慢的过程，受激态分子的寿命必须延长，从而促使光解水反应发生。

3）即使主要问题的电子转移效率已经很高，还需要通过一些特别的手段和方法来降低能量的损失和电荷的复合。

（2）半导体催化

水是一种非常稳定的化合物，在标准状态下，若要把 1mol 的水分解为氢气和氧气，需要吸收 237kJ 的能量。用 TiO_2、CdS、WO_3、ZnO 等半导体纳米薄膜在水中进行光解水反应，制得氢气成功以来，半导体光催化剂引起人们的极大兴趣。但是在尝试用作光电极的各种半导体材料中，各种单一的半导体材料作电极都难以提高太阳能转换效率。这主要是由于各单一半导体材料不能有效覆盖大部分太阳光谱。如果采用光响应曲线相似且可以互补的多种单一半导体组成复合结构，使其光响应能连续覆盖整个太阳光谱的绝大部分，则太阳能的转化效率将会大幅度提高。

TiO$_2$ 是一种理想的光催化剂，但必须提高其光催化效率。研究中主要通过半导体表面修饰、表面敏化和离子掺杂等手段延伸光响应范围和提高光催化活性。复合半导体，即以浸渍法或混合溶胶法等制备 TiO$_2$ 的二元或多元复合半导体。复合半导体比单个半导体具有更高的催化活性。

3. 光电转化——电水解制氢

利用太阳能转化为电能用于制氢主要有两种方式：（1）用太阳能电池转换的电能电解水制氢；（2）将导体直接注入水中电解制氢。

4. 太阳能—高温热化学反应

通过太阳能—高温热化学反应可用于储存太阳能，实现燃料可在常温下储存或输送，避免了热损失，同时可避免太阳辐射的周期性和随机性。

太阳能—高温热化学反应的核心部件是太阳能接收器——反应器。经收集的高强度的太阳能辐射入接收器，接收器使反应器内化学反应在高温下得以实现。

实现太阳能—高温热化学反应的反应器不仅能获得高温，而且要有助于热化学反应，必须考虑到太阳辐射和长波辐射的辐射换热过程，同时包括对流换热、反应器材料的导热和化学反应的传质传热过程等。对于实际工程，还要分析太阳能辐射的强度，参与反应的气相流率和催化剂的质量等。

第五节　风能、海洋能及可燃冰

可再生能源包括太阳能、地热能、风能、生物质能、海洋能、可燃冰等。本章前面几节已经介绍了太阳能、地热能。本节主要介绍风能、海洋能和可燃冰等其他可再生能源。

一、风能

1. 概述

（1）风能应用的历史

风是地球上的一种自然现象，它是由太阳辐射热引起的。太阳照射到地球表面，地球表面各处受热不同，产生温差，从而引起大气的对流运动形成风。据估计，到达地球的太阳能中虽然只有大约 2% 转化为风能，但其总量仍是十分可观的。全球的风能约为 2.74×10^9 MW，其中可利用的风能为 2×10^7 MW，比地球上可开发利用的水能总量还要大 10 倍。

人类利用风能的历史可以追溯到公元前。我国是世界上最早利用风能的国家之一。公元前数世纪，我国人民就利用风力提水、灌溉、磨面、舂米及用风帆推动船舶前进。到了宋代更是我国应用风车的全盛时代，当时流行的垂直轴风车，一直沿用至今。在国外，公元前 2 世纪，古波斯人就利用垂直轴风车碾米，10 世纪伊斯兰人用风车提水，11 世纪风车在中东已获得广泛的应用。13 世纪风车传至欧洲，14 世纪已成为欧洲不可缺少的原动机。在荷兰，风车先用于莱茵河三角洲湖地和低湿地的汲水，以后又用于榨油和锯木。只是由于蒸汽机的出现，才使欧洲风车数目急剧下降。

数千年来，风能技术发展缓慢，也没有引起人们足够的重视。但自 1973 年世界能源危机以来，在常规能源告急和全球生态环境恶化的双重压力下，风能作为新能源的一部分才重新有了长足的发展。风能作为一种无污染和可再生的新能源有着巨大的发展潜力，特别是对沿海岛屿，交通不便的边远山区，地广人稀的草原牧场，以及远离电网和近期内电网还难以达到的农村、边疆，作为解决生产和生活能源的一种可靠途径，有着十分重要的意义。

（2）风能应用现状

美国早在1974年就开始实行联邦风能计划，其内容主要是：评估国家的风能资源；研究风能开发中的社会和环境问题；改进风力机的性能，降低造价；主要研究为农业和其他用户用的小于100kW的风力机；为电力公司及工业用户设计的兆瓦级的风力发电机组。美国已于1980年成功地开发了功率为100kW、200kW、2000kW、2500kW、6200kW、7200kW的6种风力机组。目前美国已成为世界上风力机装机容量最多的国家，超过20GW，每年还以10%的速度增长。现在世界上最大的新型风力发电机组已在夏威夷岛建成运行，其风力机叶片直径为97.5m，重量为144t，风轮迎风角的调整和机组的运行都由计算机控制，年发电量达10GW·h。

欧盟委员会最近出版的白皮书中，风能被认为是仅次于生物质能的重要能源，如今在全球的风能发展中，欧洲风能发电的发展速度很快。同时欧洲风能利用协会将在欧洲的近海岸地区进行风能的开发利用，希望在2020年风能发电能够满足欧洲居民的全部用电需求。

丹麦是使用绿色能源——风能的先锋，在1978年即建成了日德兰风力发电站，装机容量2GW，三片风叶的扫掠直径为54m，混凝土塔高58m。目前风力发电为全国提供了20%的电力，这一比例世界第一。按照1995年丹麦的能源计划（Energy 21），2005年丹麦风电装机容量将达到1700MW，2030年将达到5400MW，1998年已超过1400MW。最近，丹麦又有惊人之举，他们把三叶涡轮建到海上。2002年和2003年，丹麦分别在北海近海兴建了两座海上风电场。

德国的风电发展处于领先地位，其中风电设备制造业已经取代汽车制造业和造船业。1980年德国就在易北河口建成了一座风力电站，装机容量为3000kW，到21世纪末风力发电也将占总发电量的8%。德国联邦风能协会公布的一份报告显示，2003年德国风力发电总功率达2645MW，继续领先于欧洲其他国家。德国风力发电量为18.63TW·h，约占德国全年总发电量的6%。截至2003年底，德国已累计安装风力发电设备15387个，总功率高达14609MW，比2002年增加21.8%。在近期，德国制定的风电发展长远规划中指出到2025年风电要实现占电力总用量的25%，到2050年实现占总用量的50%的目标。

1990年瑞典风力机的装机容量已达350MW，年发电10TW·h。英国濒临海洋，风能十分丰富，政府对风能开发也十分重视，到1990年风力发电已占英国总发电量的2%。1991年10月，位于轻津海峡青森县的日本最大的风力发电站投入运行，5台风力发电机可为700户家庭提供电力。

亚洲的风电也保持较快的发展势头。其中印度政府积极推动风能的发展，鼓励大型企业投资发展风电，并实施优惠政策激励风能制造基地，目前印度已经成为世界第5大风电生产国。

我国位于亚洲大陆东南、濒临太平洋西岸，季风强盛。季风是我国气候的基本特征，如冬季季风在华北长达6个月，在东北长达7个月。东南季风则遍及我国的东半壁。根据国家气象局估计，全国风力资源的总储量为每年16TW，近期可开发的约为

1.6TW，内蒙古、青海、黑龙江、甘肃等地的风能储量居我国前列，年平均风速大于3m/s的天数在200天以上。我国风力机的发展，在20世纪50年代末是各种木结构的布篷式风车，1959年仅江苏省就有木风车20多万台。到20世纪60年代中期主要是发展风力提水机。20世纪70年代中期以后风能开发利用列入"六五"国家重点项目，得到迅速发展。进入20世纪80年代中期以后，我国先后从丹麦、比利时、瑞典、美国、德国引进一批中、大型风力发电机组。在新疆、内蒙古的风口及山东、浙江、福建、广东的岛屿建立了8座示范性风力发电场。1992年装机容量已达8MW。新疆达坂城的风力发电场装机容量已达3300kW，是目前全国最大的风力发电场。至1990年底，全国风力提水的灌溉面积已达2.58万亩。1997年新增风力发电100MW。目前，我国已经研制出100多种不同形式、不同容量的发电机组，并形成了风力发电产业。进入21世纪，我国在风能的开发利用上，加大了投入力度，高效清洁的风能在我国能源的投入中逐年增加。

目前，全球风能理事会发布了2015全球风电装机统计数据。据统计，2015年，全球风电产业新增装机63013MW，同比增长22%，其中，中国风电新增装机容量达30500MW。到2015年年底，全球风电累计装机容量达到432419MW，累计同比增长17%。中国风电新增装机市场的大幅增长助推了全球风电产业的强势增长，2015年，中国新增风电装机容量为30500MW，占据了全球新增风电装机容量的28.4%。

到2015年年底，全球风电累计装机容量达到432419MW，累计年增长率达到17%。由于在年新增装机市场的卓越表现，中国累计装机容量超越欧盟的141.6GW达到145.1GW。表2.5-1为全球风电新增装机容量和累计装机容量。

2015年全球风电装机容量表 表2.5-1

国别	2015年全球风电新增装机容量		2015年全球风电累计装机容量	
	新增装机容量（MW）	全球市场份额（%）	累计装机容量（MW）	全球市场份额（%）
中国	30500	48.4	145104	33.6
美国	8598	13.6	74471	17.2
德国	6013	9.5	44947	10.4
巴西	2754	4.4	25088	5.8
印度	2623	4.2	23025	5.3
加拿大	1506	2.4	13063	3.1
波兰	1266	2.0	11200	2.6
法国	1073	1.7	10358	2.4
英国	975	1.5	8958	2.1
土耳其	956	1.5	8715	2.0
全球其他	6749	10.7	66951	15.5
全球前十	56264	89.0	365468	84.5
全球总计	63013	100	432419	100

（3）我国风能资源的区划

为了了解各地风能资源的差异，以便合理开发利用，对风能区划进行划分。区划标准选用能反映风能多寡的指标，即利用年有效风能密度和年风速大于或等于 3m/s 的年累计小时数的多少将全国分为 4 个区，标准见表 2.5-2。

风能区划标准 表 2.5-2

指标 区	丰富区	较丰富区	可利用区	贫乏区
年有效风能密度（W/m²）	≥200	200～150	150～50	≤50
风速≥3m/s 的年小时数（h）	≥5000	5000～4000	4000～2000	≤2000
占全国面积（%）	8	18	50	24

1）风能丰富区

风能丰富区有东南沿海、山东半岛及辽东半岛沿海区、三北地区和松花江下游区。

由于东南沿海、山东半岛及辽东半岛沿海区面临海洋，风力较大，愈向内陆风速愈小，风力等值线与海岸线平行。该区有效风能密度在 200W/m² 以上，海岛上可达 300W/m² 以上，其中平潭风能密度最大为 749.1W/m²。风速≥3m/s 的小时数全年有 6000h 以上，风速≥6m/s 的小时数全年在 3500h 以上。

三北地区是内陆风能资源最好的区域，年平均风能密度在 200W/m² 以上，个别地区可达 300W/m²。风速≥3m/s 的时间一年有 5000～6000h，风速≥6m/s 的小时数全年在 3000h 以上，个别地区在 4000h 以上。本区地面平坦，风速梯度较小，春季风力最大，秋季次之。

松花江下游区风能密度在 200W/m² 以上，风速≥3m/s 的时间一年有 5000h，每年风速≥6～20m/s 的小时数在 3000h 以上。本区春季风力最大，秋季次之。

2）风能较丰富区

风能较丰富区有东南沿海内陆和渤海沿海区，三北的南部区，青藏高原区。

东南沿海内陆和渤海沿海区实际是风力丰富区向内陆区的扩展。这一区的风能密度为 150～200W/m²，风速≥3m/s 的时间为 4000～5000h，风速≥6m/s 的小时数全年有 2000～3500h。

三北的南部区的风能密度为 150～200W/m²，风速≥3m/s 的时间有 4000～4500h，这一区的东部也是丰富区向南向东扩展的地区。

青藏高原区的风能密度在 150W/m²，个别地区可达 180W/m²。而 3～20m/s 的风速出现时间都比较多，一般在 5000h 以上。但是由于这里海拔在 3000～5000m 以上，空气密度小，在风速相同的情况下，这里的风能比海拔低的地区小。

3）风能可利用区

有两广沿海区，大、小兴安岭山地区和中部地区。

两广沿海区，风能密度为 50～100W/m²，年风速≥3m/s 的时间为 2000～4000h，基本上从东向西风速逐渐减小。本区的冬季风力最大，秋季受台风影响，风力次之。

大、小兴安岭山地区的风能密度在 100W/m² 左右，每年风速≥3m/s 的时间为 3000～4000h。本区的风力主要受东北低压影响较大，故春、秋季风能大。

中部地区从东北长白山开始向西过华北平原，经西北到中国最西端，贯穿中国东西的大部分地区，它约占全国面积的 50%。风能密度在 $100\sim150\mathrm{W/m^2}$ 左右，一年风速 $\geqslant3\mathrm{m/s}$ 的时间为 4000h 左右。这一区春季风能最大，夏季次之。

4) 风能欠缺区

川云贵和南岭山地区，雅鲁藏布江和昌都区，塔里木盆地西部区。

川云贵和南岭山地区为全国最小风能区，风能密度在 $50\mathrm{W/m^2}$ 以下，成都仅为 $35\mathrm{W/m^2}$ 左右；一年风速 $\geqslant3\mathrm{m/s}$ 的时间为 2000h 以下，成都仅有 400h。

由于雅鲁藏布江和昌都区山脉屏障，冷暖空气都很难侵入，所以风力很小。有效风能密度在 $50\mathrm{W/m^2}$ 以下，风速 $\geqslant3\mathrm{m/s}$ 的时间在 2000h 以下。

塔里木盆地西部区四面被高山环抱，风力较小。塔里木盆地东部由于是一个马蹄形 "C" 的开口，冷空气可以从东灌入，风力较大，所以盆地东部属于可利用区。

2. 风力发电系统

(1) 关于风能的理论计算

风的功率可采用下式计算：

$$风的功率=\frac{1}{2}\rho Av^3 \tag{2.5-1}$$

式中　ρ——空气密度，$\mathrm{kg/m^3}$；

　　　A——截取区域面积，$\mathrm{m^2}$；

　　　v——风速，$\mathrm{m/s}$。

空气密度 ρ 与空气压力及温度有关，而空气压力与温度由海拔高度决定：

$$\rho(z)=\frac{P_0}{RT}\exp\left(-\frac{g\cdot z}{RT}\right) \tag{2.5-2}$$

式中　$\rho(z)$——空气密度、与海拔高度有关，$\mathrm{kg/m^3}$；

　　　P_0——标准海平面气压，$\mathrm{k/m^3}$；

　　　R——比空气常数，$\mathrm{J/(K\cdot mol)}$；

　　　T——温度，K；

　　　g——重力常数，$\mathrm{m/s^2}$；

　　　z——海拔高度，m。

上述公式计算的是理想状态下所获得的能量，实际上根本不可能实现，因此 Betz 于 1926 年提出了下面的公式：

$$P_{\mathrm{Betz}}=\frac{1}{2}\rho AV^3\cdot C_{P_{\mathrm{Betz}}}=\frac{1}{2}\rho AV^3\cdot0.59 \tag{2.5-3}$$

即在没有任何能量损失的情况下，风机最多可利用 59% 的风能。

除此之外，对风机来说，还需考虑漩涡损失，漩涡损失与转子的周缘速率（X）密切相关：

$$X=\frac{V_{周缘}}{V_{风}}=\frac{\bar{\omega}R}{V_0} \tag{2.5-4}$$

若 $X>3$，且叶片设计合理，则漩涡损失极低；若 $X\approx1$，则 $C_{P,\max}\approx0.42$。

(2) 风力发电机的工作原理

尽管风力发电的历史不长，但在不长的时间内，已有长足的进步。目前风力发电技术已趋于成熟，运行可靠性和发电成本接近常规火电。

风能够产生三种力以驱动发电机工作，分别为轴向力（即空气牵引力，气流接触到物体并在流动方向上产生的力）、径向力（即空气提升力，使物体具有移动趋势的、垂直于气流方向的压力和剪切力的分量，狭长的叶片具有较大的提升力）和切向力，用于发电的主要是前两种力，水平轴风机使用轴向力，竖直轴风机使用径向力。

早期波斯或中国的垂直轴风轮利用的是空气牵引力，能量系数很低（$C_{Pmax} \approx 0.16$）。

现代风机主要利用空气提升力，其方向与风向垂直，主要装置为风翼或叶片。

当气流经过风翼型叶片表面时就开始了风能向电能的转化过程。气体在叶片迎风面的流动速度远高于背风面，相应地，迎风面压力小于背风面，并由此产生提升力，导致转子围绕中心轴旋转，如图 2.5-1 所示。

根据旋转轴方向的不同，风机可分为水平轴和竖直轴两种，如图 2.5-2 所示。

竖直轴风机又称 Darrieus（20 世纪 20 年代的法国工程师）风机，常使用轻微弯曲的对称风翼，其优点是使用时无需考虑风向，齿轮箱和发电设备可安放于地面；缺点是每次旋转会产生很高的扭矩波动，无自启动能力，并且风速大时调整转速的能力有限。竖直轴风机于 1970 年开始商业化，一直持续到 20 世纪 80 年代末，之后发展已停滞。最大的竖直轴风机功率为 4200kW，位于加拿大境内。

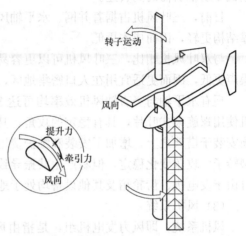

图 2.5-1 风力发电机的空气动力学原理

目前水平轴风机占统治地位。水平轴风机主要包括塔架及其顶部的吊舱，吊舱内装有发电机、齿轮箱和转子。不同型号的风机使用不同的技术，调整吊舱方向，风速合适时使吊舱迎向风向；风速过大时偏离风向。对于小型风机，采用尾舵调整转子和吊舱方向；大型风机以风向标提供信号，使用电动装置调整吊舱和转子方向。

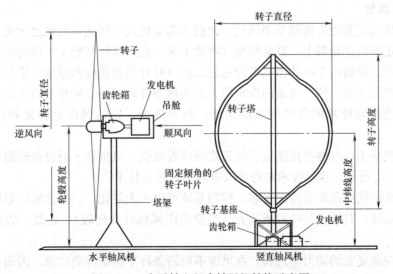

图 2.5-2 水平轴和竖直轴风机结构示意图

对于现代风机而言，转子叶片是最昂贵的零部件之一，而且叶片的强度是风力发电机组性能优劣的关键。目前的叶片所用材质已由木质、帆布等发展为复合材料（玻璃钢）、金属（铝合金等），其中纤维增强的新型复合材料叶片不仅抗疲劳强度高、寿命较长，且具有防雷击破坏的能力（仅丹麦每年就有1%~2%的转子叶片被雷电击毁）。

通常二叶或三叶风机用于发电，20叶或更多叶片的风机用作水泵。

转子叶片数目与周缘速度间接相关。叶片数多的风机周缘速度低，但起始扭矩高，当风速提高时完全可以实现水泵的自动启动。二叶或三叶风机周缘速度大，起始扭矩小，即使风速合适也需要外部启动，但由于周缘速度大，使用更小、更轻便的齿轮箱即可达到发电机驱动轴所需的高转速。

目前，三叶风机占据着并网、水平轴风机的主要市场；双叶风机的塔顶质量更小，支撑结构更轻，因而成本更低。

与双叶风机相比，三叶风机可以更容易地控制惯性转矩。此外，三叶风机更具美感且噪声更低，因而更适宜用在人口密集地区，如海岸。

现有水平轴与竖直轴风机效率均可达30%~40%，但均需要进一步完善。水平轴风机使用螺旋桨式叶片，具有稳定的攻角，其优点是稳定性高、对振动和应力不敏感，但必须安装于塔架之上，增加了安装和维护费用，同时需要转向装置。竖直轴风机使用搅蛋器型转子，攻角变化稳定，但易产生共振导致结构破坏，其优点是无需塔架和转向装置，而且由于发电机、齿轮箱及其他设备均处于地面，安装和维护费用相对低廉。

（3）风机系统

风机系统，即风力发电机组，是指由风轮（叶片）、传动系统、发电机、储能设备、塔架及电器系统等组成的发电设备。

1）转子的控制技术

风机在达到设计风速条件下效率最高，即达到额定容量，风速一般为12~16m/s。但由于不可能对风速实现人工控制，因此若风速过大，则必须对转子的动力输出加以控制，主要方法有以下几种。

① 失速调整

此类风机属定桨距失速调节型风机。此技术需要恒定的转速，与风速无关。定桨距是指叶片被固定安装在轮毂上，其桨距角（叶片上某一点的弦线与转子平面间的夹角）固定不变。失速效应是指由于叶片所具有的轮廓形状（叶片的扭曲度和厚度）沿长度方向发生变化，当风速高于额定值、气流的攻角增大到失速条件时，转子叶片上的气流条件会发生变化，即风速高时叶片的背风面出现涡流，效率降低，以达到限制转速和输出功率的目的。

该类风机采用与电网直接连接的鼠笼式感应发电机，风机转子通过齿轮箱与发电机相连，如图2.5-3所示。这种技术是丹麦风电制造的核心技术。

这种风机的优点是调节简单可靠，控制系统可以大大简化，当失速效应起作用时，无需使用控制系统；其缺点是叶片质量大（与变桨距风机叶片比较），轮毂、塔架等部件受力增大。

失速效应是复杂的动力学过程，在风速不稳的条件下很难准确计算，因而在很长一段时间内被认为不能用于大型风机。小型和中型风机积累的经验使设计者可以更可靠地计算失速现象，但 MW 级风机仍避免使用失速效应。

② 倾角调整

即变桨距调节型风机，变桨距是指安装在轮毂上的叶片，可以借助控制技术改变其桨距角的大小。其调节方法分为 3 个阶段。

第一阶段为开机阶段，当风机达到运行条件时，计算机命令调节桨距角。将桨距角调至 45°，当转速达到一定时，再调节到 0°，直到风机达到

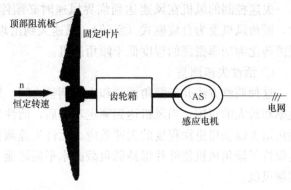

图 2.5-3　恒定转速的风力发电机（丹麦）

额定转速并网发电；第二阶段当输出功率小于额定功率时，桨距角保持在 0°位置不变；第三阶段，当发电机输出功率达到额定后，调节系统即投入运行，当输出功率变化时，及时调桨距角的大小，风速高于额定风速时，使发电机的输出功率基本保持不变。

中、大型风机的叶片偏转系统常使用液压系统，微机控制也可使用电动机。控制系统必须能随着风速的变化实时调整倾角，以保持稳定的功率输出。

图 2.5-4 所示为变桨距调节型风力发电机系统。风机转子通过齿轮箱与发电机相连，发电机的转子绕线通过背靠背（AC-DC-AC）电压转换器供电。在高风速条件下，从风中所获取的动力通过调整转子叶片的倾角加以调整。风力发电机把风能通过旋转叶片及发电机变为交流电能，通过整流装置将交流电变为直流电，再通过逆变装置将直流电变为恒频（工频）交流电能，最后通过升压变压器，送入电力系统。

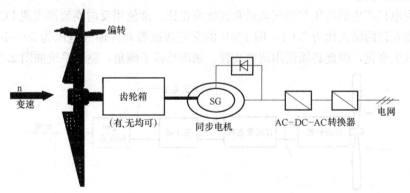

图 2.5-4　带有同步电机和 AC-DC-AC 转换器的变桨距调节型风机

变桨距调节型风力发电机系统的优点非常突出：风力机可以最大限度的捕获风能，因而发电量较恒速恒频风力发电机大；较宽的转速运行范围，以适应因风速变化引起的风力机转速的变化；采用一定的控制策略可以灵活调节系统的有功功率、无功功率；可抑制谐波，减少损耗，提高效率。其主要问题是由于增加了 AC-DC-AC 电压转换器，大大增加了设备费用。

对采用控制倾角的风机来说，转子对塔架和基底的推力小于采用失速效应的风机。从原理上说，所使用的材料与重量可以降低。在低风速地区，由于转子叶片可始终保持在最佳角度，使用控制倾角的风机效果优于采用失速效应的风机。

失速控制的风机在风速达到临界风速时必须停止，而当达到最大倾角、转子无负载时，倾角风机变为自旋模式（空转）。风速大到出现失速效应时，对失速风机来说，风速振荡转化为功率振荡的程度低于倾角风机。

③ 活性失速调整

这种调整方法介于倾角调整和失速调整之间。风速低时采用倾角控制，以获得较高的效率和较大的扭矩；当风机达到额定功率后，活性失速调整起主要作用，此时转子叶片的倾角增大以获得更深程度的失速效应。活性失速调整可获得更为平稳的功率输出，其优点是保持了倾角风机使叶片保持低负载的水平旋转能力，作用于风机结构上的推力低于失速控制风机。

若风速过大（20～30m/s），风机必须关闭，转子必须离开风作用区域。尽管所获得的能量减少，但与大风速时风机必需的保护措施所需成本相比，在风机工作时间内所损失的能量还是少的。

2）发电设备

转子叶片产生的能量需要传输系统才能到达发电机，传输系统包括转子轴（带轴承）、闸、齿轮箱、发电机和离合器。

风力发电主要使用的设备是发电机，它是一种将机械能转化为电能的、可以旋转的设备，所有的发电机均由转子和定子组成。对风力发电来说，主要使用三种发电机，即直流发电机、同步发电机和感应发电机（异步发电机）。目前多数风机制造商采用 6 极感应发电机，其余为直驱同步发电机。电力工业中，感应发电机并不常用于发电，但感应电动机被普遍使用。电厂通常使用大型同步发电机，优点是可调整电压。

① 直流发电机

直流发电机产生的电压与空气流量和速度成正比。常使用反向换流器实现 DC-AC 转换，反向换流器允许的输入比为 2∶1，即 120V 的交流转换器允许输入电压为 50～100V。由于风速一直发生变化，因此必须使用调整装置，如调整转子倾角，整个系统如图 2.5-5 所示。

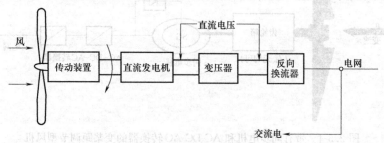

图 2.5-5　使用直流发电机的风机系统

② 同步发电机

图 2.5-6 所示为使用同步发电机的风机系统。

一般来说，500kW～2MW 同步发电机的价格比同规格的异步发电机高，同时直接并网的同步发电机转速受电网频率和发电机极对数的限制。在某些情况下，如出现阵风，会产生很大的扭矩，同时转子动力输出发生很大波动，必须采用其他措施加以消除，如采用柔性塔架。因此，直接并网同步发电机通常不用于并网风机，而是有时用于独立系统。

工业上采用直驱变速同步电机——大直径同步环发电机，优点是无需使用齿轮箱，而

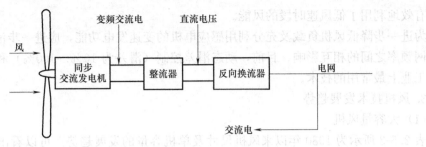

图 2.5-6 使用同步发电机的风机系统

感应电机必须使用齿轮箱。要获得所需频率（50～60Hz）的交流电，必须获得较高的电机转速（转子转速为 20～50r/min，电机为 1200r/min，电机转速依赖于极对数），而齿轮箱是用于提高转速的关键设备。

同步发电机产生交流电，电压频率与极对数和转子速度相关。但即使调整转速，发电机所产生的电压与电网之间还是存在频率和相位差，因此不能直接相连，必须经过整流，转化为直流电，而后再经过同步反向换流器变回交流电。此类设计的优点是无需使用传动装置——齿轮箱。

③ 感应发电机（异步发电机）

图 2.5-7 所示为使用感应发电机的风机系统。

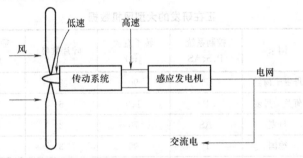

图 2.5-7 使用感应发电机的风机系统

由于滑动速度是变化的，感应发电机比同步发电机更适于并网连接。由滑动速度导致的软连接可降低转子与发电机之间的扭矩，但风速低时由于转速几乎固定，整体效率低，丹麦采用双发电机系统（一大一小）加以克服。现在，可以使用变极装置解决此问题，其原理是通过改变鼠笼型异步发电机定子绕组的接法，可以改变定子绕组的极对数，而异步发电机的转速与极对数的关系为：

$$n=\frac{60f}{p} \tag{2.5-5}$$

式中　p——磁极对数；

　　　f——电网频率，$f=50$Hz；

　　　n——发电机转速，r/min。

对于频率，$f=50$Hz 的系统，当 $p=2$ 时，$n=1500$r/min；当 $p=3$ 时，$n=1000$r/min，对于 1 台 600/125kW 的风电机来说，风速高时 $g=2$，功率为 600kW；风速低时 $g=3$，功率为 125kW，这样通过定子绕组连接方式的改变，不但提高了风电机效率，而且更有效地利用了低风速时段的风能。

为进一步降低风机负载及充分利用感应电机的变速发电功能，应进一步消除转子速度与电网频率之间的相互影响。目前，动态滑差控制（滑差为10%～100%）和双馈异步电机是工业上最常用的技术。

3. 风机技术发展趋势

（1）大容量风机

表2.5-3所示为1980年以来风机尺寸及单机容量的发展趋势。可以看出当今世界风机技术发展的主要趋势是大容量风机，很多风机制造商正在致力于开发MW级大型风机。

1980年以来风机尺寸及单机容量的发展趋势 表2.5-3

年 代	1981年	1985年	1990年	1996年	1999年	2000年
转子直径(m)	10	17	27	40	50	71
额定功率(kW)	25	100	225	550	750	1650
装机容量(MW/a)	45	220	520	1480	2200	5600

对于此类设计，基于恒速、失速效应和异步电机理念的所谓"丹麦概念"，被认为在技术上是不可行的。新的风机设计概念基于变速控制和倾角控制，使用直驱同步环发电机或双馈异步发电机，见表2.5-4。

正在研发的大型风机数据 表2.5-4

型 号	国家	控制系统 P、S、AS	转子直径 (m)	叶片数目	额定容量 (kW)	变速(VS) 或恒速(FS)
3000	丹麦+荷兰	P	90	3	3000	VS
DOWEC	荷兰+丹麦	P	120	6	6000	VS
Wincon2000	丹麦	AS	70	3	2000	FS
DeWindD9	德国	P	90	3	3500	VS
Jeumont	法国	P	—	3	1500	VS+PM
Enron3.2	德国+美国	P	104	3	3200	VS
Enron3.6	德国+美国	P	100	3	3600	VS
Lagerway/ABB	荷兰+瑞典	P	72	3	2000	VS+PM
MtorresTWT1500	西班牙	P	72	3	1500	VS
VestasV90	丹麦	P	90	3	3000	VS
Windformer/ABB	瑞典	P	90	3	3000	VS+PM
EnerconE-112	德国	P	112	3	4500	VS
RePower/N.O.K.5	德国	P	115	3	5000	VS
Pfleiderer/Multibrid	德国	S+P	100	3	5000	VS

其他公司开发的系统可看作上述两个系统的联合，此设计采用变速、倾角可调的风机及单级齿轮箱，可避免双馈异步发电机带来的高达1500～1800r/min的齿轮和电机转速。单级齿轮箱允许使用低转速的永磁同步发电机，可设计得比大型直驱同步发电机更小巧轻便。

此外，工业上还在改进风能转化系统中电力方面的效率，包括在发电机中安装永磁体或提高输出电压。传统风力发电机操作电压为 690V（Enercon 风机为 440V），吊舱或塔架底部需安装变压器，更高的电压输出可降低电线上的损失，且无需安装变压器。目前的研究包括 Lagerwey/ABB 2MW 计划（输出电压 3000～4000V）和 windformer/ABB 3MW（输出电压 25000V）。

（2）海上风力发电

海上风力发电是目前风能开发的热点。

丹麦的两个电力集团公司和三个工程公司于 1996～1997 年间首先开始对海上风机基础的设计和投资进行了研究。在报告中提出，对于较大海上风电场的风机基础，钢结构比混凝土结构更加适合。所有新技术的应用似乎至少在水深 15m 或更深的深度下才会带来经济效益。无论如何，在较深水中建造风场的实际成本要比先前预算的要少一点。

对于 1.5MW 的风机，其风机基础和并网投资仅比丹麦 vindeby 和 TunoeKnob 海上风电场 450～500kW 风机相应的投资高出 10%～20%。

由于水面十分光滑，海平面摩擦力小，因而风切变（即风速随高度的变化）小，不需要很高的塔架，可降低风电机组的成本。另外，海上风的湍流强度低，海面与其上面的空气温度差比陆地表面与其上面的空气温差小，又没有复杂地形对气流的影响，作用在风电机组上的疲劳载荷减少，可延长使用寿命，所以使用较低的风塔比较合算。

钢结构腐蚀并不构成主要问题。海上石油钻塔的经验表明阴极防腐措施可以有效防止钢结构的腐蚀。海上风机表面保护（涂防腐涂料）一般都采取较陆地风机防腐保护级别高的防护措施。石油钻塔的基础一般能够维持 50 年，也就是其钢结构基础设计的寿命。

可使用的海上基础类型包括混凝土、重力＋钢筋、单桩或三脚架。

并网技术主要为敷设海底电缆，若距离主电网很远，为向风机系统提供最佳的无功功率，可考虑使用高压直流输电技术。

目前丹麦有世界上最大的海上风电场。根据丹麦政府能源计划法案中的第 21 条，2030 年以前海上风电装机将达到 4GW，加上陆地上的 1.5GW，丹麦风力发电量将占全国总发电量的 50%；荷兰的目标是到 2020 年风电装机 2.75GW，其中 1.25GW 安装在北海大陆架区域；爱尔兰和比利时分别有 250MW 和 150MW 的海上风电场计划。

（3）小型风机系统

小型风机系统（≤10kW）主要用于偏远地区，为家庭、船舶或通信系统提供电力。通常与电池或小型柴油发电系统联合使用。

小型风机系统的设计与大型、联网的风机系统截然不同，由于所使用的转速比不同，二者的空气动力学过程也不尽相同。目前工业上对于小型风机系统的空气动力学研究远不如大型风机。

另一个不同点在于风机的传动—发电系统。多数小型风机使用直驱变速系统及永磁体发电机，因此需要动力转换器以保持频率稳定，此类设计无需齿轮箱。优点是转速比大型风机快得多，运行稳定且维护成本低。对于小型风机系统而言，运行稳定及低维护成本是最重要的指标。

对于小型风机系统来说，动力及转速调整系统也与大型风机不同，例如，小型风机经常使用机械控制倾角系统或偏转系统代替电控系统。垂直和水平卷紧设备也很常用，风速高时，垂直卷起型风机会使转子偏向上方，外形类似直升机；水平卷起型风机则向尾部旋转转子。

小型风机的塔高与转子直径比例更大，以排除障碍物的干扰。与大型风机相比，小型风机每千瓦发电量的成本更高，但由于无需联网，因此只需与其他动力供应系统比较，如柴油机发电或太阳能系统。

（4）低风速风力发电技术

平原内陆地区的风速远低于山区及海边，但由于其面积大，因此也蕴含着巨大的风能资源。由于目前风力发电量增长迅速，而适合安装高风速风机的地点终究有限，因此要实现风力发电的可持续发展，就必须开发低风速风力发电技术。

所谓"低风速"，指的是在海拔 10m 的高度上年平均风速不超过 5.8m/s，相当于 4 级风。

要在此条件下使发电成本合乎要求，必须对风机进行必要的改进，主要措施包括：

1）在不增加成本的前提下，尽量增大转子直径，以获取尽可能多的能量；

2）尽量增加塔架高度，好处是可以提高风速；

3）提高发电设备及动力装置的效率。

美国能源部（DOE）于 2002 年与 Clipper windpoww Technology 公司签署合同，委托该公司开发 2.5MW 风机，具体指标是在 4 级风条件下发电成本降至每千瓦时 0.03 美元。

（5）涡轮风力发电机

新西兰研制出一种新型风力发电用涡轮机，这种涡轮机用一个罩子罩着涡轮机叶片，以产生低压区，使它能够以相当于正常速度 3 倍的速度吸入流过叶片的气流。风洞测试结果表明，有罩的涡轮机比无罩的涡轮机输出功率大 6 倍以上。涡轮机材质为高强度纤维强化钢材，在不增加质量的情况下，弯曲时承受的应力比普通钢材高 3 倍。该风力发电机安装有 7.3m 长的叶片，整机可达 21 层楼的高度，每台涡轮机额定功率达 3MW，其中一台由新西兰电力公司使用，另一台属于南澳大利亚州芒特甘比尔公司管理。专家预测，新型涡轮机发出的电力相当于传统涡轮机的 6 倍，10 台这种新型风力涡轮发电机可为 1.5 万个家庭提供每年所需电能，如安装在海面巨大的漂浮平台上，由于海上的风力强、刮风多，效果更好。

二、海洋能

海洋能作为一种特殊的能源，它的能量主要来自潮汐、涌流和波涛的冲击力，温度差及海水中溶解的化学成分。在上述能源中，目前仅有潮汐能被大规模利用。

1. 潮汐能发电

（1）概述

所谓潮汐，就是指海水时进时退、海面时涨时落的自然现象。潮汐是月球和太阳对地球万有引力共同作用的结果。在月球和太阳两者中，由于月球离地球更近，所以月球引力占主要地位，太阳的引潮力仅为地球的 1/2。主要的潮汐循环有规律地与月球同步，但也随着地球—月球—太阳体系的复杂作用而不断变化和调整。

潮汐变化由于地球表面的不规则外形而复杂化。在深海中，巨大的潮汐波峰仅能超过 1m，相对于整个海水深度的比率极小，所以由于摩擦力的作用而损失的能量非常小。在陆地边缘，尤其对于那些水深梯度大的区域，潮汐的能量变化剧烈。随着潮汐能传递区域相对于海水总容量的比率增大，相当大的能量也随之消失。

事实上，这些潮汐作用引起的能量损失削弱了由地球—月球—太阳运行体系所形成的作用力。潮汐运动，实质上如同一个巨大的制动器。在地球的漫长变化过程中，白昼的变化以 $1×10^{-5}s/a$ 的速度变长。由于白昼的变化可以测量，因此潮汐能的损失量亦可被估算出来，具体损失量为 2.7TW/s，这些能量若全部转换成电能，每年发电量大约为 1200TW·h。近 1/3 的能量消耗于世界上的浅海、海湾及河口区，其水容量不足海洋的 1/100。巨大的潮汐能就是由这样许许多多临近大陆的海洋边缘区域凝聚而成的。这些边缘海域显然是人类利用潮汐能的潜在场所。

潮汐发电与水力发电的原理基本相似，它是利用潮水涨落产生的水位所具有势能来发电的，也就是把海水涨、落潮的能量变为机械能，再把机械能转变为电能的过程。具体说来，潮汐发电就是在海湾或有潮汐的河口建一拦水堤坝，将海湾或河口与海洋隔开构成水库，再在坝内或坝房安装水轮发电机组，然后利用潮汐潮落时海水位的升降，使海水通过轮机转动水轮发电机组发电。

(2) 潮汐电站的类型

由于潮水的流动与河水的流动不同，它是不断变换方向的，因此潮汐发电出现了以下不同的形式。

1) 单库潮汐电站

最早出现且最简单的潮汐电站是单库式的，这种电站通常只有一个大坝，其上建有发电厂及闸门，其示意图如图 2.5-8 所示。

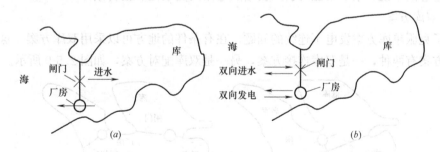

图 2.5-8　单库潮汐电站示意图
(a) 单库退潮发电；(b) 单库双向发电

单库潮汐电站有两种主要运行方式，即双向运行和单向运行。

顾名思义，单向运行是指电站只沿一个水流方向进行发电，通常是单向退潮发电。这种电站的库水位接近于最高潮位。当海潮退落，库水位高于海潮位一定值时，电站机组开始发电；当海潮上涨，库水位高出海潮位的值小于一定值时，发电机停机；潮位继续上涨至高于库水位时，开闸进水，使库水位接近于最高潮位，以备下一次退潮发电。这种潮汐电站只需安装常规贯流式水轮机即可。

双向运行是指电站沿两个水流方向都发电。这种电站的库水位总在平均潮位附近摆动，当海潮退落，库水位高于海水位一定值时，机组进行退潮正向发电；当海潮上涨，海潮位高于库水位一定值时，机组进行涨潮反向发电。由于退潮和涨潮都发电，其电站必须安装双向式水轮发电机组。

两种运行方式的主要区别在于，单向运行方式只能提供间断电力，间断时间取决于潮位变化周期。这对电网来说是不利的。双向运行方式可提供较连续的电力，具有较强的电网适应性，可进行调峰运行。但它需要安装成本较贵、结构较复杂的双向式水轮发电机组，机组运行效率相对较低，总发电量比单向式少。

从发电量与价格比来看，单向运行方式优于双向式。但就电网而言，双向运行方式可能会提供更多的电力。因为双向运行方式有更大的灵活性，能更好地满足电网要求。

单向运行方式也可是涨潮单向发电，亦即海水侧为水轮机进口，库侧为水轮机出口，水库始终保持较低水位。这一方式的发电量比退潮发电少，较少被电站采用。这主要是因为涨潮发电运行时的库水位上涨速度比退潮发电运行时的库水位下降速度快。

双向运行方式提供的电力也不是连续的。在海—库水位接近相等的时间内，机组无法发电。每一涨潮或退潮发电结束时，必须立即打开闸门，以提高或降低库水位，迎接下一个退潮或涨潮发电运行。由于这段时间机组处于停机等待状态，导致其发电不连续。

为了使涨潮进水时获得更高的库水位，可以采用泵水的方法。即在海潮位达到最高而又未开始进行退潮正向发电之前，用泵从海侧向库侧泵水，使库位进一步提高，以增加退潮时的发电量。虽然泵水需要耗电，但由于泵水时的扬程低于发电时的落差，发电量比耗电量多，所以此法是有利的。另外，水位的提高有利于增强电站的灵活性，延长发电时间。若泵水功能由水轮机来完成，即选用多工况水轮机，如法国朗斯潮汐电站所用的 6 工况水轮发电机（双向发电、双向泵水、双向泄水），则运行起来较方便，且可减少大坝费用。不过总的来说，泵水功能的引入会增加电站的复杂性和投资额。

2）双库方案

为了克服单库方案发电不连续的问题，在有条件的地方可以采用双库方案。这里提出的双库方案有两种，一是双库连接方案，另一是双库配对方案，如图 2.5-9 所示。

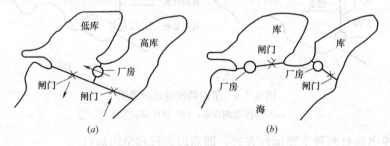

图 2.5-9　双库潮汐电站示意图
(a) 双库连接；(b) 双库配对

双库方案需要建两个水库。两库相互隔开，都有自己的大坝。地势有利时，可以利用天然条件分隔两库。

双库连接方案如图 2.5-9 (a) 所示。两库中一个为高水位库，另一为低水位库，两库之间建发电厂，水轮机进水侧在高水位库，出水侧在低水位库。为增加发电量，应选两库中较小的一个为高水位库。两库各有自己的闸门。高库闸门在高潮位时打开，让潮水进入，以保持其高水位；当海潮由高潮位下落至一定值时，此闸门关上，防止库水流出。低库闸门在低潮位时打开，排出库中的水，然后关上闸门。电站依靠高、低库水位差发电。由于高低库水位始终具有一定差值，因此电站可实现连续发电。且电站所需水力发电设备较简单。这一方案的最大优点是完全摆脱了潮汐电站发电时间由潮水规律决定的缺点。它可像河川电站一样，完成电网交给的各种运行任务。

不过，这一方案的总发电量少于两库中任一库作单库运行时的发电量，加上还要建连接两库的水道等，使其发电量与价格比大大降低。

在双库连接方案中，若在电站处增加一条通往大海的水道，使电站既可沿低库方向发电，又可沿大海方向发电，则可增加电站的发电量。不过，这会增加电站的复杂性，同时还会降低电站的灵活性。

双库配对方案如图 2.5-9 (b) 所示。双库配对方案的实质就是将两个单库电站配对使用，相互补充，克服单库电站的缺点。由于灵活性是这一方案的主要优点，因此参加配对的两个电站应设置为双向运行方式。根据电网需求的不同，配对的方式有多种。

3) 水下潮汐电站

由于潮汐电站需在海岸边建造人工大坝，从而围成人工泻湖蓄水，导致河流及海岸附近的生态平衡破坏，因此人们一直在考虑建造水下潮汐电站。

世界上第一座商用水下潮汐发电站于 2004 年在挪威并网发电。

这座潮汐能发电站使用涡轮发电机，类似于一个水下的风车，当水流改变方向时，这些涡轮发电机能够自动调整方向，把涡轮正好对准潮汐流来的方向。发电机被固定在位于海底 20m 高的钢柱顶端，当海水流过时，直径为 10m 的叶片就会随之转动，从而产生电能。它的功率为 300kW，可供位于哈默菲斯特的 30 个家庭使用。

尽管这种发电机还只是原型机，但这是全世界第一次让潮汐能产生的电力并入大电网。如果试验成功，开发商还将在哈默菲斯特的海岸再建 20 个这样的发电机，设计人员希望能用一年的时间开发出第二代发电机，并在两年内大批量生产。

（3）应用

潮汐是一项取之不尽的能源，其发展方兴未艾。初步统计，目前全世界潮汐电站的总装机容量为 26GW。

潮汐发电技术的实际应用首推 1912 年在德国兴建的一座小型潮汐电站，由此开始把潮汐发电的理想变为现实。

世界上规模最大的潮汐电站是法国的朗斯电站，位于法国西北部、流入英法海峡的朗斯河口。电站于 1961 年动工，在朗斯河口修建了一座长 750m 的大坝，形成面积为 22km² 的水库。潮位差最大值为 13.5m，平均值为 8.5m，调节库容 1.84 亿 m³。1966 年 8 月首台机组发电，1967 年全部竣工。发电设备置于坝内，共有 24 台单机容量 10MW 的水车（4 叶片、横轴圆桶形卡卜兰式水轮机）和可逆式灯泡发电机组，年发电量 544GWh 朗斯电站已正常运行了 40 余年，迄今仍为世界最大的潮汐发电站。

此外，苏联于 1968 年在位于白令海沿岸宽度仅 50m 的河口建成基斯洛潮汐电站。利用的潮差是 1.3～1.9m，安装了 2 台 400kW 双向贯流式机组。电站的特点是采用漂运沉箱方法施工，技术上突破了传统的水工建造方法，建筑费用可节省 28%～33%。

加拿大于 1980 年 5 月动工,在安纳波利斯河的河口建造 1 座试验潮汐电站,装有 1 台 17.8MW 的全贯流式机组。1984 年 8 月发电。这是为今后在芬地湾兴建的大型潮汐电站奠定基础。

我国利用潮汐发电也有了迅速的发展,沿海一带已建成了 8 座小型潮汐电站,具体如表 2.5-5 所示。其中 1980 年建成的江厦潮汐电站是我国第一座双向潮汐电站,也是目前世界上较大的一座双向潮汐电站,它的总装机容量为 3200kW,年发电量为 107GW·h。

中国主要潮汐电站   表 2.5-5

站名	潮差 (m)	容量 (MW)	投入时间	站名	潮差 (m)	容量 (MW)	投入时间
江夏	5.1	3.2	1980 年	海山	4.9	0.15	1975 年
白沙口	2.4	0.64	1978 年	沙山	5.1	0.04	1961 年
幸福洋	4.5	1.28	1989 年	浏河	2.1	0.15	1976 年
岳浦	3.6	0.15	1971 年	果子山	2.5	0.04	1977 年

目前制约潮汐发电的主要因素是成本,到目前为止,由于常规电站廉价电费的竞争,建成投产的商业用潮汐电站不多。然而,由于潮汐能蕴藏量的巨大和潮汐能发电的许多优点,人们还是非常重视对潮汐能发电的研究和试验。潮汐能发电是一项潜力巨大的事业,经过多年来的实践,在工作原理和总体构造上基本成型,可以进入大规模开发利用阶段,随着科技的不断进步和能源资源的日趋紧缺,潮汐能发电在不远的将来将有飞速的发展。

2. 波浪能发电

波浪发电的原理主要是将波力转换为压缩空气来驱动空气透平发电机发电。当波浪上升时将空气室中的空气顶上去,被压空气穿过正压水阀室进入正压气缸并驱动发电机轴伸端上的空气透平使发电机发电,当波浪落下时,空气室内形成负压,使大气中的空气被吸入气缸并驱动发电机另一轴伸端上的空气透平使发电机发电,其旋转方向不变。

美国新泽西的普林斯顿海洋技术公司曾开发出一种新型的、能利用海浪和水流的"水压电"发电机。它的主要部件是一个系在浮子和锚之间的细长平板。最初设计的平板长 15.24m(50ft),宽 0.3048m(1ft),厚约 0.0254m(1in),由 50~100 个聚乙烯氟化物制成的薄层组成,平板随浮子的起落而伸展、放松。聚乙烯氟化物是一种压电材料(可将压力转化为电能)。在发电过程中,材料先被极化,平板中的单个分子排列成晶体结构。当平板随波浪伸展时,由于压力作用,部分分子偏离原来的位置,使正电荷与负电荷分别富集于平板两侧。连接在平板上的电极捕获这些电荷,便产生电能,通过海底电缆传输到海岸上。据称,占地 5km² 的发电机组可为 25 万人供电,成本仅每千瓦时 0.03 美元,甚至低于现行的火力发电成本。

20 世纪 80 年代初,英国已成为世界波浪能研究中心。英国波力发电的开发目标是容量为 2GW 的设备,并使它与陆地电网并网,这个研究项目已经完成。目前英国的波浪发电技术仍居世界领先地位,并实现了商业化。日本的波浪能研究与开发也十分活跃,日本四季的平均波能约为 13kW/km(近海)和 6kW/km(沿岸)。日本的波能可满足其国内能源总需求量的 1/3。日本当前容量最大的设备是 1996 年 9 月投运的由日本东北电力公司在原町火电站南部防波堤上装设的 130kW 波力发电设备。据报道,世界上第一台商业化的波力发电站位于以色列的岛屿上，其装机容量为 500kW，现仍在营运。

据不完全统计，目前已有 28 个国家（地区）研究波浪能的开发，建设大小波力电站（装置、机组或船体）上千座（台），总装机容量超过 800MW，其建站数和发电功率分别以每年 2.5% 和 10% 的速度上升。

3. 温差能发电

由于太阳光照射，海洋表层水温可达 25～30℃，而水下 400～700m 深层冷水则为 5～10℃，两者温差约为 20～24℃，这就为发电提供了一个总量巨大且比较稳定的能源，据估计发电量可达 10TW。

海洋温差发电的基本原理是利用海洋表面的温海水（26～28℃）加热某些低沸点工质并使之汽化，或通过降压使海水汽化以驱动汽轮机发电。同时利用从海底提取的冷海水（4～6℃）将做功后的乏气冷凝，使之重新变为液体。

海洋温差发电的主要方式有三种，即闭式循环系统、开式循环系统和混合式循环系统。图 2.5-10、图 2.5-11 和图 2.5-12 分别为这三种循环方式的系统原理图。

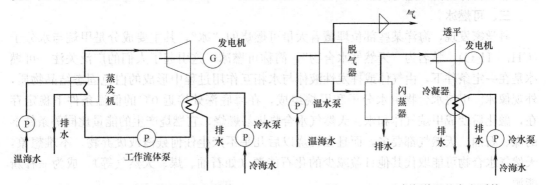

图 2.5-10　闭式海洋温差发电系统　　　　　图 2.5-11　开式海洋温差发电系统

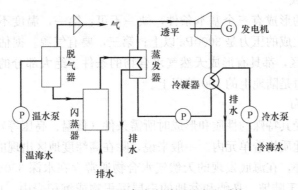

图 2.5-12　混合式海洋温差发电系统

在开式循环系统中，海水被直接用作工质，闪蒸器和冷凝器之间的压差和焓降都非常小，所以必须把管道的压力损失降到最低，同时透平的径向尺寸很大。开式循环在发电的同时可以得到淡水。

由于闭式循环系统使用了低沸点工质，使整个装置，特别是透平机组的尺寸大大缩小。海洋温差发电用的透平与普通电厂用的透平不同，电厂透平的工质参数很高，而海洋温差发电用透平的工质压力温度都相当低，且焓降小。大型海洋温差发电装置一般采用轴流式透平。

混合循环系统综合了开式和闭式循环系统的优点，它以闭式循环发电，同时生产淡水。

4. 盐差能发电

当两种不同盐度的海水被一层只能通过水分而不能通过盐分的半透膜相分割时，两边的海水就会产生渗透压，促使水从浓度低的一侧向另一侧渗透，使浓度高的一侧水位升高，直至膜两侧的含盐量相等为止。

盐差能发电利用的是海水中的盐分浓度和淡水间的化学电势差。理论计算表明，江河入海处的海水渗透压相当于 240m 的水位落差。位于亚洲西部的死海，盐度高出一般海水 7~8 倍，渗透压可达 5×10^4 kPa（500atm），相当于 5000m 高的大坝水头。

目前正在研究的盐差能发电装置为渗透压式盐差能发电系统、蒸汽压式盐差能发电系统、机械化学式盐差能发电系统和渗析式盐差能发电系统。但均处于研发阶段，要达到经济性开发目标尚需一定时间。

三、可燃冰

科学家发现，海洋某些部位埋藏着大量可燃烧的"冰"，其主要成分是甲烷与水分子（$CH_4 \cdot H_2O$），学名为"天然气水合物"，简称可燃冰，这引起了人们的广泛关注。可燃冰是在一定条件下，由气体或挥发性液体与水相互作用过程中形成的白色固态结晶物质，外观像冰。甲烷水合物由水分子和甲烷组成，在海底深处接近 0℃ 的低温条件下稳定存在，融化后变成甲烷气体和水。天然气水合物极易燃烧，它燃烧产生的能量比同等条件下的煤、石油、天然气都要多，而且在燃烧以后几乎不产生任何残渣或废弃物。不难想象，天然气水合物可能取代其他日益减少的化石能源（如石油、煤、天然气等），成为一种新能源。

1. 可燃冰的形成

天然气水合物的形成有三个基本条件，缺一不可：第一，温度不能太高；第二是压力，零摄氏度时它生成的压力力是 3000Pa 以上；第三，要有气源。据估计，陆地上 20.7% 和大洋底 90% 的地区，都具有形成天然气水合物的条件。绝大部分的天然气水合物分布在海洋里，其资源量是陆地上的 100 倍以上。

2. 可燃冰的分布

天然气水合物受其特殊的性质和形成时所需条件（低温、高压等）的限制，只分布于特定的地理位置和地质构造单元内。一般来说，除在高纬度地区出现的与永久冻土带相关的天然气水合物之外，在海底发现的天然气水合物通常存在水深 300~500m 以下（由温度决定），主要赋存于陆坡、岛屿和盆地的表层沉积物或沉积岩中，也可以散布于洋底，以颗粒状出现。这些地点的压力和温度条件使天然气水合物的结构保持稳定。

从大地构造角度来讲，天然气水合物主要分布在大陆边缘、大陆坡、海山、内陆海及边缘海深水盆地和海底扩张盆地等构造单元内。最近，研究人员在日本近海发现了甲烷水合物的储藏地点，并推测那里的甲烷水合物储量为 7.4 万亿 m³，相当于日本国内 100 多年的天然气消费量。研究发现，西伯利亚的永久冻土下有大规模的甲烷水合物层，南北极圈的永久冻土、加勒比海沿岸、我国南海等大陆沿岸海底的甲烷水合物也相继被发现。预计世界的甲烷水合物总储量（换算成碳）是石油、煤炭等所有石化燃料总量的 2 倍以上。

日本、美国、德国和加拿大政府着眼于商业化生产，已自 2007 年开始进行世界首例开采试验。

3. 可燃冰的性质

如果不能保持高压、低温的状态，甲烷水合物在运往海面的途中会迅速融化。水深 500m 的海底气温约为 5℃，甲烷水合物在这个温度范围能保持稳定状态，但在海面的气压状况下，气温必须降至 −80℃。要保持高压低温的条件，将甲烷水合物以固体的形态运到海面需要巨额成本，去除混入甲烷水合物中的泥土和岩石也需要工夫。因此，将甲烷水合物汽化后开采被视为有效的方法。

在标准状况下，一单位体积的气水合物分解最多可产生 164 单位体积的甲烷气体，因而其是一种重要的潜在未来资源。天然气水合物的成藏需具备四个基本条件：原始物质基础——气和水的足够富集；足够低的温度；较高的压力；一定的孔隙空间。但是在自然界中，水合物常常作为其下游离气体的覆盖层，二者共同成藏。水合物圈闭成藏类型可分为两种：简单圈闭和复合圈闭。简单圈闭完全发生在水合物层内和地层之下；复合圈闭是由水合物和地质构造或地层相结合形成的。要作为一种资源安全利用甲烷水合物，必须对地质、气象进行综合研究。

4. 可燃冰的开采

(1) 钻孔取心技术

随着钻探技术和海洋深水取样技术的提高，为人们提供了直接对自然界中天然形成的气水合物进行研究的机会。同时，钻孔取心技术也是证明地下气水合物存在的最直观和最直接的方法之一。目前已经在墨西哥湾、布莱克海岭等地取到了天然存在的含气水合物岩心。用于研究的气水合物样品通常取自钻杆岩心或用活塞式取样器、恒压取样器采集的海底样品。在分析测试时，一般取一定量的样品（100～200g）放入无污染的密封金属罐中，再在罐中注入足够的水，并保留一定的空间（100cm³）存放罐顶气。通过对罐顶气、样品经机械混合后释出的气及样品经酸抽提后释出气的甲烷至正丁烷的组分进行气相色谱分析，以及对罐顶气进行甲烷分析，不但可以推测气水合物的类型，而且还可以确定形成气水合物的气体成因。

(2) 测井方法

测井方法是在天然气水合物勘探中继地震反射法和钻孔取心法之后又一有效手段。Timothy S. Collett 在阿拉斯加普拉德霍湾和库帕勒克河 N. W. Eileen State-2 井确定气水合物存在的过程中，提出了利用测井方法在鉴定一个特殊层含气水合物的四个条件。

1) 具有高的电阻率（大约是水电阻率的 50 倍以上）；

2) 短的声波传播时间（约比水低 $131\mu m/s$）；

3) 在钻探过程中有明显的气体排放（气体的体积浓度为 50‰～100‰）；

4) 必须在有两口或多口钻井区（仅在布井密度高的地区）。

由于形成天然气水合物的水为纯水，因而在 7 射线测井时，气水合物层段的 API 值要比相邻层段明显增高。含气水合物层还具有自然电场异常不大的特点。与汽水饱和层相比，含气水合物层的自然电位差幅度很低，这是因为气水合物堵塞了孔隙，降低了扩散和渗滤作用的强度而造成。在钻井过程中，钻遇气水合物层段后另一明显的变化是气水合物分解后引起含气水合物层段的井壁滑塌，反映在测井曲线上就是井径比相邻层位增大。含气水合物层段孔隙度相对较低，其中子测井曲线值则相对较高。

（3）化学试剂法

某些化学试剂，诸如盐水、甲醇、乙醇、乙二醇、丙三醇等化学试剂可以改变气水合物形成的相平衡条件，降低水合物的稳定温度。当将上述化学试剂从井孔泵入后，就会引起气水合物的分解。化学试剂法较热激发法作用缓慢，但确有降低初始能源输入的优点。化学试剂法最大的缺点是费用太昂贵。由于大洋中气水合物的压力较高，因而不宜采用此方法。化学试剂法曾在俄罗斯的梅素雅哈气田使用过，并在美国阿拉斯加的潜永冻层水合物中做过实验，它在成功地移动相边界方面显得有效，获得明显的气体回收。

（4）减压法

通过降低压力而引起天然气水合物稳定的相平衡曲线移动，从而达到促使气水合物分解的目的。其一般是通过在一气水合物层之下的游离气聚集层中"降低"天然气压力或形成一个天然气"囊"（由热激发或化学试剂作用人为形成），与天然气接触的气水合物变得不稳定并且分解为天然气和水。其实，开采气水合物层之下的游离气是降低储层压力的一种有效方法，另外通过调节天然气的提取速度可以达到控制储层压力的目的，进而达到控制气水合物分解的效果。减压法最大的特点是不需要昂贵的连续激发，因而其可能成为今后大规模开采天然气水合物的有效方法之一。但是，单使用减压法开采天然气是很慢的。

从以上各方法的使用来看，单单采用某一种方法来开采天然气水合物是不经济的，只有结合不同方法的优点才能达到对气水合物的有效开采。若将降压法和热开采技术结合使用将会展现出诱人的前景，即：用热激发法分解气水合物，而用降压法提取游离气体。

第三章　主要专业基础课程

第一节　传　热　学

课程简介

传热学是研究热量传递规律及其应用的一门学科，是建筑环境与设备工程专业的一门专业基础必修课。本课程不仅为学生学习有关的专业课程提供必要的基础理论知识，而且也为学生以后从事热能综合利用、热工设备与用能系统的设计及优化等方面的工作打下必要的基础。通过本课程的学习，应使学生获得必要的热量传递规律的基础知识，具备分析工程传热问题的基本能力，掌握解决工程传热问题的基本方法并具备相应的计算能力，以及一定的实验技能。

传热学主要介绍导热、对流与辐射这三种热量传递方式的基本概念、热量传递的计算公式以及热量传递的基本规律；换热设备的传热过程及换热设备的计算。

传热学总学时为 64，其中授课 56 学时，上机 4 学时，实验 4 学时。

先修课程：高等数学、大学物理、流体力学、工程热力学

一、概述

传热学是研究热量传递规律的科学。学习传热学就是要掌握各种热量传递现象的规律，从而为设计满足一定生产工艺要求的换热设备，提高现有换热设备的操作和管理水平，或者对一定的热过程实现温度场的控制打下理论基础。

在本课程中，首先简要介绍传热学的主要研究内容，给出导热、对流与辐射这三种热量传递基本方式的概念及所传递热量的计算公式，然后分别讨论导热、对流换热和辐射换热的基本规律，最后，把上述知识综合起来，介绍传热过程及换热设备的计算方法。

1. 基本概念

（1）传热学

传热学是研究热量传递规律的学科。基于热力学的定义，热是一种传递中的能量。传递中的能量不外乎是处于无序状态的热和有序状态的功，它们的传递过程常常发生在能量系统处于不平衡的状态下，而系统的状态是可以用其状态参数来确定的。热力学的基本状态参数是压力 p、温度 T 以及比容积 v。对于一个不可压缩的热力学系统而言，温度的高低就反映了系统能量状态的高低和单位质量系统内热能的多少。热力学第二定律告诉我们，能量总是自发地从高能级状态向低能级状态传递和迁移。因此，热的传递和迁移就会发生在热系统的高内能区域和低内能区域之间，也就是高温区域和低温区域之间。对于自然界的物体和系统，将其视为热力学系统时，它们常常处于不平衡的能量状态之下，各部位存在着压力差和温度差，因而功和热的传递是一种非常普遍的自然现象。因此，凡是有

温度差的地方就有热量传递。热量传递是自然界和工程领域中极普遍的现象。

1）物体内只要存在温差，就有热量从物体的高温部分传向低温部分；

2）物体之间存在温差时，热量就会自发地从高温物体传向低温物体。

（2）热量传递过程

根据物体温度与时间的关系，热量传递过程可分为两类：

1）稳态传热过程（定常过程）：凡是物体中各点温度不随时间而变的热传递过程均称稳态传热过程。

2）非稳态传热过程（非定常过程）：凡是物体中各点温度随时间的变化而变化的热传递过程均称非稳态传热过程。

各种热力设备在持续不变的工况下运行时的热传递过程属稳态传热过程；而在启动、停机、工况改变时的传热过程则属非稳态传热过程。

2. 传热学的重要性

（1）传热学是热工系列课程教学的主要内容之一，是建筑环境与设备工程专业必修的专业基础课。是否能够熟练掌握课程的内容，直接影响到后续专业课的学习效果。

（2）传热学在生产技术领域中的应用十分广泛，在建筑设备中更是不乏传热学问题，例如：热源和冷源设备的选择、配套和合理有效利用，供热通风及空调设备的开发、设计和实验研究，各种供热设备管道的保温材料及建筑围护结构材料的研制及其热物性测试，热损失的计算，换热器的设计、选择和评价，建筑物的热工计算等，都离不开传热学。

（3）传热学的发展和生产技术的进步具有相互依赖和相互促进的作用。

传热学在生产技术发展中已成为一门理论体系初具完善、内容不断充实、充满活力的主要基础科学。高参数大容量发电机组的发展，原子能、太阳能、地热能的利用，航天技术、微电子技术、生物工程的发展都推动了传热学的发展，而传热学的发展又促进生产技术的进步发展。同时，随着生产技术及新兴科学技术的发展，又向传热学提出了新的挑战和新的研究课题。

3. 传热学的特点、研究对象及研究方法

（1）特点

1）理论性、应用性强

传热学是热工系列课程内容和课程体系设置的主要内容之一，是一门理论性、应用性极强的专业基础课，在热量传递的理论分析中涉及很深的数学理论和方法。在生产技术领域应用十分广泛，在生产技术发展中已成为一门理论体系初具，内容不断完善、充实，充满活力的主要基础科学。传热学的发展促进了生产技术的进步，而新兴科学技术的发展向传热学提出了新的课题挑战。

2）有利于创造性思维能力的培养

传热学是热能动力的专业课之一，在教学中重视学生在学习过程中的主体地位，启迪学生学习的积极性，在时间上给学生留有一定的思维空间，从而进一步培养创新的思维能力。对综合性、应用性强的传热问题都有详细地分析讨论。同时介绍了传热学的发展动态和前景。从而给学生开辟了广阔且纵深的思考空间。

3）教育思想发生了本质性的变化

传热学课程教学内容的组织和表达方面从以往单纯的为后续专业课学习服务转变到重

点培养学生综合素质和能力方面，这是传热学课程理论联系实际的核心。从实际工程问题中、科学研究中提炼出综合分析题，对培养学生解决分析综合问题的能力起到积极的作用。

4）能量守恒定律是贯穿全书的主线。

（2）研究和学习方法

研究的对象是由微观粒子热运动所决定的宏观物理现象，而且主要用经验的方法寻求热量传递的规律，认为研究对象是个连续体，即各点的温度、密度、速度是坐标的连续函数，即将微观粒子的微观物理过程作为宏观现象处理。由前可知，热力学的研究方法仍是如此，但是热力学虽然能确定传热量（稳定流能量方程），但不能确定物体内温度分布。

学习传热学需要注意以下几点：1）重视对基本概念和基本理论的学习，做到对所研究的物理过程有深刻的理解；2）学会用传热学分析和解决实际问题的思路和方法，注重培养综合分析问题的能力和创造性的思维能力；3）重视实验技能的锻炼和工程实际训练，加强理论与实践相结合，培养动手能力；4）培养独立地获取知识的能力，学习中及时复习与总结。

二、热量传递的基本方式

自然界存在三种基本的热量传递方式：热传导、热对流和热辐射。在各种不同的场合下，这三种方式可能单独存在，也可能产生不同的组合形式。

1. 导热（热传导）

（1）定义和特征

当物体内部存在温度差（也就是物体内部能量分布不均匀）时，在物体内部没有宏观位移的情况下，热量会从物体的高温部分传到低温部分；此外，不同温度的物体互相接触时，热量也会在相互没有物质转移的情况下，从高温物体传递到低温物体。物体各部分之间不发生相对位移时，依靠分子、原子及自由电子等微观粒子的热运动而产生的热量传递的方式被称为热传导或简称为导热。因此，当物体各部分之间不发生相对位移时，借助于分子、原子及自由电子等微观粒子的热运动而实现的热量传递过程称为导热。如固体与固体之间及固体内部的热量传递。

导热过程的特点有两个：1）导热过程总是发生在两个互相接触的物体之间或同一物体中温度不同的两部分之间；2）导热过程中物体各部分之间不发生宏观的相对位移。

（2）导热机理

在导热过程中，物体各部分之间不发生宏观位移，从物质的微观结构对导热过程加以描述与计算是比较复杂的。从微观角度看，气体、液体、导电固体和非导电固体的导热机理是不同的。

1）气体：导热是气体分子不规则热运动相互碰撞的结果。众所周知，气体的温度越高，分子的运动动能越大，不同能量水平的分子相互碰撞，使能量从高温处传向低温处。

2）导电固体：有相当多的自由电子，在晶格之间像气体分子那样运动，自由电子的运动在导电固体的导热中起主要作用。

3）非导电固体：导热是通过晶格结构的振动所产生的弹性波来实现的，即通过原子、分子在其平衡位置附近的振动来实现。

4）液体：导热机理十分复杂，有待于进一步的研究，目前存在两种不同的观点：第一种观点类似于气体，只是复杂些，因液体分子的间距较近，分子间的作用力对碰撞的影响比气体大；第二种观点类似于非导电固体，主要依靠弹性波（晶格的振动，原子、分子在其平衡位置附近的振动产生的）的作用。

说明：建筑环境与设备工程专业本科阶段只研究导热现象的宏观规律。

（3）导热基本规律（傅立叶定律）

对于导热这种热量传递的方式的研究可以追溯到19世纪初期毕欧（Boit）早期的研究工作。他在对大量的平板导热实验的数据分析中得出如下的结论：

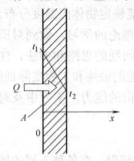

图 3.1-1　无限大平板的导热

均匀的半无限大平板内，热的传递方向如图 3.1-1 所示。假设：

1）平壁面积 A 远大于壁厚，壁边缘处 $Q_{散失}=0$。

2）温度 t 只沿着垂直于壁面的 x 方向变化，等温面是垂直于 x 轴的平面。

3）壁面两侧的温度 t_1、t_2 不随时间而变化。

则通过垂直于平板方向上的热流量正比于平板两侧的温度差和平板面积的大小，而反比于平板的厚度。归纳如下数学关系：

$$Q=\lambda A \frac{t_1-t_2}{\Delta x} \qquad (3.1\text{-}1)$$

式中　Q——单位时间导热量，又称热流量，W；

　　　A——导热面积，m^2；

t_1-t_2——大平板两表面之间的温差，℃（或 K）；

　　　λ——相应的比例系数，称为平板材料的导热系数（或热传导率），表示物体导热能力的大小的物性量，为物质性质之一，W/(m·℃)。

（4）导热系数

导热系数是物理性质，表示物质的导热能力，为物质性质之一。其意义：当温度梯度为1，导热面积为1时，单位时间传递的热量。导热系数越大，物质的导热能力越强。影响导热系数的因素有：物质的化学组成、物理状态、湿度、压强和温度等。导热系数由实验测定，一般而言，金属的导热系数大，非金属固体材料的导热系数小，液体的导热系数更小，气体的导热系数最小（约为液体的1/10）。各种物质的导热系数可从《传热学》附录或相关手册中查取。

式（3.1-1）亦可表示为如下形式：

$$q=\lambda \frac{t_1-t_2}{\Delta x} \qquad (3.1\text{-}2)$$

式中　q——单位面积热流，又称热流密度，W/m^2。

1822 年，法国数学家傅立叶（Joseph Fourier）将毕欧的热传导关系归纳为：

$$q=-\lambda \frac{\partial t}{\partial n} \qquad (3.1\text{-}3)$$

此式称为傅立叶定律，式中，$\partial t / \partial n$ 为温度梯度，负号表示热流密度的方向与温度梯度的方向相反，即热量传递的方向与温度升高的方向相反。

2. 对流与对流换热

（1）定义和特征

对流是指由于流体的宏观运动，从而使流体各部分之间发生相对位移，冷热流体相互掺混所引起的热量传递过程。对流仅发生在流体中，对流的同时必伴随有导热现象。

对流换热是指流体流经固体时流体与固体表面之间的热量传递现象。对流换热是指流体与固体表面的热量传输。对流换热是在流体流动过程中发生的热量传递现象，它是依靠流体质点的移动进行热量传递的，与流体的流动情况密切相关。当流体作层流流动时，在垂直于流体流动方向上的热量传递，主要以热传导（亦有较弱的自然对流）的方式进行。单一的热对流是不存在的，对流换热过程如图 3.1-2 所示，既有热对流，也有导热；对流换热不是基本传热方式。

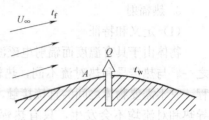

图 3.1-2　对流换热过程示意图

对流换热的特点：

1）导热与热对流同时存在的复杂热传递过程。

2）必须有直接接触（流体与壁面）和宏观运动；也必须有温差。

（2）对流换热的分类

对流换热可分为多种类型。按照是否相变，分为有相变的对流换热和无相变的对流换热。按照流动原因，分为强迫对流换热和自然对流换热。按照流动状态，分为层流和紊流。强迫对流换热是由外因造成的，例如风机、水泵或大自然中的风。自然对流换热是由于温度差造成密度差，产生浮升力，热流体向上运动，冷流体填充空位，形成的往复过程。例如无风天气，一条晒热的路面与环境的散热。有风时，强迫换热占主导。

（3）对流换热的基本规律（牛顿冷却公式）

1701 年，牛顿（Isaac Newton）首先提出了计算对流换热热流量的基本关系式，常称为牛顿冷却定律，其形式为：

$$Q=\alpha A(t_w-t_f)=\alpha A\Delta t \tag{3.1-4}$$

式中　t_w——物体表面的温度，℃；

t_f——流体的温度，℃；$\Delta t=t_w-t_f$，℃，这里认为 $t_w>t_f$，人为约定 Δt 取正值；

α——一个定义的系数，称为对流换热系数或表面传热系数，单位为 $W/(m^2\cdot℃)$。

（4）对流换热系数（表面传热系数）

对流换热系数 α 是一个反映对流换热过程强弱的物理量。它的物理意义是当流体与固体表面之间的温度差为 1K 时，$1m^2$ 壁面面积在每秒所能传递的热量。α 的大小表达了对流换热过程的强弱。

α 与影响换热过程的诸因素有关，并且可以在很大的范围内变化，所以牛顿公式只能看作是表面传热系数的一个定义式。它既没有揭示影响对流换热的诸因素与 α 之间的内在联系，也没有给工程计算带来任何实质性的简化，只不过把问题的复杂性转移到表面传热系数的确定上去了。因此，在工程传热计算中，主要的任务是计算 α。计算表面传热系数的方法主要有实验求解法、数学分析解法和数值分析解法。

影响 α 的因素很多，主要有以下几个方面：

1）对流运动成因和流动状态；

2）流体的物理性质（随种类、温度和压力而变化），不同的流体或不同状态的流体，如液体、气体、蒸气，其密度、比热容、黏度等不同，其表面传热系数 α 也不同，就介质而言，水比空气大；

3）传热表面的形状、尺寸和相对位置；

4）流体有无相变（如气态与液态之间的转化）。

在不同的情况下，传热强度会发生几倍甚至上千倍的变化，所以对流换热是一个受许多因素影响且其强度变化幅度很大的复杂过程。

3. 热辐射

（1）定义和特征

物体由于具有温度而辐射电磁波的现象，称为热辐射。热辐射是热量传递的基本方式之一。与热传导和热对流不同，热辐射是通过电磁波（或光子流）的方式传播能量的过程，它不需要物体之间的直接接触，也不需要任何中间介质。当两个物体被真空隔开时，导热和对流均不会发生，只有热辐射。太阳将大量的热量传给地球，就是靠热辐射的作用。

热辐射的另一个特点是：它不仅产生能量的转移，而且还伴随着能量的转换。即发射时从热能转化为辐射能，吸收时又从辐射能转化为热能。

一切温度高于绝对零度的物体都能产生热辐射，温度越高，辐射出的总能量就越大，短波成分也越多。热辐射的光谱是连续谱，波长范围很广，覆盖范围理论上可从 0 直至 ∞，电磁波谱如图 3.1-3 所示，一般的热辐射主要靠波长较长的可见光和红外线。温度较低时，主要以不可见的红外光进行辐射，当温度为 300℃时热辐射中最强的波长在红外区。当物体的温度在 500～800℃时，热辐射中最强的波长成分在可见光区。

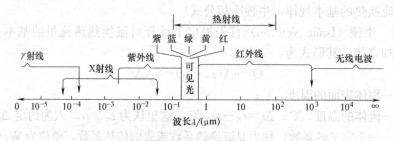

图 3.1-3 电磁波谱

（2）热辐射基本定律

关于热辐射，其重要规律有 4 个：基尔霍夫辐射定律、普朗克辐射分布定律、斯蒂芬-玻耳兹曼定律以及维恩位移定律，统称为热辐射定律。这里仅介绍斯蒂芬-玻耳兹曼定律。

一个理想的辐射和吸收能量的物体被称为黑体。黑体的辐射和吸收本领在同温度物体中是最大的。黑体向周围空间发射出去的辐射能由下式给出：

$$Q = A\sigma_0 T^4 \qquad (3.1\text{-}5)$$

式中 Q——黑体发射的辐射能，W；

A——物体的辐射表面积，m^2；

T——绝对温度，K；

σ_0——斯蒂芬-玻尔兹曼常数，其值为 $5.67 \times 10^{-8} W/(m^2 \cdot K^4)$。

式（3.1-6）称为斯蒂芬-玻尔兹曼（Stefen-Boltzmann）定律，它是从热力学理论导出并由实验证实的黑体辐射规律，又称为辐射四次方定律，是计算热辐射的基础。一切实际物体的辐射能力都小于同温度下黑体的辐射能力。实际物体发射的辐射能可以用辐射四次方定律的经验修正来计算。

$$Q = \varepsilon A \sigma T^4 \tag{3.1-6}$$

式中　ε——物体的发射率（又称黑度），其值小于1。

一个物体的发射率与物体的温度、种类及表面状态有关。物体的 ε 值越大，则表明它越接近理想的黑体。

物体在向外辐射的同时，还吸收从其他物体辐射来的能量，两者之间的差额就是物体之间的辐射换热量。物体表面之间以辐射方式进行的热交换过程称为辐射换热。对于两个相距很近的黑体表面，如图 3.1-4 所示，由于一个表面发射出来的能量几乎完全落到另一个表面上，那么它们之间的辐射换热量为：

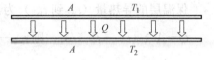

图 3.1-4　两平行黑平板间的辐射换热

$$Q = A \sigma (T_1^4 - T_2^4) \tag{3.1-7}$$

当 $T_1 = T_2$ 时，也就是物体和周围环境处于热平衡时，辐射换热量等于零。但此时是动态平衡，辐射和吸收仍在不断进行，此时物体的温度保持不变。

三、传热过程与传热系数

1. 传热过程

系统内温度的差异使热量从高温向低温转移的过程称为热量传递过程，简称传热过程。根据物体温度与时间的关系，传热过程可分为两类：

（1）稳态传热过程（定常过程）：凡是物体中各点温度不随时间而变的热传递过程均称稳态传热过程。

（2）非稳态传热过程（非定常过程）：凡是物体中各点温度随时间的变化而变化的热传递过程均称非稳态传热过程。

工业生产中各种热力设备连续操作运行时的热传递过程属稳态传热过程；间歇操作或连续操作的热力设备在启动、停机和工况改变时的传热过程属非稳态传热过程。

工业生产中所遇到的许多实际热交换过程常常是热介质将热量传给换热面，然后由换热面传给冷介质。这种热量由热流体通过间壁传给冷流体的过程称为传热过程。传热过程中由热流体传给冷流体的热量通常表示为：

$$Q = k A \Delta t_\mathrm{m} \tag{3.1-8}$$

式中　Δt_m——热流体与冷流体间的平均温差，℃；

　　　k——传热系数，单位为 $W/(m^2 \cdot ℃)$。

2. 传热系数

传热系数在数值上等于冷、热流体间温差 $\Delta t = 1℃$、传热面积 $A = 1m^2$ 时的热流量值，是一个表征传热过程强烈程度的物理量。传热过程越强，传热系数越大，反之则越小。

以如图 3.1-5 所示的建筑物墙壁为例（冬天），室内热空气的热量通过墙壁和保温层传递给室外冷空气，这个过程就属于传热过程。若室内空气温度为 t_{fl}，室外的空气温度

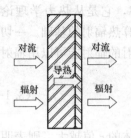

图 3.1-5 墙壁传热示意图

为 t_{f2}，传热温差 $\Delta t = t_{f1} - t_{f2}$。若室内对流和辐射总换热系数为 α_1，室外对流和辐射总换热系数 α_2，墙壁、保温层的厚度分别为 δ_1 和 δ_2，墙壁、保温层的导热系数分别为 λ_1 和 λ_2。

热空气侧的对流和辐射传热量（从热流体 t_{f1} 到 t_{w1}）为：

$$Q = A_1 \alpha_1 (t_{f1} - t_{w1}), \quad \text{则} \quad t_{f1} - t_{w1} = \frac{Q}{A_1 \alpha_1}$$

墙壁的导热量（t_{w1} 到 t_{w2}）为：

$$Q = A_1 \lambda_1 (t_{w1} - t_{w2})/\delta_1, \quad \text{则} \quad t_{w1} - t_{w2} = \frac{Q}{\dfrac{A_1 \lambda_1}{\delta_1}}$$

保温层的导热量（t_{w2} 到 t_{w3}）为：

$$Q = A_2 \lambda_2 (t_{w2} - t_{w3})/\delta_2, \quad \text{则} \quad t_{w2} - t_{w3} = \frac{Q}{\dfrac{A_2 \lambda_2}{\delta_2}}$$

冷空气侧的对流和辐射传热量（t_{w3} 到冷流体 t_{f2}）为：

$$Q = A_3 \alpha_2 (t_{w3} - t_{f2}), \quad \text{则} \quad t_{w3} - t_{f2} = \frac{Q}{A_3 \alpha_2}$$

以上相加并整理得：

$$Q = \frac{t_{f1} - t_{f2}}{\dfrac{1}{A_1 \alpha_1} + \dfrac{\delta_1}{A_1 \lambda_1} + \dfrac{\delta_2}{A_2 \lambda_2} + \dfrac{1}{A_2 \alpha_2}} = \frac{\Delta t}{\dfrac{1}{Ak}} \qquad (3.1\text{-}9)$$

将式 (3.1-9) 表示成热阻的形式，有：

$$Q = \frac{\Delta t}{R_1 + R_2 + R_3 + R_4} = \frac{\Delta t}{R_t} = \frac{总推动力}{总热阻} \qquad (3.1\text{-}10)$$

上式与传热基本方程式 $Q = KA\Delta t_m$，比较得：

$$\frac{1}{kA} = \frac{1}{A_1 \alpha_1} + \frac{\delta_1}{A_1 \lambda_1} + \frac{\delta_2}{A_2 \lambda_2} + \frac{1}{A_2 \alpha_2} \qquad (3.1\text{-}11)$$

式 (3.1-10) 中，R_i（$i = 1, 2, 3, 4$）为传热过程的各个分热阻，单位为 ℃/W，R_t 为传热过程的总热阻。式 (3.1-10) 相当于电学中的欧姆定律（电流＝电压/电阻：$I = \Delta U/R$）（见图 3.1-6），且式中总热阻等于分热阻之和，具有电学中串联电路的电阻叠加特性。

用热阻的概念分析各种传热现象，不仅可使问题的物理概念更加清晰，而且推导和计算更加简便。对于某一传热问题，如果要增强传热，就应设法减

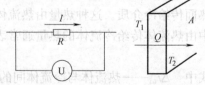

图 3.1-6 导热现象的比拟

少起决定作用的那个热阻；若要减弱传热，就应该加大所有热阻中最小的那个热阻，或者再增加额外的热阻（即增加保温层）。

四、换热器及传热强化

换热器是动力、化工、石油、食品等许多部门的通用设备。由于生产中对换热器有不同的要求，故换热器的类型很多，设计和选用时可根据生产要求进行选择。

1. 换热器的分类

(1) 根据换热器的用途可分为：加热器、冷却器、冷凝器、蒸发器、分凝器和再沸器等。

(2) 根据换热器的传热原理可分为：混合式换热器、蓄热式换热器、间壁式换热器。

(3) 根据换热器所用材料可分为：金属材料换热器、非金属材料换热器。

2. 换热器传热过程的强化

总传热速率方程：$Q = KA\Delta t_m$

Δt_m 增大、K 增加、A 增大均可提高传热速率 Q。

(1) 增大传热平均温度差 Δt_m

1) 两侧流体变温传热时，尽量采用逆流操作可使 Δt_m 增大；

2) 提高加热剂 T 的温度（如用蒸汽加热，可提高蒸汽的压力）；降低冷却剂的进口温度，均可使 Δt_m 增加。

(2) 增大单位体积的总传热面积

1) 直接接触传热可使传热面积 A 增加，提高传热速率。

2) 改进换热器的结构，采用高效新型换热器。各种高效新型换热器，结构紧凑，单位体积换热器的传热面积较大。

(3) 增大传热系数 K

$$\frac{1}{K_0} = \frac{d_0}{\alpha_i d_i} + R_{si}\frac{d_0}{d_i} + \frac{bd_0}{\lambda d_m} + R_{s0} + \frac{1}{\alpha_0}$$

1) 尽可能利用有相变的热载体（$\alpha_{相变} \gg \alpha_{无相变}$）增加 α 值；可使 K 值增加。

2) 用 λ 较大的热载体，可使 α 增加。

3) 在强度允许范围内，减小管壁厚度 b，使管壁导热热阻减小。

4) 换热器定期清洗，减小管壁两侧的污垢热阻。

5) 当两流体的 α 值相差较大时，设法提高较小一侧流体的 α 值。

可采取提高流体的流速，增加流体的扰动，在流体中加固体颗粒，改用短管换热器，定期清洗等具体措施来提高传热系数 K。

第二节 流体力学

课程简介

流体力学是建筑环境和设备以及建筑类有关学科中相近专业的一门主干专业基础课。它的主要任务是通过各个教学环节，运用各种教学手段和方法，使学生掌握流体运动的基本概念，基本原理和基本计算方法；培养学生分析问题和解决问题的能力和实验机能，为学习后继课程，从事工程技术工作、科学研究以及开拓新技术领域打下坚实的理论基础。

流体力学的主要内容有流体的主要物理性质、流体静力学、流体运动的基本概念、一元流体动力学基础、流体阻力和能量损失、气体射流、不可压缩流体动力学基础、边界层理论和绕流运动、可压缩气体动力学基础、量纲分析和相似理论等。

流体力学总学时为 72 学时，其中包括实验学时 6 学时。

先修课程：高等数学、工程力学。

一、概述

风是怎样形成的，河水为什么有时和缓有时湍急，庞然大物的飞机是如何如飞鸟一样翱翔蓝天的……自然界，生产、生活中，有很多看似简单，却不容易解释的现象。其实它们中很多要应用流体力学的知识来解释。而流体力学本身也是经过了漫长的发展、探索才形成了今天这样完善、严谨的体系。

流体在自然界中普遍存在着，流体是人类的永久伴侣，因而流体力学在人类的科技生产和日常生活中有着广泛的用途。尤其是在科学技术蓬勃发展的今天，流体力学与许多学科的相互渗透，相得益彰，给这门古老的学科不断注以新鲜血液，使它更富有青春活力。如今，流体力学既是一门基础理论性的学科，又是一门具有技术应用的学科。

1. 课程性质

流体力学是力学的一个重要分支，主要研究在各种力的作用下，流体本身的静止状态和运动状态，以及流体和固体壁面、流体和流体间、流体与其他运动形态之间的相互作用及其在工程技术中的应用。流体力学是长期以来人们在认识流体的过程中逐渐形成的一门学科，随着理工学科和流体工程学科相互推动而得到发展。流体力学是建筑环境与设备工程专业的主要专业基础课程之一，它的任务是使学生掌握工程流体力学的基本概念、基本原理和基本技能，并具有一定的分析、解决本专业中涉及流体力学问题的能力，为学习后续专业课程打好基础。针对建筑环境与设备工程专业，可以采用流体力学基本原理，分析掌握流体机械泵与风机的基本原理与设计、选型方法，为工程应用打下良好的基础。

流体力学中研究得最多的流体是水和空气。它的主要基础是牛顿运动定律和质量守恒定律，常常还要用到热力学知识，有时还用到宏观电动力学的基本定律、本构方程和物理学、化学的基础知识。

2. 学习思路

流体力学的先修课程是高等数学、大学物理和工程力学，流体力学的研究方法与理论力学、材料力学、弹性力学等有所不同，这个不同主要反映在用场论的观点处理力学问题上。我们原来是用拉格朗日观点看待事物的，即将物理参数（如速度、加速度、力等）作为某个质点的属性来进行研究，牛顿定律的叙述方式也是以这种观点进行叙述的。而流体力学中将物理参数（速度、压强、温度等）作为空间点的属性来进行研究，这是在学习中容易造成混乱的一个地方。另外，流体力学中针对不同问题采用了各种假设条件，提出各种简化理论来研究问题的方式可能也与我们习惯的从公理到定理的体系模式有所区别，这也是容易造成混乱的一个地方。所以学习流体力学首先要改变观念，其次要有比较强的建立物理模型和数学模型的能力，这样才能学好这门课。

二、流体的主要物理性质

1. 惯性

惯性是物体维持原有运动状态的能力。表征某一流体的惯性大小可用该流体的密度。质量是指物体所含物质的多少，流体的质量和固体的质量一样不随位置、形状、温度、状态等变化而变化。质量是物体反抗外力作用而维持其固有的运动状态的性质。

物体重力指物体所受的地球吸引力的大小。重力具有方向性，总是垂直地指向地心。密度和重度的概念不同。密度是相对质量而言的，而重度是相对重力而言的。二者的关系是：均质流体的重度等于其密度与重力加速度的乘积。质量和重力是两个完全不同的概念。单位体积所具有的质量称为密度，单位体积所具有的重力称为重力密度，简称重度。以上各个物理量之间关系如下：

质量：m，kg；

重力：$W=mg$，N；

密度：单位体积流体的质量，以 ρ 表示，单位：kg/m³。

$$\rho=\frac{m}{V}\quad(\text{均质流体})\tag{3.2-1}$$

重度：单位体积流体的重力，以 γ 表示，单位：N/m³。

$$\gamma=\frac{w}{V}=\rho g\tag{3.2-2}$$

相对密度：物体质量与同体积的 4℃ 的蒸馏水的质量之比，无量纲。

各点密度完全相同的流体称为匀质流体，否则称为非匀质流体。

2. 黏性

(1) 流体的黏性

流体的黏性是指流体在运动的状态下，流体内部质点间或层流间因相对运动产生内摩擦力，阻碍相对运动的性质。此内摩擦力称为黏性切应力。流体的黏度是由流动流体的内聚力和分子的动量交换所引起的。没有黏性的流体叫理想流体。不同种类的流体都有着不同的黏性，如水和油的黏性不同。流体的黏性受压力影响很小，受温度影响较大。

内摩擦力是由于流体变形（或不同层的相对运动）而引起的流体内质点间的反向作用力。

内摩擦切应力（黏性切应力）的表达形式如下：

$$\tau=\frac{P}{A}=\mu\frac{v}{h}\tag{3.2-3}$$

式中　τ——单位面积的内摩擦力，N/m²；

μ——动力黏性系数：又称绝对黏度、动力黏度、黏度，是反映流体黏滞性大小的系数，国际单位为 N·s/m²，或 Pa·s，工程单位可表示为 kgf·s/m²。

在工程中，μ/ρ 的比值经常用 ν 表示，称为运动黏性系数，又称相对黏度、运动黏度。国际单位为 m²/s，常用单位为 cm²/s。

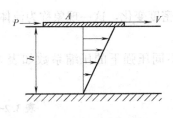

图 3.2-1　牛顿平板试验

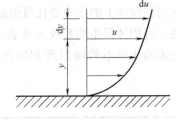

图 3.2-2　速度梯度

(2) 牛顿内摩擦定律

经过实验证明，液体运动时，相邻液层间所产生的切应力与剪切变形的速率成正比，这个规律即称为牛顿内摩擦定律（黏性定律）。

流体中速度为非线性分布时，有：

$$\tau = \mu \frac{du}{dy} \quad (N/m^2, Pa) \tag{3.2-4}$$

牛顿流体即为内摩擦力按黏性定律变化的流体，如空气和水等。非牛顿流体即为内摩擦力不按黏性定律变化的流体，如泥浆、污水、油漆和高分子溶液等。

流体黏度的数值随流体种类不同而不同，并随压强、温度变化而变化。黏度的影响因素主要有：

1) 流体种类。一般地，相同条件下，液体的黏度大于气体的黏度。

2) 压强。对常见的流体，如水、气体等，黏度随压强的变化不大，一般可忽略不计。

3) 温度。温度是影响黏度的主要因素。当温度升高时，液体的黏度减小，气体的黏度增加。

对于液体，内聚力是产生黏度的主要因素，当温度升高时，分子间距离增大，吸引力减小，因而使剪切变形速度所产生的切应力减小，所以黏度值减小。

对气体，气体分子间距离大，内聚力很小，所以黏度主要是由气体分子运动动量交换的结果所引起的。温度升高，分子运动加快，动量交换频繁，所以黏度值增大。

3. 压缩性和膨胀性

流体的压缩性是指当温度不变，流体所受的外界压强增大时，体积缩小的性质。流体的膨胀性则是指当外界压强不变，流体的温度升高时，体积增大的性质。流体中的液体与气体的压缩性和膨胀性差异很大。当外界压强变化或温度变化时，气体的体积都会有明显的改变，气体的密度和重度也有较大变化，表现出显著的压缩性和膨胀性。而液体的压缩性和膨胀性较小，通常水的这两种性质也很微小，工程中一般不考虑。但在某些特殊情况下，仍然应考虑水的压缩性和膨胀性。尤其是比较大的密闭容器内的液体，往往会由于体积的膨胀造成容器的破裂、泄漏，酿成安全事故。

(1) 液体的压缩性和膨胀性

可压缩性是流体受压时，体积缩小，密度增大，除去外力后能恢复原状的性质。可压缩性实际上是流体的弹性。膨胀性是热膨胀性的简称，是指流体在受热时，体积膨胀，密度减小，温度下降能恢复原状的性质。液体和气体的可压缩性和膨胀性有很大差别，下面分别说明。

1) 压缩系数

作用在流体上的压力变化可引起流体的体积变化或密度变化，这一现象称为流体的可压缩性，可用体积压缩系数 β_p 来表示，其单位是 m^2/N。

液体的压缩系数随温度和压强变化，水在 0℃，不同压强下的压缩系数如表 3.2-1 所示。

水的压缩系数 表 3.2-1

压强(at)	5	10	20	40	80
$\beta_p \times 10^9 (m^2/N)$	0.538	0.536	0.531	0.528	0.515

2) 弹性模量

压缩系数的倒数称为弹性模量，用来 E 表示，其单位是 N/m^2。水的 β_p 与 E 随温度和压强而变化，但变化甚微。工程上，水及其他液体一般视为不可压缩流体。现在对两者做以下说明：

①E越大，越不易压缩，当$E \rightarrow \infty$时，表示该流体绝对不可压缩；

②流体的种类不同，其β_p和E值不同；

③同一种流体的β_p和E值随温度、压强的变化而变化；

④在一定温度和中等压强下，水的压缩系数为1/2000，变化很小。

3）体积膨胀系数β_t

液体体积随温度升高而增大的性质称为膨胀性，用体积膨胀系数β_t表示。

液体的膨胀系数随压强和温度而变化，水在1标准大气压下，不同温度时的膨胀系数见表3.2-2。

水的膨胀系数　　　　　　　　　　　表3.2-2

温度(℃)	1~10	0~20	40~50	60~70	90~100
$\beta_t (10^4/℃)$	0.14	0.15	0.42	0.55	0.72

水的体膨胀系数，在常温常压下约为$1/10^5$，在液压封闭系统或热水采暖系统中，当工作温度变化较大时，需考虑体积膨胀对系统造成的影响。

（2）气体的压缩性和膨胀性

气体与液体不同，具有显著的压缩性及热膨胀性。温度与压强的变化对气体密度的影响很大。气体密度、压强和温度三者之间的关系，服从完全气体状态方程式，即：

$$p = \rho RT$$

气体密度随压强的增大而加大，随温度的升高而减少，称为可压缩流体。

工程上，当压强与温度的变化不大时可视为不可压缩流体。

根据流体受压体积缩小的性质，流体可分为可压缩流体和不可压缩流体。可压缩流体即为流体密度随压强变化不能忽略的流体（$\rho \neq$ Const）；不可压缩流体即为流体密度随压强变化很小，流体的密度可视为常数的流体（$\rho =$ Const）。现在对一些特殊场合做以下说明：

1）严格地说，不存在完全不可压缩的流体。

2）一般情况下的液体都可视为不可压缩流体（发生水击时除外）。

3）对于气体，当所受压强变化相对较小时，可视为不可压缩流体。

4）管路中压降较大时，应作为可压缩流体。

4. 表面张力

由于分子间凝聚力的作用，液体自由面都呈现出收缩的趋势。可以想象液体分界面是一层弹性薄膜，由于向内拉力在分界面上的分力作用，而使薄膜处于紧张状态，这个张力称为表面张力。表面张力的大小，以表面张力系数σ表示，它是指作用在单位长度上的力，单位为N/m。

气体与液体间，或互不掺混的液体间，在分界面附近的分子，都受到两种介质的分子力作用，这两种相邻介质的特性决定着分界面张力的大小及分界面的形状，如空气中的露珠、水中的气泡、水银表面的水银膜等。温度对水的表面张力有影响。当温度由20℃变化到100℃时，水的表面张力由0.073N/m变为0.05N/m。

液体与固体壁接触时，液体沿壁上升或下降的现象，称为毛细现象。液体能在细管中上升，是因为液体分子间的凝聚力小于其与管壁间的附着力，如水、油等能打湿管壁。液

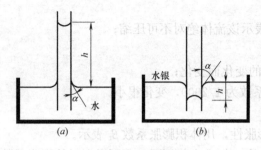

图 3.2-3　毛细现象

（a）水的毛细现象；（b）水银的毛细现象

面向上弯曲，表面张力拉液体上升，如图 3.2-3（a）所示玻璃细棒管竖立在水中；若液体分子间的凝聚力大于其与管壁间的附着力，如水银不能打湿管壁，液面向下弯曲，表面张力拉液体下降，如图 3.2-3（b）所示玻璃细棒管竖立在水银中。温度升高时，液体的表面张力减小。

三、流体静压强及其分布规律

1. 流体静压强

若流体微元面积为 ΔA，所受作用力为 ΔP，则流体静压强即为：

$$P = \lim_{\Delta A \to 0} \frac{\Delta P}{\Delta A} = \frac{dP}{dA} \quad （N/m^2 或 Pa）$$

2. 流体静压强的特性

（1）方向

流体静压强的方向必然重合于受力面的内法线方向。

流体具有易流动性，不能承受拉应力、切应力。

（2）大小

平衡流体中，沿各个方向作用于同一点的静压强的大小相等，与作用方向无关。

3. 静止液体中静压强的分布规律

重力作用下静止流体质量力：$X = Y = 0$，$Z = -g$

代入：$dp = \rho(Xdx + Ydy + Zdz)$（压强 p 的全微分方程）得：

$$dp = \rho(-g)dz = -\gamma dz$$

积分得：$p = -\gamma z + c$

即：$z + \dfrac{p}{\gamma} =$ 常数，该方程即为流体静力学基本方程。

对1、2两点，流体静力学方程为：

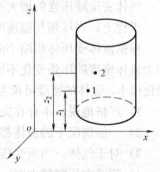

图 3.2-4　流体静压强示意图

$$z_1 + \frac{p_1}{\gamma} = z_2 + \frac{p_2}{\gamma} \qquad (3.2-5)$$

结论如下：

（1）仅在重力作用下，静止流体中某一点的静水压强随深度按线性规律增加。

（2）自由表面下深度 h 相等的各点压强均相等——只有重力作用下的同一连续连通的静止流体的等压面是水平面。

（3）推广：已知某点的压强和两点间的深度差，即可求另外一点的压强值：$p_2 = p_1 + \gamma \Delta h$。

（4）仅在重力作用下，静止流体中某一点的静水压强等于表面压强加上流体的密度与该点淹没深度的乘积。

四、一元流体动力学基础

无论在自然界或工程实际中，流体的静止总是相对的，运动才是绝对的。流体的最基本特征就是它的流动性。流体动力学研究的主要问题是流速和压强在空间的分布。两者之中，流速更加重要。因此流体动力学的基本问题就是流速问题。有关流动的一系列概念和分类，也都是围绕流速而提出的。

1. 研究流体运动的两种方法

(1) 拉格朗日法

研究流体的运动存在两种方法，一种是承袭固体力学的方法，把流场中的流体看作是无数连续的质点组成的质点系，如果能对每一质点的运动进行描述，那么整个流动就被完全确定了。

拉格朗日法的基本特点是追踪流体质点的运动，它的优点就是可以直接运用理论力学中早已建立的质点或质点系动力学来进行分析。但是这样的描述方法过于复杂，实际上难于实现。而绝大多数的工程问题并不要求追踪质点的来龙去脉，只要着眼于流场的各固定点、固定断面或固定空间的流动。例如，打开水龙头，水从管中流出；打开窗户，风从窗户流入，开动风机，风从工作区抽出。我们并不追踪各个质点的前前后后，也不探求空气中各个质点的来龙去脉，而是要知道，水从管中以怎样的速度流出；风经过门窗以怎样的速度流入；风机抽风，工作区间风速如何分布。也就是要知道一定地点、一定断面或一定空间的流动状况。而不需要了解某一质点、某一流体集团的全部流动过程。

(2) 欧拉法

按照这个观点，我们可以用"流速场"这个概念来描述流体的运动。它表示流速在流场中的分布和随时间的变化，也就是要把流速 u 在各个坐标轴上的投影 u_x、u_y、u_z 表示为 x、y、z、t 四个变量的函数，即：

$$u_x = u_x(x,y,z,t)$$
$$u_y = u_y(x,y,z,t)$$
$$u_z = u_z(x,y,z,t)$$

这样通过描述物理量在空间的分布来研究流体运动的方法称为欧拉法。

欧拉法是以流体质点流经流场中各空间点的运动，即以流场作为描述对象研究流动的方法，也称流场法。它是以 x、y、z 为变量，以固定空间点为对象，通过观察在流动空间中的每一个空间点上运动要素随时间的变化，把足够多的空间点综合起来而得出的整个流体的运动情况。只要是对流动的描述是以固定空间、固定断面或固定点为对象，就应采用欧拉法，而不是拉格朗日法。

2. 恒定流动与非恒定流动

当用欧拉法来观察流场中各固定点、固定断面或固定空间流动的全过程时，可以看出，流速经常要经历若干阶段的变化：打开龙头，破坏了静止水体的重力和压力平衡，在打开的过程以及打开以后的短暂时间内，水从喷口流出。喷口处流速从零迅速增加，达到某一流速后，即维持不变。这样，流体从静止平衡，通过短时间的运动不平衡，达到新的运动平衡，出现三个阶段性质不同的过程。运动不平衡的流动，在流场中各点流速随时间变化，各点压强、黏性力和惯性力也随着速度的变化而变化。这种流速等物理量的空间分布与时间无关的流动称为恒定流动。恒定流动中过流场的某固定点所作的流线，不随时间而改变，即流线与迹线重合。

非恒定流动是指流体质点的运动要素，既是坐标的函数，又是时间的函数。质点的速

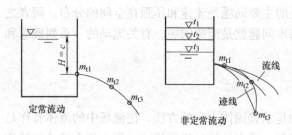

图 3.2-5　恒定流和非恒定流示意图

度、压强、加速度中至少有一个随时间而变化，迹线与流线不一定重合。例如室内空气在打开窗门和关闭窗门瞬间的流动；管道在开闭瞬间所产生的压力波动都是非恒定流动，详见图 3.2-5。

3. 流线和迹线

在采用欧拉法来描述流体运动时，为了反映流场中的流速，分析流场中的运动，常用形象化的方法直接在流场中绘出反映流动方向的一系列线条，这就是流线。在某一时刻，各点的切线方向与通过该点的流体质点的流速方向重合的空间曲线称为流线。而同一质点在各不同时刻所占有的空间位置连成的空间曲线称为迹线。流线是欧拉法对流动的描述，迹线是拉格朗日法对流动的描述。

流线不能相交（驻点除外），也不能是折线，因为流场中任一固定点在同一瞬间只能有一个速度向量，流线只能是一条光滑的曲线或直线。

在恒定流中，流线与迹线是完全重合的。在非恒定流中，流线与迹线是不重合的。因此只有在恒定流中，才能用迹线代替流线。

4. 一元流动模型

用欧拉法来描述流动，虽然经过恒定流假设的简化，减少了时间变量，但还存在着 x、y、x 三个变量，是三元流动，问题仍然非常复杂。因此我们可以把某些流动简化为一元流动。

在流场内，取任意封闭的曲线，在此曲线上全部点做流线，这些流线组成的管状流面，称为流管。流管以内的流体称为流束。垂直于流束的断面，称为流束的过流断面。当流束的过流断面无限小时，这根流束就称为元流。元流的边界由流线组成，因此外部流体不能流入，内部流体不能流出。元流断面既然为无限小，断面上流速和压强就可认为是均匀分布的，任一点的流速和压强代表了全部断面的相应值，三个变量就变为一个变量，三元问题简化为一元问题。

五、流动阻力与能量损失

1. 能量损失（流动阻力）的两种形式

（1）局部阻力和沿程阻力

管路系统主要由直管和管件组成。管件包括弯头、三通、短管、阀门等。无论直管还是管件都对流动有一定的阻力，消耗一定的机械能。直管造成的机械能损失称为直管阻力损失（或称沿程阻力损失），是由于流体内摩擦而产生的。管件造成的机械能损失称为局部阻力损失，主要是流体流经管件、阀门及管截面的突然扩大或缩小等局部地方所引起的。在运用伯努利方程时，应先分别计算直管阻力和局部阻力损失的数值，然后进行叠加。

能量方程式中的 $\sum h_\mathrm{w}$ 是指所研究管路系统的总能量损失（或称阻力损失），它既包括系统中各段直管阻力损失 h_f，也包括系统中各种局部阻力损失 h_j，即：

$$\sum h_\mathrm{w}=h_\mathrm{f}+h_j \tag{3.2-6}$$

1) 沿程阻力

在均匀流动中，流体所承受的阻力只有沿程不变的切应力（或摩擦阻力），该阻力称为沿程阻力。沿程损失 h_f 即为由沿程阻力作功而引起的能量损失或水头损失。

2）局部阻力

因固体边界急剧改变而引起速度分布的变化，从而产生的阻力称为局部阻力。局部损失 h_j 即为由局部阻力作功而引起的水头损失。

流体的衡算基准不同，能量方程式可写成不同的形式，因此，能量损失一项也可用不同的方法表示。

$\sum h_w$ 是指单位质量流体流动时所损失的机械能，单位为 J/kg；

$\sum h_w/g$ 是指单位重量流体流动时所损失的机械能，单位为 J/N=m；

$\rho\sum h_w$ 是指单位体积流体流动时所损失的机械能，以 Δp_w 表示，即 $\Delta p_w = \rho\sum h_w$，$\Delta p_w$ 的单位为 $J/m^3 = Pa$。

由于 Δp_w 的单位可简化为压强的单位，故常称 Δp_w 为流动阻力引起的压强降。

（2）计算公式

1）沿程阻力

$$h_f = \lambda \frac{l}{d} \cdot \frac{v^2}{2g} \qquad (3.2\text{-}7)$$

2）局部阻力

$$h_j = \zeta \cdot \frac{v^2}{2g} \qquad (3.2\text{-}8)$$

式中　l——管长，m；

　　　d——管径，m；

　　　v——速度，m/s；

　　　g——重力加速度，m/s^2；

　　　λ——沿程阻力系数；

　　　ζ——局部阻力系数。

（3）Δp 与 Δp_w 的关系

Δp 与 Δp_w 是两个截然不同的概念。由前述可知，有外功加入的实际流体的能量方程式为：

$$g\Delta Z + \Delta\frac{u^2}{2} + \Delta\frac{p}{\rho} = W_e - \sum h_w \qquad (3.2\text{-}9)$$

上式各项乘以流体密度 ρ，整理得：

$$\Delta p = p_2 - p_1 = \rho W_e - \rho g\Delta Z - \rho\Delta\frac{u^2}{2} - \rho\sum h_w \qquad (3.2\text{-}10)$$

Δp_w 表示 $1m^3$ 流体在系统中仅仅由于流动阻力所消耗的能量。而 Δp 是由多方面因素而引起的。一般情况下 Δp 与 Δp_w 在数值上不相等，只有当流体在一段既无外功加入、直径又相同的水平管内流动时，二者才能在绝对数值上相等。

2. 流动的两种形态——层流和紊流

19 世纪初人们就已经发现圆管中液流的水头损失和流速有一定关系。在流速很小的情况下，水头损失和流速的一次方成正比，在流速较大的情况下，水头损失则和流速的二次方或接近二次方成正比。直到 1883 年，由英国物理学家雷诺（Osborne Reynolds）的试验研究，证明并解决了流动形态的判断方法，才使人们认识到水头损失与流速间的关系之所以不同，是因为液体运动存在着两种形态：层流和紊流。不同的水流形态下，水流的运动方式，断面流速分布规律，水头损失各不相同。

图 3.2-6 为雷诺实验装置示意图。水箱装有溢流装置，以维持水位恒定，箱中有一水平玻璃直管，其出口处有一阀门用以调节流量。水箱上方装有带颜色的小瓶，有色液体经细管注入玻璃管内。

实验表明，流体在管道中流动存在两种截然不同的流型。

层流（或滞流），如图 3.2-7 (a) 所示，流体质点仅沿着与管轴平行的方向作直线运动，质点无径向脉动，质点之间互不混合；湍流（或紊流），如图 3.2-7 (b) 所示，流体质点除了沿管轴方向向前流动外，还有径向脉动，各质点的速度在大小和方向上都随时变化，质点互相碰撞和混合。

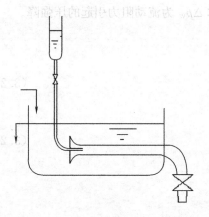

图 3.2-6 雷诺实验装置示意图

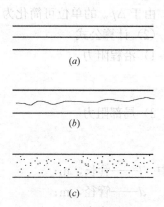

图 3.2-7 流体流动形态示意图
(a) 层流；(b) 湍流；(c) 过渡区

流体的流动类型可用雷诺数 $Re=\dfrac{d\rho u}{\mu}$ 判断。Re 是一个无因次的数群。雷诺数反映了流体流动中惯性力与黏性力的对比关系，标识流体流动的湍动程度。其值越大，流体的湍动越剧烈，内摩擦力也越大。

大量的实验结果表明，流体在直管内流动时，

当 $Re \leqslant 2000$ 时，流动为层流，此区称为层流区；

当 $Re \geqslant 4000$ 时，一般出现湍流，此区称为湍流区；

当 $2000 < Re < 4000$ 时，流动可能是层流，也可能是湍流，与外界干扰有关，该区称为不稳定的过渡区。

第三节 工程热力学

课程简介

工程热力学是研究物质的热力性质、热能与其他能量之间相互转换的一门工程基础理论学科，是建筑环境与设备专业的主要专业基础课之一。主要用于提高学生热工基础理论水平，培养学生具备分析和处理热工问题的抽象能力和逻辑思维能力。为学生今后的专业

学习储备必要的基础知识，同时训练学生在实际工程中理论联系实际的能力。

本课程的主要内容有热力学的基本概念、理想气体的基本性质、热力学第一定律、热力学第二定律、水蒸气的物理性质、湿空气的物理性质、动力循环和制冷循环等。

工程热力学总学时为 64 学时，其中实验 4 学时。

先修课程： 高等数学、大学物理、理论力学、材料力学等。

一、工程热力学主要内容及研究方法

工程热力学是热力学在工程领域的分支，是研究能量（特别是热能）的性质及其转换规律的科学，所以热力学引用的概念常与能量及其转换有关。能量和物质不可分割，能量的转换有赖于物质状态的改变，而且能量具有数量和质量的双重属性。因此，热力学中引入了与物质有关的概念，如理想气体、实际气体和蒸汽等；与描写状态和过程有关的概念，如平衡态、可逆过程等；又有熵、热能与机械能、热量与功量等对应的概念。另外，工程热力学是一门应用科学，围绕工程应用还引进表征能量利用经济性的概念，如热效率、㶲效率等。热力学中的概念有些是建立热力学基本理论必不可少的，例如温度、平衡态、可逆过程、能量、熵、热量与功等，称为基本概念。基本概念中，温度是为研究热现象引进的物理量，平衡态与可逆过程是经典热力学的研究前提，因此这三个基本概念尤其重要。

热力学有两种研究方法：一种是宏观方法，即经典热力学方法；另一种是微观方法，即统计热力学方法。宏观方法的特点是把物质看作是连续的整体，从宏观现象出发，对热现象进行直接观察和实验，从而总结出自然界的一些普遍的基本规律，这些规律就是热力学第一定律和热力学第二定律。宏观方法所得的结论是人类通过长期观察自然界的经验总结，它的正确性被无数经验所证明。但宏观方法也有不足之处，宏观方法无法解释热现象的本质，不能解释微观物质结构中个别分子的个别行为，也不能预测物质的具体特性。微观方法的特点是从物质内部微观结构出发，借助物质的原子模型及描述物质微观行为的量子力学，利用统计方法去研究大量随机运动的粒子，从而得到物质的统计平均性质，并得出热现象的基本规律。微观方法要以复杂的数学为工具，其结论又不及宏观方法的可靠，因而在应用上受到一定的限制。

二、热力学基本概念

1. 热力系统

选取热力系统是热力学分析方法中的首要步骤，选定了热力系统就明确了研究对象所包含的范围和内容，同时也清晰地显示出它与周围事物的相互关系，便于针对热力系统建立定性和定量的关系。

（1）系统、边界与外界

1）系统

为了便于研究与分析问题，将所要研究的对象与周围环境分隔开来，这种人为分隔出来的研究对象，称为热力系统，简称系统。如图 3.3-1 所示，气缸中虚线包围的气体就是研究对象，则气体便是热力系统。

2）边界

分隔系统与外界的分界面，称为边界，其作用是确定研究对象，将系统与外界分隔开

来。系统的边界可以是实际存在的，也可以是假想的；可以是固定不变的，也可以是运动的或可变形的。图 3.3-1 中的边界就是气缸壁及活塞端部表面等实物界面相一致的实际边界。又如图 3.3-2，一个流动工质的边界就是一个实际不存在而假想的边界。

图 3.3-1　热力系统　　　　　　　　　　图 3.3-2　假想边界

3) 外界

边界以外与系统相互作用的物体，称为外界或环境。系统与外界相互作用通常有 3 种形式，即功、热和物质的交换，于是可以设想外界存在能够分别接受或给予系统热量、功量和质量的热力源或物体。如系统的外界是大气环境，则可看作是热容量为无限大的热源（或冷源）和质量为无限大的质源。

（2）系统分类

在热力系统过程中，系统与外界之间通过边界可以有能量的传递（例如功或热量），也可以有物质的流入或流出。

1) 闭口系统：没有物质穿过边界的系统称为闭口系统，有时又称为控制质量系统。闭口系统的质量保持恒定，取系统时应把所研究的物质都包括在边界内。

2) 开口系统：有物质流穿过边界的系统称为开口系统。取系统时只需把所要研究的空间范围用边界与外界分隔开来，故又称开口系统为控制体积，简称控制体，其界面称为控制界面。热力工程中遇到的开口系统多数都有确定的空间界面，界面上可以有一股或多股工质流过。

3) 绝热系统：系统与外界之间没有热量传递的系统，称为绝热系统。事实上，自然界不存在完全隔热的材料，因此，绝热系统只是当系统与外界传递的热量小到可以忽略不计时的一种简化模式。热力工程中有很多系统，如汽轮机、喷管等都可当作绝热系统来分析。

4) 孤立系统：系统与外界之间不发生任何能量传递和物质交换的系统，称为孤立系统。当然，自然界中各种事物之间或多或少都要发生一定的联系，绝对孤立的东西是不能存在的。

闭口系统与开口系统都可能通过边界与外界发生能量（功和热）的传递。绝热系统与孤立系统虽然都是抽象的概念，但它们常能表达事物基本的、主要的一面，反映客观事物的本质，与实际事物有很大程度的近似性。

2. 工质的状态与状态参数

（1）热力状态

系统与外界之间能够进行能量交换（传热或做功）的根本原因，在于两者之间的热力状态存在差异。例如锅炉中热量传递是由于燃料燃烧生成的高温烟气与汽锅内汽水之间存在温度差异;又如热力发动机中能量的转换是由于热力发动机中的高温高压工质与外界环境温度、压力有很大的差别。这种温度、压力上的差异,标志着工质物理特性数值的不同。把系统中某瞬间表现的工质热力性质的总状况称为工质的热力状态,简称为状态。把描述工质状态特性的各种物理量称为工质的状态参数。工质状态变化时,初、终状态的变化值,仅与初、终状态有关,而与状态变化的途径无关。热力学中状态参数主要有温度、压力、比容或密度、内能、焓、熵、㶲、自由能、自由焓等。其中温度、压力、比容或密度可以直接或间接地用仪表测试出来,称为基本状态参数。

(2) 状态参数

描述系统状态特性的各种状态参数,按其与物理量的关系可分为两类,即强度性参数和广延性参数。温度、压力等强度性参数在系统中单元体的参数值与这个系统的参数值相同,与质量多少无关,没有可加性。当强度参数不等时,便会发生能量的传递。

广延性参数有系统的容积、内能、焓和熵等。整个系统的广延性参数等于系统中各单元体广延性参数之和。它们与系统中质量多少有关,具有可加性。在热力过程中,广延性参数的变化起着类似力学位移中的作用,称为广位位移。如传递热力必然引起系统熵的变化。

1) 温度

众所周知,两个冷热状况不同的物体相互作用,冷的物体要变热,热的物体要变冷。经过相当长的时间,在没有其他外来影响的情况下,两物体最终达到相同的冷热状况,即所谓热平衡状态。实践证明,如图 3.3-3 所示,A,B 两物体如分别与另一个物体 C 处于热平衡,则 A,B 物体间也处于热平衡,这一规律称为热力学第零定律。

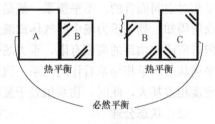

图 3.3-3 热力学第零定律

温度的微观概念表示物质内部大量分子热运动的强烈程度。物体的温度是用以判别它与其他物体是否处于热平衡状态的参数。

温度的数值标尺,简称温标。任何温标都要规定基本定点和每一度的数值。国际单位制(SI)规定热力学温标,符号用 T,单位代号为 K,中文代号为开。热力学温标规定纯水三相点温度(即水的汽、液、固三相平衡共存时的温度)为基本定点,并指定为 273.16K,每 1K 为水三相点温度的 1/273.16。

SI 还规定摄氏温标为实用温标,符号用 t,单位为摄氏度,代号为℃。摄氏温标的 1℃与热力学温标的每 1K 相同,它的定义式为:

$$t = T - 273.15 \tag{3.3-1}$$

式中 273.15 的值是按国际计量会议规定的。可见摄氏温度与热力学温度差值为 273.15K,当 $t=0$℃时,$T=273.15K$。两种温标换算,在工程上采用下式足够准确。

$$T = 273 + t$$

2) 压力

取一个充满气体的容器作为系统,其中气体分子总是不停地作不规则运动,这种不规则运动不但使气体分子之间不间断地相互碰撞,同时也使气体分子不间断和容器壁碰撞,大量分子碰撞的结果，就形成了气体对容器壁的压力。通常用垂直作用于器壁单位面积的力来表示压力的大小，这种压力称为气体的绝对压力。

工程上常用测压仪表测定系统中的工质压力，压力计所指示的压力是气体的绝对压力和外界大气压力的差值，称为相对压力。由于大气压力随着地理位置及气候条件等因素变化，因此绝对压力相同的工质，在不同的大气压力下，压力表所指示的相对压力并不同。在本课程中，如不特殊注明是相对压力都应理解为绝对压力，绝对压力才是状态参数。

3）比容和密度

工质所占有的空间称为容积，单位质量所占有的容积称为工质的比容，单位容积工质所具有的质量成为工质的密度，二者互为倒数。

3. 平衡状态、状态公理及状态方程

（1）平衡状态

在不受外界影响的条件下（重力场除外），如果系统的状态参数不随时间变化，则该系统处于平衡状态。如果有化学反应的系统，还应考虑化学平衡。总之，欲使系统达到热力平衡，系统内部及相联系的外界，起推动作用的强度性参数，如温度、压力等都必须相等，否则在某种势差作用下平衡将被破坏。显然，完全不受外界影响的系统是不存在的，因此，平衡状态只是一个理想的概念。对于偏离平衡状态不远的实际状态按平衡状态处理将使分析计算大为简化。

另外，平衡和均匀是两种不同性质的概念。处于平衡状态物系的状态不随时间改变，平衡和时间的概念联系在一起。而均匀则指物系内部空间各点的状态参数均匀一致，均匀是相对空间而言的。不平衡系一般是不均匀系，但处于平衡态的物体未必一定是均匀的。众所周知，处于重力场中的气体或液体平衡时上部和下部的密度不同，不能成为均匀系。但若所研究物系的高度有限，重力场对气体密度的影响甚微，可以忽略不计，从而把处于平衡状态的单相物系看作均匀系。汽液两相平衡的物系，即使略去重力场的影响，两相的密度相差甚大，此时，物系虽处于复相平衡状态，但不能看作均匀系。

（2）状态公理

描述系统特性的参数有许多，它们之间有内在的联系，当某些参数确定后，系统平衡状态便完全确定，所以其他状态参数也随之有确定的值。也就是说，在这一限定条件下，系统只有一个独立参数，当这个独立参数确定后，系统平衡状态便完全确定了，所有其他参数也随之有了确定的值。实践经验表明，对于纯物质系统，与外界发生任何一种形式的能量传递都会引起系统状态的变化，且各种能量传递形式可单独进行，也可同时进行，于是归纳出一条状态公理，即：

$$独立参数数目 N = 不平衡势差数 = 能量转换方式的数目$$
$$= 各种功的方式 + 热量 = n + 1 \qquad (3.3\text{-}2)$$

式中 n 表示传递可逆功的形式，如容积变化功、电功、拉伸功、表面张力功等，而加 1 表示能量传递中的热量传递。

（3）状态方程

根据状态公理，纯物质可压缩系统的 3 个基本状态参数有如下函数关系：

$$p = f_1(T, v)$$
$$T = f_2(p, v)$$

$$v = f_3(p, T)$$

以上三式建立了温度、压力、比容这三个基本状态参数之间的函数关系，称为状态方程。它们也可合并写成如下的隐函数形式：

$$F(p, v, T) = 0$$

既然简单可压缩系统的平衡状态可由任意两个独立参数确定，因此，人们常采用由两个参数构成的平面坐标系来描述工质的状态和分析状态变化过程。

4. 准平衡过程与可逆过程

系统与外界在传递能量的同时，系统工质的热力性质必将发生变化。我们把工质从某一状态过渡到另一状态所经历的全部状态变化称为热力过程。实际热力过程是在势差推动下进行的，且工质流动及机械运动存在摩擦阻力等影响，过程非常复杂，给热工过程分析计算带来很大困难。为了简化计算，在引用平衡概念的基础上，将热力过程理想化为准平衡过程和可逆过程。

（1）准平衡过程（准静态过程）

考察系统内部状态变化过程，发现系统内、外都有引起系统状态变化的某种势差，如温差、压差等。所以系统内部变化难免偏离平衡状态，如系统吸热时靠近热源界面的温度高于系统其他部位的温度。系统内外势差越大，过程进行越快，则系统偏离平衡状态也越大。无论是温差或压差在系统内部都有做功的能力，但是系统内部的这种不平衡势差在系统向新的平衡过渡时，并不能对外做功，而是成为一种损失，称为非平衡损失。然而这种损失很难定量计算，而且对于非平衡状态，也无法用少数几个状态参数来描述，因此理论研究可以设想一种过程，这种过程进行得非常缓慢，使过程中系统内部被破坏了的平衡有足够的时间恢复到新的平衡状态，从而使过程的每一瞬间系统内部的状态都非常接近平衡状态，于是整个过程就可看作是一系列非常接近平衡状态的状态所组成，并称之为准静态过程。

准静态过程是理想化了的实际过程，是实际过程进行得非常缓慢时的一个极限，实际过程都不是平衡状态的连续过渡，但在通常情况下可以近似地当作准静态过程来处理。由于气体分子运动的速度极大，例如在 0℃ 时，H_2 分子的均方根平移运动速度达 1838m/s，N_2 分子达 493m/s，O_2 分子达 461m/s，在气体内部压力的传播速度也是非常大的，通常达每秒几百米。而活塞移动速度则通常不足 10m/s。因而工程中的许多热力过程，虽然凭人们的主观标准看来似乎很迅速，但实际上按热力学的时间标尺来衡量，过程的变化还是比较慢的，并不会出现明显的偏离平衡态。即使在高速汽油机气缸内进行的热力过程，也完全可以按准静态过程来进行分析，而过程中偏离平衡的影响并非十分显著。

（2）可逆过程

当工质完成了某一过程之后，如果有可能使它沿相同的路径逆行而恢复到原来状态，并使相互作用中所涉及的外界亦恢复到原来状态，而不留下任何改变，则这一过程叫作可逆过程。不满足上述条件的过程为不可逆过程。

在分析系统与外界传递能量的实际效果时，只考察内部能量变化过程是不够的，因为在能量的传递过程中设备的机械运动和工质的黏性都存在摩擦阻力，将使一部分可用功转变为热，虽然能量的总和没有变化，但可用功却减少了，转变成了低品位的热能，这种由功转变为热的现象称为耗散损失。这部分损失在实际计算中也很难确定，因此理论分析可以设想一个完全没有热力学损失的理想热力过程（即可逆过程）作为模式进行研究。

总之，一个可逆过程必然是准静态过程，而准静态过程未必是可逆过程，它只是可逆过程的条件之一。

实际热力设备中所进行的一切热力过程，或多或少地存在着各种不可逆因素，因此实际过程都是不可逆的。可逆过程是不引起任何热力学损失的理想过程。研究热力过程就是要尽量设法减少不可逆因素，使其尽可能地接近可逆过程。可逆过程是一切实际过程的理想极限，是一切热力设备内过程力求接近的目标。研究可逆过程在理论上有着十分重要的意义。

5. 热力循环

要使工质连续不断地做功，单有一个膨胀过程是不可能的，当它与环境压力达到平衡时，便不能再继续膨胀做功了。为了使工质能够周而复始地作功，就必须使膨胀后的工质恢复到初始状态，如此反复地循环。把工质从某一初态开始，经历一系列变化，最后又恢复到初始状态的全部过程称为热力循环，简称循环。

(1) 正循环

循环分为正循环和逆循环。正循环中热转换为功的经济性指标用循环效率表示：

$$循环效率 = \frac{循环中转换为功的热量}{工质从热源吸收的总热量} \tag{3.3-3}$$

从上式可以得出：循环的热效率总是小于 1。从热源得到的热量只能有一部分变为净功，在这一部分热能转化为功的同时，比如有一部分热量流向冷源，如果没有这部分热量流向冷源，热量是不可能持续不断地转变为功的。

(2) 逆循环

热力循环按逆时针方向进行时，就成了逆循环。逆循环需要消耗功。工程上逆循环有两种用途，如以获得制冷量为目的，就称为制冷循环，这时制冷工质从冷源吸取热量，达到制冷的目的；如以获得热量为目的，则称为热泵循环，这时工质将从冷源吸收的热量与循环中消耗的净功一并向温度较高的供热系统供给热量。

逆循环的经济指标用制冷系数和供热系数来表示。制冷系数可能大于、等于或小于 1，但供热系数总是大于 1。

三、热力学第一定律

能量守恒与转换定律是自然界的基本规律之一。它指出：自然界中的一切物质都具有能量，能量不可能被创造，也不可能被消灭；但能量可以从一种形态转换为另一种形态，且在能量的转化过程中能量的总量保持不变。热力学第一定律是能量守恒与转换定律在热现象中的应用，它确定了热力过程中热力系与外界进行能量交换时，各种形态的能量在数量上的守恒关系。热力学第一定律是进行热力分析、建立能量平衡方程的理论依据，奠定了能量在数量上分析计算的基础。

1. 基本概念

能量是物质运动的度量，运动有各种不同的形态，相应地就有各种不同的能量。系统储存能分为两部分：一部分取决于系统本身（内部）形态，它与系统内工质的分子结构及微观运动形式有关，统称为内能；另一部分取决于系统工质与外力场的相互作用（如重力位能）及以外界为参考坐标的系统宏观运动所具有的能量（宏观动能），这两种统称为外储存能。

（1）内能

内能是气体内部所具有的分子动能与分子位能的总和，通常用 U 表示 m kg 质量气体的内能，单位是 J，用 u 表示 1kg 质量气体的内能，单位是 J/kg。

对于理想气体，内能只是温度的单值函数，即：

$$u = f(T)$$

（2）外储存能

若工质的质量为 m，速度为 c，在重力场中的高度为 z，则重力位能为：

$$E_p = mgz$$

宏观动能

$$E_k = \frac{1}{2}mc^2$$

c、z 是力学参数，处于同一热力状态的物体可以有不同的 c、z。因此 c、z 是独立于热力系统内部状态的外参数，系统的重力位能和宏观动能又称为外储存能。

（3）总能

系统的总储存能 E 为内能与外储存能之和。

$$E = U + E_k + E_p \tag{3.3-4}$$

或

$$E = U + \frac{1}{2}mc^2 + mgz \tag{3.3-5}$$

对于 1kg 工质的总能，即比总能 e，可写为：

$$e = u + \frac{1}{2}c^2 + gz \tag{3.3-6}$$

2. 焓及其物理意义

在有关热工计算中常有 $U + pV$ 出现，为了简化公式和简化计算，把它定义为焓，用符号 H 表示，即：

$$H = U + pV \tag{3.3-7}$$

1kg 工质的焓称为比焓，用 h 表示，即：

$$h = u + pv$$

式（3.3-7）就是焓的定义。从式中可以看出，焓的单位是 J，比焓的单位是 J/kg。从上式还可以看出，焓是一个状态参数。在任一平衡状态下，u、p 和 v 都有一定的值，因而焓 h 也有一定的值，而与达到这一状态的路径无关。焓在热力工程中是一个重要而常用的状态参数，它的引入对热工问题的分析和计算带来很大的便利。

焓的物理意义：对于流动工质，焓＝内能＋流动功，即焓具有能量意义，它表示流动工质向流动前方传递的总能量中取决于热力状态的那部分能量。如果工质的动能和位能可以忽略，则焓代表随流动工质传递的总能量。对于不流动工质，因 pv 不是流动功，焓只是一个复合状态参数，没有明确的物理意义。

3. 闭口系统能量方程

闭口系统与外界没有物质交换，传递的能量只有热量和功量两种形式。对闭口系统涉及的许多热力过程而言，系统储存能中的宏观动能和重力位能均不发生变化，因此，热力过程中系统总储存能的变化，等于系统内能的变化。即：

$$\Delta E = \Delta U = U_2 - U_1$$

如图 3.3-4 所示，取气缸中工质为系统。在热力过程中系统从外界热源取得热量 Q；对外界作膨胀功 W；系统储存能变化为 ΔU。根据热力学第一定律建立能量方程：

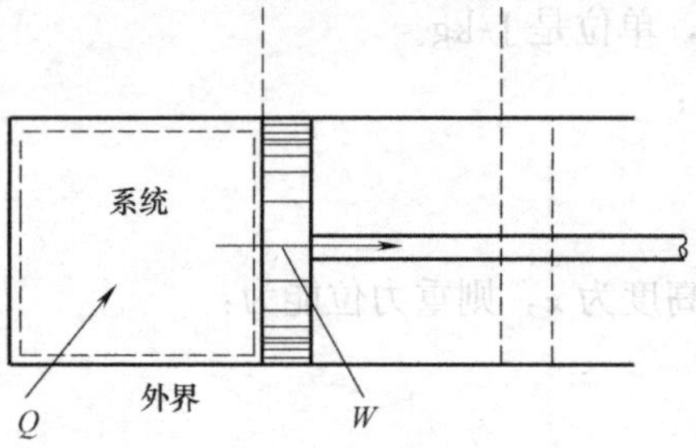

$$Q - W = \Delta U$$

或写成
$$Q = \Delta U + W \qquad (3.3-8)$$

图 3.3-4 闭口系统的能量转换

上式是闭口系统能量方程的表达式。表示加给系统一定量的热量，一部分用于改变系统的内能，一部分用于对外作膨胀功（热转化为功）。能量方程表达式是代数方程，如果是外界对系统做功，或系统对外放热，系统内能减少，则方程式各项为负值。由于能量方程是直接根据能量守恒原理建立起来的，因此，能量方程适用于闭口系统任何工质的各种热力过程，无论过程可逆还是不可逆。

四、热力学第二定律

热力学第一定律揭示了能量转换与传递过程中能量守恒的客观规律。然而该定律有两方面问题没有涉及，其一，热力学第一定律强调的是能量在数量上的守恒，没有考虑到不同类型能量在作功能力上的差别，例如，同样数量的机械能与热量其价值并不相等，机械能具有直接可用性，可以无条件地转化为热能（属于优质能），而热能必须在补充条件下才可能部分转化为机械能（属低质能）。不同质的机械能与热能直接相加，严格说来并不合理。其二，热力学第一定律不能判断传热过程的方向性，例如一块烧红的铁板，在空气中自然冷却，经过一段时间后，铁板与空气达到了热平衡，但是，反过来，铁板不可能自动从空气中获得散失在空气中的热量自身重新热起来（虽然这并不违反热力学第一定律）。事实表明，任何热力过程都有方向性——可以自发进行的热力过程，而其反方向过程则不能自发进行。人们从无数实践中总结出了热力学第二定律，该定律揭示了能量在转换与传递过程中具有方向性及能质不守恒的客观规律。所有热力过程都必须同时遵守热力学第一定律和热力学第二定律。

1. 热力学第二定律的表述及实质

（1）热力过程的方向性

热力过程归纳起来可以分为两大类：一类是不需要任何附加条件就可以自然进行的过程，称为自发过程，例如，热量自高温物体传给低温物体；机械运动摩擦生热；高压气体膨胀为低压气体；两种不同种类或不同状态的气体放在一起相互扩散混合；电流通过导线时发热；燃料的燃烧等都属于自发过程。显然这些过程都具有一定方向性，它们的反向过程是不可能自发进行，因此自发过程都是不可逆过程。自发过程的反向过程为非自发过程，它们必须要有附加条件才能进行，例如，热力循环中，热能转换为机械能；气体由低压转变为高压；混合气体的分离等。无论是自发过程还是非自发过程，都是不可逆过程。可逆过程只是一种理想化的概念，是为了便于实际计算过程的分析计算而引入的概念。

（2）热力学第二定律的实质

热力过程具有方向性这一客观规律，归根结底是由于不同类型或不同状态下的能量具有质的差别，而过程的方向性正缘于较高位能向较低位能的转化。例如，热量由高温传至低温，机械能转化为热能，按热力学第一定律能量的数量保持不变，但是，以作功能力为标志的能质却降低了，称之为能质的退化或贬值。因此热力学第二定律的实质便是论述热力过程的方向性及能质退化或贬值的客观规律。

热力学第二定律告诉我们，自然界的物质和能力只能沿着一个方向转换，即从可利用到不可利用，从有效到无效，这说明了节能与节物的必要性。只有热力学第二定律才能充分解释事物变化的性质和方向，以及过程中所有事物的相互关系。热力学第二定律除广泛应用于分析热力过程和能源工程外，还被应用于分析社会、经济发展及生物进化等许多领域。

（3）热力学第二定律的表述

由于自然界有各种各样的过程，因此对热力学第二定律也存在着各种不同的表达形式，每一种说法都是根据客观事物的经验总结。下面介绍几种热力学第二定律的表述。

开尔文—普朗克说法：不可能制造只从一个热源取热使之完全变成机械能而不引起其他变化的循环发动机。只冷却单一热源而连续作功的机器称为第二类型永动机。实践证明这种发动机是造不出来的。

克劳修斯说法：不可能把热量从低温物体传向高温物体而不引起任何其他变化。

热力学第二定律的实质，就是表达了自然界中自发过程的方向性与不可逆性。进行自发过程的逆过程也是可以的，但必须有补偿过程同时存在。如要使低温物体的热量排向高温物体，可以通过制冷机，消耗一定量的机械功（或其他形式的能量）之后实现。这部分消耗的机械能转变成了热量，这一机械能转变成热量的过程就是补偿的条件。自发过程的逆过程需要补偿条件，故自发过程不可逆。

上面的分析表明，所谓过程的方向性是指各种过程总是朝着一个方向进行，而不能自发地反向进行。这个方向就是孤立系统总是从不平衡朝平衡方向进行，当孤立系统达到平衡态后，一切宏观变化停止。自发过程的不可逆性即是当系统达到平衡态后，在无外界影响的条件下，绝不会自发地变成非平衡态。

2. 卡诺循环和卡诺定理

热功转换是热力学的主要研究内容，按照热力学第二定律，热不能连续地全部转换为功，那么，在一定的高温热源和低温热源范围内，其最大限度的转换效率是多少呢？1824年法国工程师卡诺解决了这个问题。

（1）卡诺循环

卡诺依据蒸汽机运行多年的实践经验，经过科学抽象提出由以下四个过程组成的理想循环，如图 3.3-5 所示：

过程 a-b：工质从热源 T_1 可逆定温吸热；

过程 b-c：工质可逆绝热膨胀；

过程 c-d：工质从向冷源 T_2 可逆定温放热；

过程 d-a：工质可逆绝热压缩回复到初始状态。工质在这个循环中从热源吸热 q_1，向冷源放热 q_2，对外界做功 w_1，外界对系统做功 w_2。

卡诺循环是工作于温度分别为 T_1 和 T_2 的两个热源之间的正向循环，由两个可逆定温

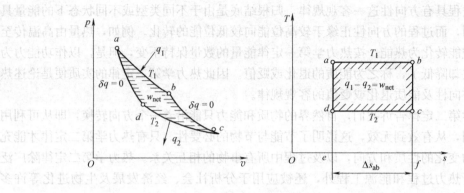

图 3.3-5　卡诺循环

过程和两个可逆绝热过程组成。根据热力学第一定律可得出卡诺循环热效率为：

$$\eta_{t,c} = 1 - \frac{T_2}{T_1} \tag{3.3-9}$$

分析卡诺循环热效率公式，可得如下重要结论：

1）卡诺循环的热效率只取决于高温和低温热源的温度 T_1、T_2，也就是工质吸热和放热时的温度。提高 T_1，降低 T_2，可以提高热效率。

2）卡诺循环的热效率只能小于1，决不能等于1，因为 $T_1 = \infty$ 或 $T_2 = 0$ 都不可能实现。这就是说，在循环发动机中即使在理想情况下，也不可能将热能全部转化为机械能。热效率当然更不能大于1。

3）当 $T_1 = T_2$ 时，循环热效率 $\eta_{t,c} = 0$。它表明，在温度平衡的体系中，热能不可能转化为机械能，热能的产生一定要有温度差作为热力学条件，从而验证了借助单一热源连续做功的机器是制造不出的，或第二类永动机是不存在的。

（2）卡诺定理

卡诺定理可表达为：

1）所有工作于同温热源与同温冷源之间的一切热机，以可逆热机的热效率为最高。

2）在同温热源与同温冷源之间的一切可逆热机，其热效率均相等。

卡诺循环与卡诺定理在热力学的研究中具有重要的理论和实际意义，它解决了热机热效率的极限值问题，并从原则上提出了提高效率的途径。在相同的热源与冷源之间，卡诺循环的热效率为最高，一切其他实际循环的热效率均低于卡诺循环。因此，要想设计制造出高于卡诺循环热效率的热机是不可能的，因为一切实际热机进行的都是不可逆循环。改进实际热机循环的方向是尽可能接近卡诺循环。

（3）逆卡诺循环

逆向进行的卡诺循环称为逆卡诺循环，它是由下列四个可逆过程组成，即一个定温放热过程、一个可定温吸热过程、一个定熵压缩过程和一个定熵膨胀过程。

逆卡诺循环用作制冷循环，其制冷系数为：

$$\varepsilon_{1,c} = \frac{T_2}{T_1 - T_2} \tag{3.3-10}$$

如逆卡诺循环用于供热（热泵）循环，其供热系数为：

$$\varepsilon_{2,c} = \frac{q_2}{w_0} = \frac{q_1}{q_1 - q_2} = \frac{T_1}{T_1 - T_2} \tag{3.3-11}$$

从式（3.3-10）及式（3.3-11）可得如下结论：

1）逆卡诺循环的性能系数只决定于热源温度 T_1 及冷源温度 T_2，它们随 T_1 的降低及 T_2 的升高而增大。

2）逆卡诺循环的制冷系数可以大于 1，等于 1 或小于 1，但其供热效率总是大于 1，二者之间的关系为 $\varepsilon_{2,c} = \varepsilon_{1,c} + 1$。

3）在一般情况下，由于 $T_2 > T_1 - T_2$，因此逆卡诺循环的制冷系数通常也大于 1。

4）逆卡诺循环可以用来制冷，也可用来制热，这两个目的可以同时实现，也可在同一设备中交替实现，即冬季用来供热，夏季用来制冷。

3. 熵与熵增原理

（1）熵

熵是与热力学第二定律紧密相关的状态参数。它是判别实际过程的方向，提供过程是否可以实现、是否可逆的依据，在热力学第二定律的量化等方面有着至关重要的作用。

（2）熵增原理

系统的熵是一个状态参数，其值只与系统所处的状态有关，与状态是如何达到的过程无关。按照热力学第一定律，孤立系统中系统的总能量不变。按照热力学第二定律，孤立系统内进行的一切实际过程虽然使孤立系统的总能量保持不变，但使熵增加。这一结论称为孤立系统熵增原理。

孤立系统熵增原理说明，熵是不守恒的，只有在可逆过程中，孤立系统的熵才守恒。正是由于发生了不可逆过程，才使孤立系统的熵增大，不可逆的程度越大，熵的增加也越大。因此，可以用孤立系统的熵增来度量过程不可逆的能量耗散效应。当孤立系统的熵达到最大值时，系统达到平衡。孤立系统总是由不平衡状态向平衡状态过渡，其熵值不断增大，达到平衡时，一切变化停止，熵也达到最大值。

4. 㶲与㶲

㶲与㶲是近年来在热力学及能源科学领域中广泛用来评价能量利用价值的新参数。㶲是能量可用性、可用能、有效能的统称，它把能量的"量"和"质"结合起来评价能量的价值，更深刻地揭示了能量在传递和转换过程中能质退化的本质，为合理用能、节约用能指明了方向。

热力学第二定律限制了某些能量向另一种形态的转变。各种形态的能量相互转换时具有明显的方向性，如机械能、电能等可全部转化为热能，理论上转换效率近 100%。这类可无限转换的能量称为㶲，机械能全部为㶲。

单一热源提供的热量是不能连续做功的，因而由它们提供的热量无法转变为机械能，它们是不可转换的能量，从动力的观点称其为废热，或者㶲。

显然，按能量转换能力分类的第一种能量便是㶲，第三种能量为㶲，第二种能量是包含㶲和㶲，即：能量＝㶲＋㶲。

应用㶲和㶲的概念可将能量转换规律表述为：

热力学第一定律：能量守恒，即㶲和㶲的总量守恒，可表示为 $(\Delta Ex + \Delta An)_{iso} = 0$。

热力学第二定律：一切实际热力过程中不可避免地发生部分㶲退化为㶲，而㶲不能再转化为㶲，可称为孤立系统㶲降原理，并表示为 $\Delta Ex_{iso} \leqslant 0$。

由此可见，㶲与熵可作为过程方向性及热力学性能完善性的判据。

五、热力学定理的应用

1. 水蒸气的参数及热力过程的确定

水蒸气容易获得，其热力参数适宜和不污染环境，它是工业上广泛使用的工质，如热电厂以水蒸气作为工质完成能量的转换，用水蒸气作为热源加热供热网络中循环水、空调工程中用水加热空气或加湿等。此外，制冷用的工质如氨、氟利昂等蒸气，燃气工程中用的液化石油气如丙烷、丁烷等其热力性质与物态变化都与水蒸气基本相同，因此掌握水蒸气的性质，对熟悉其他蒸气的性质可以具有举一反三之功。

2. 湿空气的特性与计算

空气是一种混合气体，它是由氮气、氧气和水蒸气等组成的。在一般情况下，往往将空气中水蒸气的影响忽略，但在通风、空调工程中，为使空气达到一定的湿度和温度，就不能忽略空气中的水蒸气。因此掌握湿空气的组成、状态参数的变化以及空气处理过程的计算对空调工程具有重要意义。

3. 气体和蒸汽的流动

气体和水蒸气在喷管及扩压管内的绝热流动过程不仅广泛应用于汽轮机、燃气轮机等动力设备中，也应用于通风、空调及燃气等工程中的引射器及燃烧器等热力设备中。

由于气体流动过程中状态参数的变化与气流速度的变化有关，而气流速度的变化又联系到气体的能量转换。因此，流动过程是涉及状态参数变化、气流速度变化及能力转换的热力过程。这种过程都遵循一定的规律，即热力学定律。

4. 动力循环

将热能转换为机械能的设备称为热力原动机，简称热机。热机的工作称为动力循环。根据热机所用工质不同，动力循环可分为蒸汽动力循环和燃气动力循环两大类。蒸汽轮机、汽轮机的工作原理属于前一类；内燃机、燃气轮机的工作原理属于后一类。根据热力学原理，即可对各类循环进行能量分析及热效率计算等。

5. 制冷循环

对物体进行冷却，使其温度低于周围环境的温度，并维持这个温度称为制冷。制冷装置是以消耗能量为代价来实现这一目标的设备。为了使制冷装置能够连续运行，必须把热量不断排向外部热源，因此制冷装置是一部逆向工作的热机。前面提到逆卡诺循环是在一定温度范围内的制冷循环，实际的制冷循环不能按照逆卡诺循环工作，而是按采用的制冷剂性质采用不同的循环。

常用的制冷循环有空气压缩制冷循环、蒸汽压缩制冷循环、蒸汽喷射制冷循环、吸收式制冷循环等。根据热力学定律，即可分析以上各种制冷循环的热力过程、制冷系数以及影响因素。

第四节　建筑环境学

课程简介

建筑环境学是建筑环境与设备专业一门重要的专业基础课，它包含了建筑、传热、声、光、材料、劳动卫生、城市气象、生理及心理等多门学科的内容，是一门跨学科的边缘科学。它是在环保与节能形势日益严峻的形势下发展起来的一门交叉性学科。

通过对建筑热湿环境、室内空气质量、建筑声环境及建筑光环境四大部分的学习，使学生掌握建筑环境的基本理论和研究方法，对建筑环境形成机理、影响因素以及建筑环境的评价有一个比较系统的认识，从而学会分析和改善建筑环境的方法，为创造舒适、健康、环保、节能的室内环境提供理论依据，并建立一个合理有效的评价体系，为后续专业课程的教学提供扎实的理论基础。

本课程总学时为 32 学时。

先修课程：普通物理、传热学、工程热力学、流体力学等。

一、概述

"建筑环境学"就是探讨外部环境的特性、室内环境的形成原因与特性，以及人对环境的要求，是一门反映人-建筑-自然环境三者之间关系的科学。它是建筑环境与设备工程学科区别于其他学科的核心基础课程。建筑环境与设备工程学科目标是创造和控制人工因素形成的物理环境，包括建筑室内环境、建筑群内的室外微环境，以及各种设施、交通工具内部的微环境，即用各种人工外壳围合和半围合起来的微环境。在学习如何创造和控制这个微环境之前，首先应该了解人们需要什么样的微环境，这个要创造并控制的微环境有什么特点，和哪些因素有最重要的关联。通过学习"建筑环境学"（即 Built Environment），就是反映这个 Built Environment 的内在特征与理论的课程，能够帮助我们更清楚地认识这个研究对象，为我们采用各种方法来改造、控制这个研究对象创造条件。

这门课程内容包含以下方面：

（1）建筑外部环境，即影响建筑物理环境的自然和气象条件，包括太阳辐射、空气温湿度、风速与风场、地温、天空温度等变化规律与相互内在联系；

（2）建筑热湿环境：建筑本体的热工特性，围护结构对内外扰的响应、室内热湿平衡，得热与负荷概念与理论；

（3）人体对热湿环境的反应理论，包括人体对民用建筑环境的热舒适要求和工业建筑环境中的劳动保护卫生要求，与生理学与物理心理学密切相关；

（4）室内空气质量理论，室内空气质量的概念、评价、影响因素、污染物控制原理与方法；

（5）室内气流分布的评价与数学描述，对室内热湿环境、空气质量的分布影响；

（6）建筑声环境：声环境的度量与评价，声音的传播与衰减，噪声控制的原理与方法；

（7）建筑光环境：光与能量的关系、光环境的度量与评价、自然采光与人工照明。

通过学习建筑环境学，我们要完成这样的任务：1）了解人类生活和生产过程需要什么样的室内、外环境；2）了解各种内外部因素是如何影响人工微环境的；3）掌握改变或控制人工微环境的基本方法和手段。

从上述内容我们可以看到建筑环境学内容的多样性，内容涉及传热学、流体力学、物理学、心理学、生理学、劳动卫生学、城市气象学、房屋建筑学、建筑物理等学科知识。事实上，它是一门跨学科的边缘科学。因此，对建筑环境或者人工微环境的认识需要综合以上各类学科的研究成果，这样才能完整和准确地描述建筑环境，合理地调节控制建筑环境，并给出评价的标准。

二、建筑外环境

环绕建筑物的外部环境，会通过围护结构直接影响室内的环境。室内空气品质与热湿环境直接受室外气候的影响，室内光环境直接受室外光环境的影响，而室内声环境是在室外声环境的基础上形成的。如果为了控制室内环境而要利用当地的室外空气、太阳能、地层蓄能、地下水蓄能、风能等，均需依赖于当地的外部环境与气候条件。因此为得到良好的室内气候条件以满足人们生活和生产的需要，必须了解当地各主要气候要素的变化规律及其特征。

建筑的外部环境是在许多因素综合作用下形成的。对建筑环境密切相关的外部环境要素有太阳辐射、气温、湿度、风、降水、天空的辐射、土壤温度等等。而这些外部环境要素的形成又主要取决于太阳对地球的辐射，同时又受人类的城乡建设和生活、生产活动的影响。

1. 太阳辐射

太阳辐射能是地球上热量的基本来源，是决定气候的主要因素，也是建筑物外部最主要的气候条件之一。

太阳辐射通过大气层时，由于反射、散射和吸收的共同影响，使到达地球表面的太阳辐射照度大大削弱，辐射光谱也因此发生了变化。其中一部分辐射能被云层反射到宇宙空间，一部分短波辐射受到天空中的各种气体分子、尘埃、微小水珠等质点的散射，使得天空呈现蓝色。到达地面的太阳辐射由两部分组成，一部分是太阳直接照射到地面的部分，称为直射辐射；另一部分是经过大气散射后到达地面的，成为散射辐射。直射辐射与散射辐射之和就是到达地面的太阳辐射能总和，称为总辐射。但实际上到达地面的太阳辐射还有一部分，即被大气层吸收掉的太阳辐射部分会以长波辐射的形式将其中一部分能量送到地面。不过这部分能量相对于太阳总辐射能量来说要小得多。

大气对太阳辐射的削弱程度取决于射线在大气中射程的长短及大气质量。而射程长短又与太阳高度角和海拔高度有关。水平面上太阳直接辐射照度与太阳高度角、大气透明度成正比，在低纬度地区，太阳高度角高，阳光通过的大气层厚度较薄，因而太阳直射辐射照度较大。高纬度地区，太阳高度角低，阳光通过大气层厚度较厚，因此太阳直接辐射照度较小。又如，在中午太阳高度角大，太阳射线穿过大气层的射程短，直射辐射照度就大，早晨和傍晚的太阳高度角小，射程长，直射辐射就小。

2. 室外气候

建筑环境的室外气候因素，包括大气压力、风、空气温湿度、地温、降水等，都是由太阳辐射以及地球本身的物理性质决定的。

(1) 大气压力

空气分子不断地做无规则的热运动，不断地与物体表面相碰撞，宏观上，物体表面就受到一个持续的、恒定的压力。物体表面单位面积所受的大气分子的压力称为大气压强或气压。

地面气压恒在 $98 \sim 104kPa$ 之间变动，平均约为 $101.3kPa$。随着海拔高度增加，气压值按指数减少，离地面 10km 处的气压值只有海平面的 25%。海平面大气压力称作标准大气压，为 101325Pa 或 760mmHg。气压的年变化由地理状况而定。赤道区年变化不大，高纬区年变化较大。大陆和海洋也有显著的差别，大陆冬季气压高，夏季最低，而海洋恰好相反。

（2）风

风是指由于大气压差所引起的大气水平方向的运动。地表增温不同是引起大气压力差的主要原因，也是风的主要成因。风可分为大气环流与地方风两大类。由于照射在地球上的太阳辐射不均匀，造成赤道和两极间的温差，由此引发大气从赤道到两极和从两极到赤道的经常性活动，叫作大气环流。地方风是由于地表水陆分布、地势起伏、表面覆盖等地方性条件不同所引起的，如海陆风、季风、山谷风、庭院风及巷道风等。

通常用风玫瑰图来形象地反映一个地方的风速和风向，风玫瑰图包括风向频率分布图和风速频率分布图，如图 3.4-1 所示。

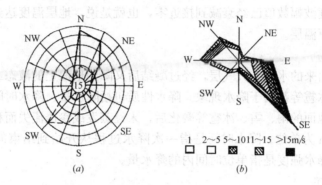

图 3.4-1　风玫瑰图

(a) 风向频率分布图；(b) 风速频率分布图

（3）室外气温

室外气温一般是指距地面 1.5m 高、背阴处的空气温度。地面与空气的热量交换是气温升降的直接原因。因此，影响地面附近气温的因素主要有：第一，入射到地面上的太阳辐射热量，它起着决定性的作用；第二，地面的覆盖面；第三，大气的对流作用以最强的方式影响气温；无论是水平方向或垂直方向的空气流动，都会使两地的空气进行混合，减少两地的气温差异。

气温有年变化和日变化。一般在晴朗的天气下，气温一昼夜的变化是有规律的，最高值通常出现在下午二时左右，而不是正午太阳高度角最大的时刻；最低气温一般出现在日出前后，而不是在午夜。一日内气温的最高值和最低值之差称为气温的日较差，通常用来表示气温的日变化。一年的气温，在大陆上通常最高值出现在 7 月份，最低值出现在 1 月份。

（4）湿度

空气湿度是指空气中水蒸气的含量。这些水蒸气来源于江河湖海的水面、植物及其他水体的水面蒸发，一般以绝对湿度和相对湿度来表示。

一天中绝对湿度比较稳定，而相对湿度有较大的变化。有时即使绝对湿度接近于基本不变，相对湿度的变化范围也可以很大，这是由于气温的日变化引起的。在一年中，最热月的绝对湿度最大，最冷月的绝对湿度最小。这是因为蒸发量随温度的变化而变化的缘故。我国因受海洋气候的影响，大部分地区的相对湿度在一年中以夏季为最大，秋季最小。

(5) 地温

地层表面温度对地面上的建筑围护结构的热过程有着显著影响，而地层深部的温度变化又对地下建筑的热过程起着决定性的作用。此外，地下水的温度往往取决于地下含水层的地层温度。平原地区的地层表面温度的变化取决于太阳辐射和对天空的长波辐射，可看作是周期性的温度波动。由于地层的蓄热作用，温度波在向地层深处传递时，不仅造成温度波的衰减，还有时间的延迟。随着深度的增加，温度变化的幅度越来越小。这种以 24 小时为周期的日温度波动影响深度只有 1.5m 左右，当深度大于 1.5m 时，由于日温度波动衰减可以忽略不计。除日温度波动外，土壤表层温度还随着年气温的变化而波动，年温度波动波幅大、周期长，影响深度比日温度波动大得多。通过实际测量可以看出，当达到一定深度，年温度波幅数值已经衰减到接近零，也就是说，地层温度达到了一个近似的恒定值，此处称为恒温层。

(6) 降水

从大地蒸发出来的水进入大气层，经过凝结后又降到地面上的液态或固态水分，称为降水。雨、雪、冰雹等都属于降水现象。降水性质包括降水量、降水时间和降水强度。降水量是指降落到地面的雨、雪、冰雹等融化后，未经蒸发或渗透流失而积累在水平面上的水层厚度，以 mm 为单位。降水时间是指一次降水过程从开始到结束的持续时间，用小时或分来表示。降水强度是指单位时间内的降水量。

3. 城市微气候

在建筑设计中涉及的室外气候通常在"微气候"的范畴。微气候是指离地 30～120cm 高度范围内，在建筑物周围地面上及屋面、墙面、窗台等特定地点的气温、湿度、压力、风速、阳光、辐射等。建筑物本身以其高大的墙面而成为的一种风障，以及在地面与其他建筑物上投下的阴影，都会改变该处的微气候。

在城市建筑物的表面及周围，气候条件都有较大的变化。这种变化的影响会大大地改变建筑物的能耗及热反应。再加上城市是一个人口高密度聚集、高强度的生活和经济活动区域，其影响就更为严重，可造成与农村腹地气候迥然不同的城区气候。

城市气候主要有以下特点：

(1) 城市风场与远郊不同。除风向改变以外，平均风速低于远郊的来流风速。

(2) 气温较高，形成热岛现象。

(3) 城市中的云量，特别是低云量比郊区多，大气透明度低，太阳总辐射照度也比郊区弱。

三、建筑热湿环境

热湿环境是建筑环境中最主要的内容，主要反映在空气环境的热湿特性中。建筑热湿环境形成的主要原因是外扰和内扰的影响：(1) 外扰因素：室外气候参数（室外空气温、湿度，风速，太阳辐射，风向变化及临时的空气温湿度）。通过围护结构的传热、传湿、空气渗透使热量与湿量进入室内。(2) 内扰因素：室内设备、照明、人体等热湿源。

1. 太阳辐射对建筑物的热作用

当太阳照射到非透明的围护结构外表面时，一部分被反射，一部分被吸收，两者的比例取决于围护结构表面的吸收率（或反射率）。由图 3.4-2 可以看出，围护结构的表面越粗糙，颜色越深，吸收率越高，反射率越低。

半透明物体对不同波长的太阳辐射的吸收,反射和穿透有选择性。例如玻璃属于半透明物体,玻璃对可见光和波长为 $3\mu m$ 以下的短波红外线来说几乎是透明的,但却能有效地阻止长波红外线辐射。

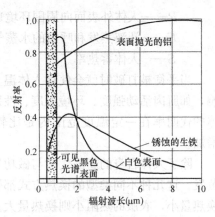

图 3.4-2 各种表面在不同辐射波长下的反射率

2. 建筑围护结构的热湿传递与得热

通过外围护结构的显热传热过程有两种不同类型,即通过非透明围护结构的热传导以及通过透明围护结构的日射得热。

通过非透明围护结构传入室内的热量来源有:对流换热和墙体导热。由于围护结构存在热惯性,因此通过围护结构的传热量和温度的波动幅度与外扰波动幅度存在衰减和延迟的关系。而且,围护结构的热容量越大,滞后的时间就越长,波幅的衰减就越大,距外表面距离越远,滞后的时间就越长(见图 3.4-3)。

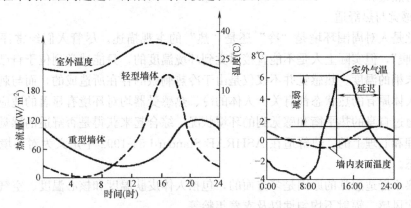

图 3.4-3 墙体的传热量与温度对外扰的响应

通过玻璃窗这样的透明围护结构的得热包括两部分:一方面由于室内外存在温度差,通过玻璃板壁的传热量;另一方面由于阳光的透射(日照辐射)得热量。其中透过玻璃窗的太阳辐射热包括:直接透过玻璃进入室内的全部热量;被玻璃吸收的热量以对流和辐射的形式传入的热量。

通过围护结构的湿传递与室内外水蒸气的分压力有关,在稳定情况下,单位时间内通过单位面积围护结构的水蒸气量与两侧空气中水蒸气压力差成正比。

四、人体对热湿环境的反应

1. 人体的热平衡

人体为了维持正常的体温,必须使产热和散热保持平衡。人体的热平衡可用下式表示:

$$M-W-C-R-E-S=0$$

式中　M——人体能量代谢率,取决于人体活动量的大小,W/m^2;

　　　W——人体所做的机械功,W/m^2;

　　　C——人体外表面向周围环境通过对流形式散发的热量,W/m^2;

R——人体外表面向周围环境通过辐射形式散发的热量，W/m^2；

E——汗液蒸发和呼出的水蒸气所带走的热量，W/m^2；

S——人体蓄热率。

当平衡被打破时就会使得人体温上升或者下降。其中人体的能量代谢率受多种因素影响，如肌肉活动强度、环境温度、性别、年龄、神经紧张程度、进食后时间的长短等。人体的代谢率在一定温度范围内是比较稳定的，当环境温度升高或降低时，代谢率都会增加。

除了人体自身的新陈代谢与做功外，人体与外界的热交换形式主要包括对流、辐射和蒸发。这几种不同类型的换热方式都受人体的衣着以及周围环境的影响。衣服的热阻大则换热量小，衣服的热阻小则换热量大。环境空气的温度决定了人体表面与环境的对流换热温差，因而影响了对流换热量，周围的空气流速则影响对流换热系数。气流速度大时，人体的对流散热量增加，因此会增加人体的冷感。周围物体的表面温度决定了人体辐射散热的强度。人体除了对外界有显热交换外，还有潜热交换，主要是通过皮肤蒸发和呼吸散湿带走身体的热量。

2. 热感觉与热舒适

热感觉是人对周围环境是"冷"还是"热"的主观描述。尽管人们经常评价房间的"冷"和"暖"，但实际上人是不能直接感觉到环境温度的，只能感觉到位于自己皮肤表面下神经末梢的温度。热感觉并不仅仅是由于冷热刺激的存在所造成的，而与刺激的延续时间以及人体原有的热状态都有关。人体的冷、热感受器均对环境有显著的适应性。

人体通过自身的热平衡和感觉到的环境状况，综合起来获得是否舒适的感觉。舒适的感觉是生理和心理上的。热舒适在 ASHRAE Standard 54-1992 中定义为对环境表示满意的意识状态。

引起热不舒适感觉的原因是多方面的，包括人体皮肤温度和核心温度、空气湿度、垂直温差、吹风感、辐射不均匀性以及衣着年龄等。

3. 人体对热环境的反应评价方法

人们在分析了人体热平衡、人体热感觉和热舒适的原理及影响因素后，借助现代采暖空调技术创造出不同需求下的人工环境，对此，诸多学者根据各种不同的评价方法先后提出了一系列评价指标，如预期平均评价 PMV、有效温度 ET 等。

（1）预测平均评价 PMV（Predicted Mean Vote）

Fanger 收集了 1396 名美国与丹麦受试对象的冷热感觉资料，提出了表征人体热反应（冷热感）的评价指标预测平均评价 PMV。PMV 的分度如表 3.4-1 所示。

PMV 热感觉标尺 表 3.4-1

热感觉	热	暖	微暖	适中	微凉	凉	冷
PMV 值	+3	+2	+1	0	−1	−2	−3

PMV 指标代表了同一环境下绝大多数人的感觉，但是人与人之间存在生理差别，因此 PMV 指标并不一定能够代表所有个人的感觉。为此，Fanger 又提出了预测不满意百分比 PPD（Predicted Percent Dissatisfied）指标来表示人群对热环境不满意的百分数。当 PMV=0 时，PPD 为 5%。即意味着在室内热环境处于最佳的热舒适状态时，仍然有 5%

的人感到不满意。因此 ISO 7730 对 $PMV-PPD$ 指标的推荐值在 $-0.5\sim+0.5$ 之间，即在人群中允许有 10% 的人感觉不满意。

（2）有效温度 ET（Effective Temperature）

有效温度 ET 是 Houghton 和 Yaglou 等人于 1923 年提出的，其定义是："干球温度、湿度、空气流速对人体温暖感或冷感影响的综合数值，该数值等效于产生相同感觉的静止饱和空气的温度"。有效温度通过人体实验获得，并将相同有效温度的点作为等舒适线系绘制在湿空气焓湿图上或绘成诺模图的形式。

五、室内空气品质

1. 室内空气品质问题的产生

室内空气品质是室内环境的一个重要的方面，不仅影响人体的舒适和健康，而且对在室内工作的人员的工作效率有显著的影响。对这一问题研究的重要性和必要性，主要源于人有 80% 以上的时间是在室内度过的，随着室内各种建筑装饰材料、化工产品、家用电器和办公设备的大量使用，室内空气污染物的来源和种类日益增多，加之强调节能导致的建筑密闭性增强和新风量减少，传统集中空调系统的固有缺点以及系统设计和运行管理的不合理，这都加剧了室内空气的污染，进而出现了大量的"病态建筑综合症"（英文名为 Sick Building Syndrome，简称 SBS），人们出现一些头痛、困倦、恶心和流鼻涕等病态反应。调查和研究表明，造成室内空气品质低劣的主要原因是室内空气污染，这些污染一般可分为三类，物理污染（如粉尘）、化学污染（如有机挥发物，英文名为 Volatile organic compounds，简称 VOCs）和生物污染（如霉菌）。

据美国等发达国家统计，每年室内空气品质低劣造成的经济损失惊人。而我国室内空气品质问题较发达国家更为严重，主要原因在于：我国每年新建建筑量惊人，逾 10 亿 m^2。不合适的建筑设计、空调系统设计和运行管理的不合理严重影响了室内空气品质，大量散发有害物质的建材充斥市场、投入使用。室内空气品质方面的研究已成为建筑环境学重要的研究问题之一。

2. 室内空气污染源产生途径及对人的影响

室内空气污染物来源主要为人员的活动、建筑与装饰材料、室内设施及室外带入。

室外来源可通过门、窗、孔隙、管道缝隙进入室内，包括：室外环境及其他室内环境中受污染的空气，主要污染物有 SO_2、NO_x、烟雾、H_2S 等，这些污染物又来源于工业企业、交通运输工具、建筑物周围的锅炉、垃圾堆等，还有农药、化工燃料、泵、质量不合格的生活用水等。

室内来源包括：由室内进行的燃料燃烧或加热而生成的；从室内使用的各种化工产品中释放；室内生物污染（室内适宜的热湿环境使微生物生长）；家用电器的电磁辐射；管理不善的暖通空调设备及系统。

在室内人员形成的污染物包括：一氧化碳（CO）、二氧化碳（CO_2）、烟草的烟气、气味等。

室内主要污染物的通常分为如下三类：

（1）气体污染物：主要包括建筑材料、清洗剂、塑胶制品、激光复印机、黏合剂等所散发的挥发性有机物（VOC），燃烧产生的 CO 和 NO，NO_2 等。例如：氡就是一种惰性放射性气体，是肺癌的主要诱因之一；甲醛具有异味、并刺激眼、呼吸道黏膜、咽喉等，引起眼红、眼痒、流泪、咽喉干燥等症状；臭氧能刺激眼、呼吸道黏膜，引起肺气肿等。

（2）空气微生物：微生物主要包括细菌、真菌和病毒三大类。空调系统中积存的水分以及室内偏高的相对湿度都将为微生物的滋长提供条件，进而危害人体健康。例如军团菌会在体内产生血清反应，重者引起军团菌病。

（3）悬浮颗粒物：室内细菌是依附于室内的尘粒而存在的，并且室内含尘浓度越高，含菌浓度也相对较高。因此控制室内空气的含尘浓度具有双重的意义。

3. 室内空气品质评价方法及标准

对室内空气品质进行评价是为了掌握室内空气质量变化状态、趋势；评价室内空气品质对人体健康的影响；为制定室内空气质量标准、空气污染控制提供科学依据。

室内空气品质评价一般采用量化检测与主观调查相结合的方法，即采用客观评价和主观评价相结合。客观评价是指选择有代表性的污染物作为评价指标，直接测量这些污染物的浓度来客观了解、评价室内空气品质，代表性的污染物有 CO_2、CO、甲醛等，代表性的指标有温度、湿度、风速、照度、噪声等。这些指标比较客观、准确、全面、误差小或无误差。主观评价是指通过对室内人员的询问得到的，即利用人的感觉器官对环境进行描述与评判工作，特点是以人的感觉为测定手段（人对环境的评价）或测试对象（环境对人的影响）的方法。这种方法误差不可避免，依据有时非常模糊。

室内空气品质标准是客观评价室内空气品质的主要依据。我国颁布并实施了多项有关室内空气品质的标准，其中，国家标准《民用建筑工程室内环境污染控制规范》GB 50325—2001，规定民用建筑工程验收时，必须进行室内环境污染物浓度检测。另外还有，卫生部颁布的"室内空气质量卫生规范"——《室内空气中污染物浓度限值》、《公共场所卫生标准》、《公共场所卫生评价标准》；国家环保总局颁布的《室内环境质量评价标准》；我国质量监督监测部门与环保部门制定了《室内空气质量标准》等。

4. 室内空气污染控制方法

防止室内空气污染，保持室内空气质量的主要措施有：

（1）堵源：建筑设计与施工特别是围护结构表层材料的选用中，采用 VOC 等有害气体释放量少的材料；

（2）节流：切实保证空调或通风系统的正确设计、严格的运行管理和维护，使可能的污染源产污量降低到最低程度；

（3）稀释：保证足够的新风量或通风换气量，稀释和排除室内气态污染物，这也是改善室内空气品质的基本方法；

（4）清除：采用各种物理或化学方法如过滤、吸附、吸收、氧化还原等将空气中的有害物清除或分解掉。

六、建筑声环境

建筑声环境主要研究室内从事各种活动要求创造的一个适合的声学环境的声音控制问题，创造良好的满足要求的声环境，从而能够保证居住者的健康、提高劳动生产率、保证工艺过程（录音棚、音乐厅）等方面的要求。它包括三方面的内容，即室内音质设计、建筑隔音和噪声控制。对于建筑环境与设备工程专业的学生来说，学习的重点是声音产生与传播的基本原理和噪声的控制。

1. 建筑声环境的基本知识

（1）声源和声波

声源：机械振动在弹性媒质中的传播称为声源，其实质是振动能量在媒质中的传递。

声波：指受外力作用而产生振动的物体。

（2）频率、波长和声速

频率（f）：介质在平衡位置附近来回完成一个全振动的时间为周期，其倒数为频率。

波长（λ）：声波在一个周期内所传播的距离。

声速（c）：声波的传播速度，称声速。

（3）声音的计量

声功率：声功率是指声源在单位时间内向外辐射的声能，单位为瓦（W）。

声压：是指某瞬时，介质中的压强（P）相对于无声波时压强（P_0）的改变量。声压的单位就是压强的单位，为 Pa。

声强：单位时间内，在垂直于声波传播方向的单位面积上所通过的平均声能量。记为 I，单位为 W/m^2。声强是衡量声音强弱的物理量。

2. 人体对声音环境的反应原理与噪声评价

（1）人耳的听觉特征

噪声的评价取决于：客观上声压、声强和主观上心理。

响度是指声音入射到耳鼓膜使听者获得的感觉量，单位为宋，它取决于声压、声强、频率。

响度级是指将听起来一样响的声音的响度用 1000Hz 纯音对应的声压级代表，单位为方。反映了人耳对不同频率声音的敏感度变化。

用 1000Hz 纯音对应的声压级数值，作为该曲线的响度级。从图 3.4-4 可以看出：低频部分声压级高，高频部分对应的声压级低，说明人耳对高频声较敏感。

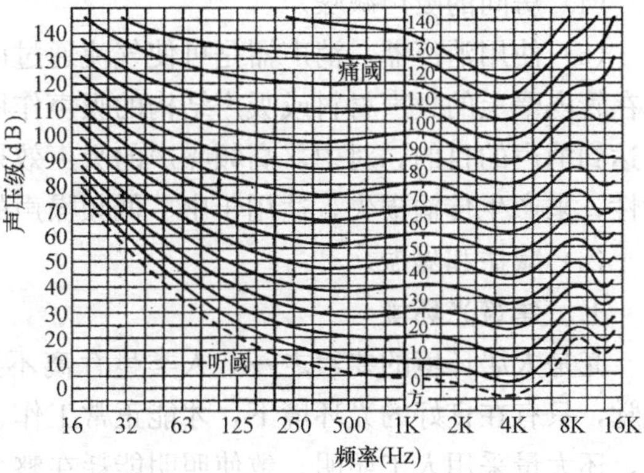

图 3.4-4　等响曲线

（2）噪声的评价和标准

A 声级 LA：声级计中设有 A、B、C 和 D 四个计权网络，A 网络，参考 40 方等响曲线，对 500Hz 以下的声音有较大的衰减，以模拟人耳对低频不敏感的特性。C 网络，具有接近线性的较平坦的特性，在整个可听范围内几乎不衰减，以模拟人耳 100 方纯音的响应；B 网络，介于两者之间，对低频有一定的衰减，模拟人耳 70 方纯音的响应。目前世界各国声学界公认以 A 声级来作为保护听力和健康，以及环境噪声的评价量。

NR 评价曲线：国际标准化组织建议用于评价公众对户外噪声的反应。对于每一条曲线各中心频率 1000Hz 的声压级数值。NR 数与 A 声级 LA 的关系为：$LA = NR + 5dB$

3. 材料与结构的声学性能

吸声材料如今广泛应用于空调系统等动力设备中，其中常见的有：

（1）多孔吸声材料：当声波入射到多孔材料表面时，声波能顺着微孔进入材料内部，引起孔隙中的空气振动。由于摩擦和空气的黏滞阻力，使一部分声能变为热能。

（2）薄板和薄膜共振吸声结构：当声波入射到薄板和薄膜上时，将激起面层振动，使板或膜发生弯曲变形。由于面层和固定支点的摩擦，以及面层本身的内损耗，一部分声能被转化为热能。

（3）空腔共振吸声材料：各种穿孔板、狭缝板背后设置空气层形成吸声结构，均属于空腔共振吸声结构（如：可用穿孔的石棉水泥板、石膏板、胶合板等）。

（4）空间吸声体：把吸声体悬挂在声能流密度大的位置（如靠近声源处、反射有聚焦的地方），具有好的吸声效果。

4. 噪声的控制与治理方法

回顾噪声的传播机理，控制噪声主要从以下三方面：噪声源、传播途径以及接受者，可采取的措施有：

（1）降低声源噪声：降低噪声源的激振力，如压缩机加减振垫。

（2）在传播路径上降低噪声：改变噪声传播的方向或途径；采取吸声、消声、隔声、隔振和减振等噪声控制技术；充分利用天然地形的声屏障作用吸声和绿化带的降噪作用等。

（3）掩蔽噪声：利用电子设备产生的背景噪声来掩蔽令人讨厌的噪声，以解决噪声控制问题。

（4）房间的吸声减噪。

（5）使用消声器：消声器是可使气流通过而降低噪声的装置。其中阻性消声器利用布置在管内壁上的吸声材料或吸声结构的吸声作用，使管道传播的噪声迅速随距离衰减，从而达到消声的目的，对中、高频噪声的吸声效果较好。抗性消声器主要利用声阻抗的不连续性，来产生传输损失，适用于中、低频噪声的控制。

（6）减振和隔振。

七、建筑光环境

光是人居环境的要素之一，人类生存离不开光。光刺激视觉，人们80%的信息来自视觉，只有在良好的光环境下，才能正常工作、学习和生活。现今人类除了利用自然采光外，还大量采用人工照明，致使照明能耗在整个建筑能耗中的比重逐步上升。因此，合理的照明设计可以最大限度地降低照明能耗的同时还可降低空调耗能，具有非常重要的社会效益和经济效益，这也是建筑环境与设备工程专业的重要任务。建筑光环境包括的内容有：光环境的基础知识、舒适光环境的影响因素、天然采光与人工照明的设计与控制。

1. 光的度量

（1）光通量

光通量是描述光源发光能力的基本量，是指相应的辐射通量中被人眼感觉为光的那部分能量。光通量用 Φ 表示，单位为流明（lm）。

（2）发光强度

光通量的空间密度，称为发光强度。发光强度表征光源发出的光通量在空间的分布状况，是描述光通量在空间分布状况的参数。发光强度用 I 表示，单位为坎德拉（cd）。

（3）照度

对于被照面而言，用落在其单位面积上的光通量的多少来表示它被照射的程度，称为照度。照度表征被照面上的光通量密度。照度用 E 表示。照度可直接相加，几个光源同时照射被照面时，其上的照度为单个光源分别存在时的照度的代数和。

（4）亮度

发光体在视线方向单位面积上的发光强度称为亮度，它是唯一能直接引起眼睛视感觉的量。

2. 视觉与光环境

（1）颜色对视觉的影响

颜色不仅是一个物理量，还是一个心理量。直接看到的光源的颜色称为表观色，光投射到物体上，物体对光源的光谱辐射有选择地反射或透射对人眼所产生的颜色感觉称物体色，物体色由物体表面的光谱反射率或透射率和光源的光谱组成共同决定。

例如：法国的白、红、蓝三色国旗做成 30：33：37 时，才会产生三色等宽的感觉。

（2）视觉功效

人借助于视觉器官完成视觉作业的效能，称视觉功效。它主要取决于作业的大小、形状、位置和所处的光环境，主要与视角、照度、亮度对比系数和识别时间有关。

（3）舒适光环境要素与评价标准

1）适当的照度或亮度水平

物体的亮度取决于照度，照度过大，会使物体过亮，易引起视觉疲劳和灵敏度降低。

2）合理的照度分布

规定照度的平面称参考面，即工作面，通常为 0.7～0.8m 高的水平面。在荧光灯或白炽灯的照明下，桌面照度为 750～1700lx 时，满意程度最高。

3）舒适的亮度分布

可以减少亮度对比使环境柔和、统一。

4）宜人的光色

光源的颜色质量常用光源的表观颜色和显色性来表征。灯光对其所照射物体颜色的影响作用称为光源的显色性。宜人的光色使人心情愉快。

5）避免眩光干扰

眩光是当视野内出现高亮度或过大的亮度对比时，引起视觉上的不舒适或视觉疲劳，这种高亮度或亮度对比称眩光。

6）光的方向性

方向性太强，会出现生硬的阴影，过分漫射，会使被照物体无立体感。

3. 天然采光

天然光是人们习惯的光源。在相同的照度条件下，人眼在天然光下比在人工光下有更高的灵敏度。天然光的视觉效果优于人工光，人眼对天然光较习惯，连续的单峰值光谱满足人的心理和生理需要，不易导致视觉疲劳。天然光是太阳辐射的一部分，它具有光谱连续且只有一个峰值的特点。光谱能量分布较窄的某种纯色光源照明质量较差，光谱能量分布较宽的光源照明质量较好。因此，在室内采光设计中最大限度地利用天然光，不仅可节约照明用电，而且对室内环境质量的提高也有重要意义。

采用天然采光最大的困难是受到建筑设计和光气候条件的制约，并且在一定条件下与遮阳相互矛盾。建筑上利用天然光的方法可以分为被动式采光和主动式采光两类。被动式采光就是利用不同形式的采光窗进行采光的方法。主动式采光则是利用集光、传光和散光等设备与配套的控制系统将天然光传送到需要照明的部位。

4. 人工光环境

天然采光的优点固然很多，但是，它的利用却要受到时间和地点的限制。建筑物不仅在夜间采用人工照明，就是白天往往也要采用人工照明。人工照明的目的是按照人的生理、心理和社会的需求，创造一个人为的光环境，而良好的照明设计离不开建筑师与室内设计师、电气工程师以及设备工程师之间的密切配合。

人工照明主要可分为工作照明（或功能性照明）和装饰性照明（或艺术性照明）。前者主要满足人们生理上、生活上和工作上的实际需要，具有实用性的目的；后者主要满足人们心理上、精神上和社会上的观赏需要，具有艺术性的目的。

第五节　流体输配管网

课程简介

流体输配管网是建筑环境与设备工程专业的一门主干专业基础课。本课程的任务是通过各种教学环节，使学生掌握本专业及相关专业的暖通空调工程、城市燃气工程、供热工程等各类工程中的流体输配管网原理。通过实践教学环节的配合，掌握进行管网系统分析、调试和调节的基本理论和方法，并能够正确应用设计手册和参考资料进行上述管网系统的设计、调试和调节，为从事其他大型、复杂管网工程的设计和运行管理打下初步基础。

流体输配管网的主要内容有流体输配管网的类型与装置、气体管网水力特征与水力计算、液体管网水力特征与水力计算、泵与风机的理论基础、泵与风机与管网的匹配、枝状管网系统水力工况分析与调节等。

该课程总学时为 48 学时，其中实验为 4 学时。

先修课程：流体力学等。

一、流体输配管网的基本组成

1. 流体输配管网的基本功能与基本组成

流体输配管网的基本功能是将从源取得的流体，通过管道输送，按照流量要求，分配给各末端装置；或者按流量要求从各末端装置收集流体，通过管道输送到汇。流体输配管网的基本组成包括末端装置、源和汇、管道。

2. 流体输配管网的分类

按管内流体的相态可分为单相流和多相流；按照管网动力性质的不同，可分为重力驱动与压力驱动；按照管网内流体与外界环境空间的联系，可分为开式和闭式；根据流动路径的确定性可分为枝状管网与环状管网；根据各并联管段所在环路之间流程长短的差异可分为同程式和异程式。

二、流体输配管网类型与装置

许多公用设备工程需要将流体输送并分配到各相关设备或空间，或者从各接受点将流体收集起来输送到指定点。承担这一功能的管网系统称为流体输配管网。不同类型工程的流体输配管网类型、装置及系统布置各有不同，下面简单介绍本专业中几种输配管网类型。

1. 气体输配管网类型与装置

（1）通风空调工程空气输配管网

通风空调工程的主要任务是控制室内空气污染物，保证良好的室内空气品质，并保护大气环境，维持室内热环境的舒适性。空调工程的空气输配管网由送风管道、回风管道、新风管道和排风管道组成。

通风空调工程中空气输配管网的装置及管件有风机、风阀、风口、三通、弯头、变径（形）管等，还有空气处理设备。它们是影响管网性能的重要因素。风机是空气输配管网的动力装置；风阀是空气输配管网的控制、调节机构，其基本功能是截断或开通空气流通的管路，调节或分配管路流量，如蝶式调节阀、菱形单叶调节阀、插板阀、三通调节阀等；风口的基本功能是将气体吸入或排出管网，可分为新风口、排风口、送风口、回风口等；三通的基本功能是为了分配或汇集气流；为了连接管道和设备，或由于空间的限制等，在管路中设置变径、变形管段；为了改变管流方向需设置弯头。空气处理设备的基本功能是对空气进行净化处理和热湿处理。

（2）燃气输配管网

燃气输配管网由分配管道、用户引入管和室内管道三部分组成。分配管道的功能是在供气区域内将燃气分配给各用户。用户引入管将燃气从分配管道引到入口处的总阀门。室内燃气管道由总阀门处将燃气引向并分配到各燃气用具。

我国城市燃气管道按设计表压力 P（MPa）分为 7 级：高压管道 A：2.5MPa$<P<$4.0MPa；高压管道 B：1.6MPa$<P\leqslant$2.5MPa；次高压管道 A：0.8MPa$<P\leqslant$1.6MPa；次高压管道 B：0.4MPa$<P\leqslant$0.8MPa；中压管道 A：0.2MPa$<P\leqslant$0.4MPa；中压管道 B：0.01MPa$<P\leqslant$0.2MPa；低压管道：$P<$0.01MPa；城市燃气输配管网根据所采用的压力级制不同，可分为：一级系统、二级系统、三级系统和多级系统。

燃气输配管网设施包括储配站和调压站。储配站的功能：一是储存必要的燃气量用以调峰；二是使多种燃气进行混合，保证用气组分均衡；三是将燃气加压以保证每个燃气用具前有足够的压力。调压站通常由调压器、阀门、过滤器、安全装置、旁通管及测量仪表等组成。调压站的功能一是将输气管网的压力调节到下一级管网或用户需要的压力；二是保持调节后的压力稳定。

（3）其他气体输配管网

其他气体输配管网还包括压缩空气管网系统、氧气管网系统、乙炔管网系统、氢气管网系统、二氧化碳管网系统等。

2. 液体输配管网类型

（1）采暖空调冷热水管网

冷热水输配管网系统的形式：按循环动力可分为重力（自然）循环系统和机械循环系统。重力循环系统靠水的密度差进行循环，机械循环系统靠机械（水泵）能进行循环。按水流路径可分为同程式和异程式系统。同程式水系统增加了一根同程管，阻抗差异较小，则流量分配易满足要求；异程式水系统不需采用同程管，系统投资较少，担当并联环路阻抗相差太大时，水量分配、调节较难。按流量变化可分为定流量和变流量系统；按水泵设置可分为单式泵和复式泵系统。

采暖空调冷热水管网装置：1）膨胀水箱。膨胀水箱的作用是用来贮存冷热水系统水温上升时的膨胀水量。在重力循环上供下回式系统中，它还起着排气作用。膨胀水箱的另一作用是恒定水系统的压力。膨胀水箱的膨胀管与水系统管路的连接在重力循环系统中，应接在供水总立管的顶端，在机械循环系统中一般接至循环水泵吸入口前。膨胀水箱的循环管应接到系统定压点前的水平回水干管上。2）排气装置。常见的排气装置有集气罐、自动排气和冷风阀。排气装置应设在系统各环路的供水干管末端的最高处。3）散热器温控阀，一种自动控制散热器散热量的设备。4）分水器、集水器。5）过滤器。6）阀门。7）换热装置。

(2) 热水集中供热管网

热水供热系统主要采用两种形式：闭式系统和开式系统。在闭式系统中，热网的循环水仅作为热媒，供给热用户热量而不从热网中取出使用。在开式系统中，热网的循环水部分或全部从热网中取出，直接用于热用户。

双管闭式热水供热系统是目前应用最广泛的热水供热系统。

供热管网的附件和装置主要有管件（三通、弯头等）、阀门、补偿器，支座及放气、放水、疏水、除污装置等。其中补偿器的作用是为了防止供热管道升温时，由于热伸长或温度应力而引起管道变形或破坏。因此，需要在管道上设置补偿器，以补偿管道的热伸长，从而减小管壁的应力和作用在阀件或支架结构上的作用力。

(3) 建筑给水管网

建筑给水管网包括建筑给水、室内消火栓给水和室内热水供应管网。它的任务是根据用户对水量和水压的要求，将水由城市管网输送至装置在室内的各种配水龙头、生产机组和消防设备等用水点。

(4) 高层建筑液体输配管网的特点

高层建筑给水管网的特点是同一给水系统供水时低层管道中静水压力过大，为保证建筑供水的安全可靠性，高层建筑给水系统采取竖向分区供水，即在建筑物的垂直方向按层分段，各段为一区，分别组成各自的给水系统。

高层建筑采暖空调冷热水管网的特点：1）对于裙房和塔楼组成的高层建筑，将裙房划为下区、塔楼划为上区；2）以中间技术设备层为界进行竖向分区；3）冷热源、水泵等主要设备均布置在地下室；4）当循环水泵在管网底部时，水泵出口处是管网压力的最高点。

3. 相变流或多相流管网的类型

(1) 蒸汽管网

按照供汽压力的大小，供汽的表压力高于 70kPa 时，称为高压蒸汽采暖；供汽的表压力等于或低于 70kPa 时，称为低压蒸汽采暖；当系统中的压力低于大气压力时，称为真空蒸汽采暖。

(2) 凝结水管网

凝结水回收系统按其是否与大气相通，可分为开式系统和闭式系统。按凝结水相态组分，可分为单相流和两相流。单相流又可分为满管流和非满管流。按驱使凝水流动的动力不同，可分为重力回水和机械回水。

(3) 建筑排水管网

建筑内部排水系统可分为三类：生活排水管网；工业废水排水管网；屋面雨水排除管网。

（4）气力输送管网

气力输送是一种利用气流输送物料的输送方式。

三、管网水力特征与水力计算

管网的水力特征与水力计算是流体输配管网的重要组成部分，对进行流量的分配、管段的布置等都具有非常重要的意义。

1. 管网水力计算的目的

流体输配管网水力计算的主要目的是根据要求的流量分配，确定管网的各段管径（或断面尺寸）和阻力，求得管网特性曲线，为匹配管网动力设备做好准备，进而确定动力设备（风机、水泵等）的型号和动力消耗（设计计算）。水力计算的基本理论依据是流体力学一元流动连续性方程和能量方程及串、并联管路流动规律。

2. 流体输配管网常用的水力计算方法

流体输配管网水力计算的常用方法有假定流速法、压损平均法和静压复得法等。

3. 气体输配管网水力计算

（1）通风空调工程气体输配管网水力计算

计算之前，需先完成空气输配管网的布置，包括设备和送排风点位置的确定；各送排风点要求的风量；系统划分；管道布置、各管段的输送风量也得一一确定。完成上述前期准备工作后，方可按假定流速法的基本步骤进行水力计算。

（2）均匀送风管道设计

实现均匀送风的基本条件是保持各侧孔静压相等，保持各侧孔流量系数相等和增大出流角 α。均匀送风管道的计算方法是先确定侧孔个数、侧孔间距及每个侧孔的送风量，然后计算出侧孔面积、送风管道直径（或断面尺寸）及管道的阻力。

4. 液体输配管网水力特征与水力计算

（1）重力循环液体管网工作原理

重力循环液体管网的工作原理是利用管网供回水的密度差及高度差形成了系统的循环动力。

重力循环液体管网并联环路的水力特征是：各个并联环路由于流量分配不均匀必然要出现上热下冷的现象；重力循环液体管网串联环路的水力特征是：热水顺序流经多组散热器，逐个冷却后返回热源，流经每组散热器的流量相同。

在并联环路中，各层散热器的进出水温度是相同的，但循环作用动力相差很大，越在下层，作用动力越小；而在串联环路中，各层散热器循环作用动力是同一个，但进出口水温不同，越在下层，进水温度越低。在串联环路运行期间，由于立管的供水温度或流量不符合要求，也会出现垂直失调现象。但在串联环路中，影响垂直失调的原因，不是由于各层作用动力的不同，而是由于各层散热器的传热系数 k 随各层散热器平均计算温度差的变化程度不同引起的。

总的重力循环作用动力 ΔP_{zh} 可用下式表示：

$$\Delta P_{zh} = \Delta P_h + \Delta P_f \tag{3.5-1}$$

式中　ΔP_h——重力循环系统中，水在冷却中心内冷却所产生的作用压力，Pa；

　　　ΔP_f——水在循环管路中冷却的附加作用压力，Pa。

（2）机械循环液体管网的工作原理

机械循环流动的能量方程与重力循环能量方程的区别在于循环作用动力增加了水泵提

供的动力。系统循环动力 ΔP_1 如下：

$$P + \Delta P_\mathrm{h} + \Delta P_\mathrm{f} = \Delta P_1 \tag{3.5-2}$$

式中 P——水泵动力，Pa。

(3) 闭式液体管网水力计算与压损平衡

在水力计算中，需要通过调整管径、设置调节阀等技术手段，使管路在设计流量下的计算压力损失与其作用压力相等。并联环路的压力损失包括共用管路的压力损失和独用管路的压力损失。一般是通过调整独用管路的压力损失，使整个环路的计算压力损失与环路资用压力相平衡。只有当各并联环路的资用压力相等时，"压力损失平衡"才能简化为各并联管路之间的"阻力平衡"。

为了表示计算压力损失与资用压力相平衡的程度，定义了压力损失不平衡率 x，即：

$$x = \frac{\Delta P' - \Delta P_1}{\Delta P'} \times 100\% \tag{3.5-3}$$

式中 $\Delta P'$——管路资用压力，Pa；

ΔP_1——管路计算压力损失，Pa。

(4) 液体管网水力计算的主要任务

液体管网水力计算的主要任务通常有以下几种：

1) 按已知系统各管段的流量和系统的循环作用压力，确定各管段的管径；

2) 按已知系统各管段的流量和各管段的管径，确定系统所必需的循环作用压力；

3) 按已知系统各管段的流量，确定各管段的管径和系统所需循环作用压力；

4) 按已知系统各管段的管径和该管段的允许压降，确定通过该管段的水流量。

5. 多相流管网水力特征

多相流管网包括气液两相流管网、气液两相流管网以及气固两相流管网等，下面仅对汽液两相流管网做一下详细介绍。

汽液两相流的特点是在流动过程中，汽、液两相可能发生互相转变，蒸汽、高温的凝结水在管路内流动时，状态参数变化比较大，会伴随相态变化。在蒸汽供热管网中，如图 3.5-1 和图 3.5-2 所示，沿途凝水可能被高速的蒸汽流裹带，形成随蒸汽流动的高速水滴；落在管底的沿途凝水也可能被高速蒸汽流重新掀起，形成"水塞"，并随蒸汽一起高速流

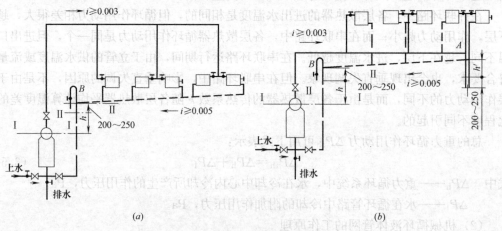

图 3.5-1 重力回水低压蒸汽采暖系统示意图

动。在阀门、拐弯等处，流动方向改变时，惯性远大于蒸汽的水滴或水塞，难以改变方向，在高速下与管件或管子撞击，产生"水击"，发出噪声，使管道振动多产生局部高压，严重时能破坏管件接口的严密性和管路支架。

为了减轻水击现象，水平敷设的供汽管路，必须具有足够的坡度，并尽可能保持汽、水同向流动。蒸汽干管汽水同向流动时，坡度i宜采用0.003，不得小于0.002。进入散热器支管的坡度$i=0.01\sim0.02$。

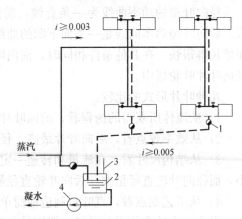

图 3.5-2　机械回水低压蒸汽采暖系统示意图
1—疏水器；2—凝水器；3—空气管；4—凝水泵

四、泵、风机与管网系统的匹配

泵与风机是利用外加能量输送流体的流体机械，它们是建筑环境与设备工程专业使用最广泛的动力设备。

1. 泵与风机的理论基础

离心式风机的基本结构包括叶轮、机壳、进气箱、前导器和扩散器。离心式泵的基本结构包括叶轮、泵壳、泵座和轴封装置。

（1）离心泵与风机的工作原理

当泵与风机的叶轮随原动机的轴旋转时，处在叶轮叶片间的流体也随叶轮高速旋转，此时流体受到离心力的作用，经叶片的出口被甩出叶轮。这些被甩出的流体挤入机壳后，机壳内流体压强增高，最后被导向泵或风机的出口排出。与此同时，叶轮中心由于流体被甩出而形成真空，外界的流体在大气压的作用下，沿泵或风机的进口吸入叶轮，如此源源不断地输送流体。

（2）离心式泵与风机的性能参数

1）流量，一般用符号Q表示，单位采用m^3/s或m^3/h；

2）泵的扬程，一般用符号H表示，单位常采用mH_2O；

3）风机的全压，一般用符号P表示，单位长采用Pa；

4）功率，一般用符号N表示，单位长采用W或kW，功率分为有效功率和轴功率；

5）效率和转速，效率一般用符号η表示；转速一般采用符号n表示，单位采用r/min。

（3）泵与风机的损失

1）流动损失：流动损失的根本原因在于流体具有黏滞性。

2）泄漏损失：外泄漏，离心泵与风机的静止元件和转动部件间存在一定间隙，流体会从泵与风机转轴与蜗壳之间的间隙处泄漏，一般可忽略不计。内泄漏：在叶轮工作室，机内存在着高压区和低压区，蜗壳靠近前盘的气流，经过叶轮进口与进气口之间的间隙，流回到叶轮进口的低压区而引起的损失。

3）轮阻损失：因为流体具有黏性，所以当叶轮旋转时引起了流体与叶轮前、后盘外侧面和轮缘与周围流体的摩擦损失。

（4）泵与风机的理论特性曲线

泵与风机的理论特性曲线包括流量和扬程特性曲线、流量和所需外加轴功率特性曲线以及流量与设备本身效率特性曲线。泵与风机所提供的流量和扬程之间的关系用$H=f_1$

（Q）来表示；泵与风机所提供的流量和所需外加轴功率之间的关系用 $N=f_2(Q)$ 来表示；泵与风机所提供的流量与设备本身效率之间的关系用 $\eta=f_3(Q)$ 来表示。泵与风机的理论特性曲线通过实验测定给出，是选择泵与风机的主要依据。

（5）叶型对性能的影响

径向叶型的功率曲线为一条直线，前向叶型的叶轮功率曲线是一条向上凸的二次曲线，后向叶型功率曲线是一条向下凹的曲线。前向叶型的风机所需的轴功率随流量的增加而增长得很快。在其他条件相同时，前向叶片叶轮给出的能量高，后向叶片叶轮最低，而径向叶片叶轮居中。

几种叶片形式的比较：

1）从流体所获得的扬程看，前向叶片最大，径向叶片稍次，后向叶片最小。

2）从效率观点看，后向叶片最高，径向叶片居中，前向叶片最低。

3）从结构尺寸看，在流量和转速一定时，达到相同的压力前提下，前向叶轮直径最小，而径向叶轮直径稍次，后向叶轮直径最大。

4）从工艺观点看，直叶片制造最简单。

因此，大功率的泵与风机一般用后向叶片。如果对泵与风机的压力要求较高，而转速或圆周速度又受到一定限制时，则往往选用前向叶片。从摩擦和积垢角度看，选用径向直叶片较为有利。

2. 泵、风机在管网系统中的工作状态点

（1）管网特性曲线

管网中流体的流动阻力与流量之间的关系：

$$\Delta P=SL^2 \tag{3.5-4}$$

式中　L——管网的流量；

　　　　S——管网的总阻抗，它与管网几何尺寸、摩擦阻力系数、局部阻力系数、流体密度有关。当这些因素不变时，S 为常数。

影响管网特性曲线的形状的决定因素是阻抗 S。

S 值越大，曲线越陡。

$$S=f(l,d,K,\sum\xi,\rho) \tag{3.5-5}$$

（2）管网系统对泵、风机性能的影响

产品样本给出的某种类型、规格的泵、风机的性能曲线（或性能参数表），是根据某种标准实验状态下测试得到的数据整理绘制而成的。由于泵（风机）是在特定管网中工作，其出入口与管网的连接状况一般与性能试验时不一致，将导致泵（风机）的性能发生改变（一般会下降）。由于泵、风机进出口与管网系统的连接方式对泵（风机）的性能特性产生的影响，导致泵（风机）的性能下降被称为"系统效应"。"系统效应"包括入口系统效应和出口系统效应。

（3）泵、风机在管网系统中的工作状态点

将泵、风机在管网中的实际性能曲线中的流量—压头曲线与其接入管网系统的管网特性曲线，用相同的比例尺、相同的单位绘在同一直角坐标图上，那么，两条曲线的交点即为该泵（风机）在该管网系统中的工作状态点，或运行工况点，如图3.5-3的 A 点。在这一点上，泵、风机的工作流量即为管网中通过的流量，提供的压头与管网在该流量下的阻力相一致（该管网的 $P_{st}=0$）。大多数泵或风机的 $Q-P$ 曲线是平缓下降的曲线，这种情况下运行工况是稳定的。有些低比转数的泵或风机的 $Q-H$ 性能曲线是驼峰形，如图 3.5-4 所示。这样的泵（风机）的性能曲线有可能与管网特性曲线有两个交点 D 和 E。D 点在泵或风机性能曲线的下降段，如上述是稳定的工况点，而 E 点是不稳定工况点。

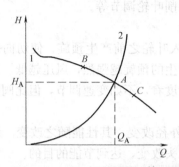

图 3.5-3 网系统中泵（风机）的工作点

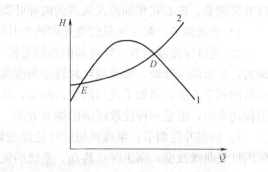

图 3.5-4 泵（风机）的不稳定状况

综上所述，对于具有驼峰形性能曲线的泵（风机）而言，在其压头峰值点的右侧区间运行时，设备的工作状态能自动保持平衡，稳定工作，把这一稳定的区间称为稳定工作区。而在性能曲线峰值的左侧区域运行时，设备的工作状态不稳定，因而此区域为非稳定工作区。

当风机在非稳定工作区运行时，可能出现一会儿由风机输出流体，一会儿流体由管网中向风机内部倒流的现象，专业中称之为"喘振"。然而，并非在非稳定区工作时必然发生喘振。只有当风机特性曲线峰值左侧较陡，运行工况点离峰值较远时，才开始发生喘振。

喘振的防治方法有：
1）尽量避免设备在非稳定区工作。
2）采用旁通或放空法。
3）增速节流法
4）管网系统中泵、风机的联合运行

两台或两台以上的泵或风机在同一管路系统中工作，称为联合运行。联合运行又分为并联和串联两种情况。其联合运行的目的，在于增加流量或增加压头。泵、风机并联工作的特点是各台设备的工作压头相同，而总流量等于各台设备流量之和。并联后单台设备流量减小。管路特性曲线较陡，故不宜采用并联工作。随并联台数增加，单台设备流量减少越多，并联效果越差。两台性能不同的设备并联，压头小的设备输出流量小。泵或风机串联工作的特点是通过各台设备的流量相同，而总压头为各台设备压头的总和，串联单台设备压头减小，流量增加，串联台数增多，后面设备压强增大。管路特性曲线较陡，串联工作效果好。

3. 泵、风机的工况调节

（1）调节管网系统特性

改变管网特性曲线最常用的方法是改变管网中的阀门开启程度，从而改变管网的阻力特性（S），使管网特性曲线变陡或变缓，从而达到调节流量的目的。对于液体管路，泵的调节阀通常只能装在压出管上。对于气体管路，可以在风机出口设置调节阀，但如上分析，此种方式经济性较差。较为经济的方式是在其进口设置调节阀。

(2) 调节泵、风机的性能

泵与风机的性能调节方式可分为非变速调节和变速调节两大类，非变速调节又分为入口节流调节、离心式和轴流式风机的前导叶调节、切削叶轮调节等。

1) 变速调节：泵、风机的变速即改变其转数；

2) 进口导流器调节：导流器的作用是使气流进入叶轮之前产生预旋，使切向分速度加大，从而风压降低。导流器叶片转动角度越大，产生的预旋越强烈，风压越低。采用导流器的调节方法，增加了进口的撞击损失，从节能角度看，不如变速调节，但比阀门调节消耗功率小，也是一种比较经济的调节方法。

3) 切削叶轮调节：泵或风机的叶轮经过切削，外径改变，其性能随之改变。泵或风机的性能曲线改变，则工况点移动，系统的流量和压头改变，达到节能的目的。

4) 水泵的气穴和气蚀现象

气穴现象：泵中最低压力如果降低到工作温度下的饱和蒸汽压力，液体就大量汽化，溶解在液体里的气体也自动逸出，出现"冷沸"现象，形成的汽泡中充满蒸汽和逸出的气体。气泡随流体进入叶轮中压力升高区域时，汽泡突然被四周水压压破，流体因惯性以高速冲向汽泡中心，在汽泡闭合区内产生强烈的局部水锤现象。此时可以听到汽泡冲破时的炸裂噪声，这种现象称为气穴。

气蚀现象：在气穴区域，金属表面承受这局部水锤作用。经过一段时间后，金属会产生疲劳，其表面开始呈蜂窝状；随之，应力更为集中，叶片出现裂缝和剥落。当流体为水时，由于水和蜂窝表面间歇接触，蜂窝的侧壁与底之间产生电位差，引起电化腐蚀，使裂缝加宽。最后达到完全蚀坏的程度。泵叶片进口端产生的这种效应称为"气蚀"。

4. 泵、风机的选用

(1) 泵的选用原则

1) 根据输送液体物理化学性质选取适用种类的泵；

2) 泵的流量和扬程能满足使用工况下的要求，并且应有 10%~20% 的富裕量；

3) 应使工作状态点经常处于较高效率值范围内；

4) 当流量较大时，宜考虑多台并联运行；但并联台数不宜过多，尽可能采用同型号泵并联；

5) 选泵时必须考虑系统静压对泵体的作用，注意工作压力应在泵壳体和填料的承压能力范围之内；

(2) 风机的选用原则

1) 根据风机输送气体的物理、化学性质的不同，如有清洁气体、易燃、易爆、粉尘、腐蚀性等气体之分，选用不同用途的风机；

2) 风机的流量和压头能满足运行工况的使用要求，并应有 10%~20% 的富裕量；

3) 应使风机的工作状态点经常处于高效率区，并在流量—压头曲线最高点的右侧下降段上，以保证工作的稳定性和经济性；

4) 对有消声要求的通风系统，应首先选择效率高、转数低的风机，并应采取相应的消声减振措施；

5）尽可能避免采用多台并联或串联的方式。当不可避免时，应选择同型号的风机联合工作。

第六节　热质交换原理与设备

课程简介

热质交换原理与设备是建筑环境与设备工程专业一门新的平台课，是将专业中相关基础课和多门专业课程中涉及的大量热质交换原理与设备的共性内容抽取出来，经过充实整理而形成的一门新课程。它的理论基础是以动量传输、热量传输和质量传输共同构成的传输理论。本课程也提供了一个平台，使得原先分散在不同的专业课程中的各种热质交换设备能以其内在的规律性有机的联系起来，从而使得众多的热质交换设备之间的结构特点和性能的异同比较容易搞清楚。

本课程主要包括两部分内容：热质交换过程和热质交换设备。热质交换过程则包括传热传质过程、相变热质交换、空气热质处理方法、其他形式的热质交换；热质交换设备则包括热质交换设备类型、设备的热工计算方法等。

该课程总学时为 32 学时、其中实验学时 2 学时。

先修课程：传热学、流体力学、工程热力学及相关专业课。

一、热质交换现象

在建筑环境与设备工程领域，存在着大量的动量、热量和质量的传递现象。它们有时以一种形式出现，有时三种形式同时出现，且相互作用，相互影响。

1. 三种传递现象之间的联系

热质交换主要有动量、热量和质量的传递。当物系中存在速度、温度和浓度的梯度时，则分别发生动量、热量和质量的传递现象。动量、热量和质量的传递，既可以是分子的微观运动引起的分子扩散，也可以是由旋涡混合造成的流体微团的宏观运动引起的湍流传递。

以分子传递为例，从微观的角度来看，当流场中速度分布不均匀，从流体力学的知识可知，分子传递的结果产生了切应力，用牛顿黏性定律描述如下：

$$\tau = -\mu \frac{\mathrm{d}u}{\mathrm{d}y} \qquad (3.6-1)$$

式中　τ——切应力，表示单位时间内通过单位面积传递的动量，又称动量通量密度，N/m^2；

μ——流体的动力黏性系数，$Pa \cdot s$；

u——流体沿 x 方向的运动速度，m/s；

y——垂直于运动方向的坐标，m；

$\frac{\mathrm{d}u}{\mathrm{d}y}$——速度梯度，或称速度的变化率，表示速度沿垂直于速度方向 y 的变化率，$1/s$。

式（3.6-1）表示两个做直线运动的流体层之间的切应力正比于垂直于运动方向的速度变化率。负号表示黏性动量通量的方向是速度梯度的负方向，或者说动量是朝速度减小的方向传递的。

当温度分布不均匀时，从传热学的知识可知，分子传递的结果产生了热传导，它可用傅立叶定律描述。傅立叶定律指出，在均匀的各向同性材料内的一维温度场中，通过热传导方式传递的热量通量密度为：

$$q = -\lambda \frac{\mathrm{d}t}{\mathrm{d}y} \tag{3.6-2}$$

式中　q——热量通量密度，或能量通量密度，表示单位时间内通过单位面积传递的热量，J/($m^2 \cdot s$)；

　　　λ——导热系数，W/($m \cdot ℃$)；

　　　t——流体的温度，℃；

　　　y——温度发生变化方向的坐标，m；

　　　$\frac{\mathrm{d}t}{\mathrm{d}y}$——温度梯度，表示温度沿垂直于 y 方向的变化率，℃/m。

式（3.6-2）表示物体之间的热量传递正比于某温度梯度。负号表示热量传递的方向是温度梯度的负方向，或者说热量是朝温度降低的方向传递的。同样，不同的物体有不同的这种传递热量的能力，这种性质用物体的导热系数来反映。

对于浓度分布不均匀的情况，在多组分的混合流体中，如果某种组分的浓度分布不均匀，分子传递的结果便引起该组分的质量扩散。由斐克定律可知，在无总体流动或静止的双组分混合物中，若组分 A 的质量分数 C_A 的分布为一维的，则通过分子扩散传递的组分 A 的质量通量密度为：

$$m_A = -D_{AB} \frac{\mathrm{d}C_A}{\mathrm{d}y} \tag{3.6-3}$$

式中　m_A——组分 A 的质量通量密度，表示单位时间内，通过单位面积传递的组分 A 的质量，kg/($m^2 \cdot s$)；

　　　D_{AB}——组分 A 在组分 B 中的扩散系数，m^2/s；

　　　C_A——扩散组分 A 在某空间位置上的质量浓度，kg/m^3；

　　　y——组分 A 在密度发生变化的方向上的坐标，m；

　　　$\frac{\mathrm{d}C_A}{\mathrm{d}y}$——组分 A 的质量浓度梯度，kg/($m^3 \cdot m$)。

式（3.6-3）表示质量传递正比于其浓度梯度。负号表示质量传递的方向是浓度梯度的负方向，或者说质量是朝浓度降低的方向传递的。同样，不同的物体有不同的传递质量的能力，这种性质用物体的分子扩散系数来反映。

在湍流流动中，除分子传递现象外，宏观流体微团的不规则混掺运动也引起动量、热量和质量的传递，其结果从表面上看起来相当于在流体中产生了附加的"湍流切应力"、"湍流热传导"和"湍流质量扩散"。由于流体微团的质量比分子的质量大得多，所以湍流传递的强度自然要比分子传递的强度大得多。

由式（3.6-1）～式（3.6-3）可见，表示三种分子传递性质的数学公式是类似的，因而这三个传递公式可以用如下的统一公式来表示：

$$FD\Phi' = -C \frac{\mathrm{d}\Phi}{\mathrm{d}y} \tag{3.6-4}$$

式中　$FD\Phi'$——Φ'的通量密度；

　　　$\mathrm{d}\Phi/\mathrm{d}y$——$\Phi$的变化率；

　　　C——比例常数。

Φ'可分别表示为质量、动量和热量，而Φ可分别表示质量浓度（单位体积的质量）、动量浓度（单位体积的动量）和能量浓度（单位体积的能量）。

这些表达式说明动量交换、热量交换、质量交换的规律可以类比。动量交换传递的量是运动流体单位容积所具有的动量；热量交换传递的量是每单位容积所具有的能量；质量交换传递的量是扩散物质每单位容积所具有的质量。显然这些量的传递速率都分别与各个量的梯度成正比。比例系数均表示了物体具有的扩散性质。在前面的章节中我们以分子传递为例，从微观的角度考察了流场中速度、温度、浓度分布不均匀时，它们动量交换、热量交换和质量交换的规律可以类比。同样考察在流体的湍流中的传递现象，这三种传递现象也存在着类比关系。

再来考察两相之间的传递现象，仍可发现着三种传递现象存在这样的类比关系，正是由于这三种传递现象基本传递公式的类似性，将导致它们传递过程具有一系列类似的特性。

2. 本专业中典型的热质交换现象

建筑环境与设备工程专业主要是研究供热、供燃气、通风与空调工程及城市燃气工程的设计、施工、监理及设备研制等相关理论、方法和工艺的学科。其内容包括民用与工业建筑、运载工具及人工气候室中的温湿度、清洁度及空气质量的控制，为实现此环境控制的采暖、通风和空调系统，与之相应的冷热源及能量转换设备，蒸汽、热水、燃气输送系统。它涉及建筑、热工、机械、环境、能源、自控等多个领域。在本专业领域内，均伴随热质交换现象的存在，有大量的内容涉及热质传递原理及其应用，如制冷技术中制冷剂在冷凝器中的冷凝过程，空调工程中空气的热湿处理过程，冷却塔中空气与水之间的热质交换，甚至房间里污染物的散发与扩散等等，这些都是本专业中典型而且重要的热质交换现象。

3. 本门课程在专业中的地位和作用

热质交换原理与设备这门课程是将原来专业中的供热工程、工业通风、空气调节、空气调节用制冷技术、锅炉及锅炉房设备、燃气燃烧等课程中牵涉到流体热质交换原理及相应设备的内容抽出，在三门专业基础课流体力学、传热学、工程热力学的基础上，经综合、充实、整理、加工而形成的一门课程。本门课程定位于专业基础课，它侧重于原理的介绍。而原理都具有相对的稳定性，同时其理论体系也有一定的相对独立性和完整性。通过共性的基础知识的介绍，就可以在专业课中根据现有的技术，应用专业的基础知识来解决专业中的实际工程问题。

4. 本门课程的主要内容和学习方法

通过本课程的学习，要求学生了解本课程在专业中的地位与重要性；在掌握传热学知识的基础上，进一步掌握传质学的相关理论，并掌握动量、能量及质量传递间的类比方法；熟悉固、液相变换热的基本原理，了解蓄冰技术在集中空调中的应用；熟悉对空气处理的各种方案，掌握空气—水之间热质交换的基本理论和基本方法；熟悉用固体吸附和液体吸收对空气处理的机理与方法；了解本专业常用热质见换设备的形式与结构，掌握其热工计算方法，并具有对其进行性能评价和优化设计的初步能力。

二、热质交换过程

1. 传质概论

（1）混合物组成的表示方法

1）质量浓度

在多组分系统中，各组分的组成有不同的表示方法，在此只讨论质量浓度和摩尔浓度的概念。质量浓度是指在单位容积（m³）中所含某组分，称为该组分的质量浓度，用符号 ρ_i 表示，单位是 kg/m^3。

2）摩尔浓度

摩尔浓度是指在单位容积中所含组分 i 的物质的量，称为该组分的摩尔浓度（物质的量浓度），用符号 c_i 表示，单位是 mol/m^3 或 $kmol/m^3$。

（2）传质的速度与扩散通量

1）传质的速度

在多组分系统的传质过程中，各组分均以不同的速度运动。各组分相对于某静止平面的速度称为该组分的绝对速度，绝对速度＝主体流动速度＋扩散速度。

扩散现象可在气体、液体和固体中产生，由于不同物质分子运动的差异，气体中的扩散速度较快，液体次之，而以固体中的扩散最慢。

2）扩散通量

扩散通量是指单位时间内垂直通过单位面积的某一组分的物质数量。随着取用的浓度单位不同，扩散通量可表示为质扩散通量 $M[kmol/m^3]$ 和摩尔扩散通量 $N[kmol/(m^2 \cdot s)]$ 等。

（3）质量传递的基本方式

1）分子传质

与热量传递中的导热和对流传热类似，质量传递的方式也分为分子传质和对流传质。

分子传质又称为分子扩散，它是由分子的无规则热运动而形成的物质传递现象。分子扩散可以因浓度梯度、温度梯度或压力梯度而产生，或者是因对混合物施加一个有向的外加电势而产生。在没有浓度差的二元体系中，如果各处存在温度差或总压力差，也会产生扩散，前者为热扩散，后者为压力扩散。扩散的结果会导致浓度变化并引起浓度扩散，最后温度扩散或压力扩散与浓度扩散相互平衡，建立一个稳定状态。为简化起见，在工程计算中当温差或总压差不大的条件下，可不计算热扩散和压力扩散，只考虑均温、均压下的浓度扩散。

2）对流传质

对流传质是指壁面和运动流体之间，或两个有限互溶的运动流体之间的质量传递。流体做对流运动，当流体中存在浓度差时，对流扩散亦必同时伴随分子扩散，分子扩散与对流扩散的共同作用称为对流质交换，这一机理与对流换热类似，单纯的对流扩散是不存在的。对流质交换是在流体与液体或固体的两相交界面上完成的，例如空气掠过水表面时水的蒸发。

分子扩散只有在固体、静止或层流流动的流体内才会单独发生。在湍流流体中，由于存在大大小小的漩涡运动，从而引起各部位流体见的剧烈混合，在有浓度差存在的条件下，物质便朝着浓度降低的方向进行传递。这种凭借流体质点的湍流和漩涡来传递物质的现象，称为紊流扩散。显然在湍流流体中，虽然有强烈的紊流扩散，但分子扩散是时刻存在的。由于紊流扩散的通量远大于分子扩散的通量，一般可忽略分子扩散的影响。

2. 扩散传质

（1）斐克定律

设系统由 A、B 两部分组成，组分 A、B 通过系统内任一静止平面的速度为 u_A、u_B，该混合物通过该平面的速度为 u。在浓度场不随时间而变化的稳态扩散条件下，当无整体流动，组成二元混合物中组分 A 和组分 B 将发生互扩散。其中组分 A 向组分 B 的扩散通量（质量通量 j 或摩尔通量 J）与组分 A 的浓度梯度成正比，这就是扩散基本定律——斐克定律。

应予指出，斐克定律只适用于由于分子无规则热运动引起的扩散过程，其传递的速度即为扩散速度 $u_A - u$（或 $u_A - u_m$）。若在扩散的同时伴有混合物的主体流动，则物质实际传递的通量除分子扩散通量外，还应考虑由于主体流动而形成的通量。

（2）斐克定律的应用

斐克定律可应用于气体、液体和固体中的扩散。如果把扩散系数作为一个可调参数，可用斐克定律对多种情况求得质量通量和浓度分布。扩散系数的大小主要取决于扩散物质和扩散介质的种类及其温度和压力。质扩散系数一般要由实验测定。某些气体与气体之间的气体在液体中扩散系数的典型值如表 3.6-1 所示。

气—气质扩散系数和气体在液体中的质扩散系数 D（m^2/s）　　　　表 3.6-1

气体在空气中的扩散系数，$t=25℃$，$p=1atm$			
氨——空气	2.81×10^{-5}	苯蒸气——空气	0.84×10^{-5}
水蒸气——空气	2.55×10^{-5}	甲苯蒸气——空气	0.88×10^{-5}
CO_2——空气	1.64×10^{-5}	乙醚蒸气——空气	0.93×10^{-5}
O_2——空气	2.05×10^{-5}	甲醇蒸气——空气	1.59×10^{-5}
H_2——空气	4.11×10^{-5}	乙醇蒸气——空气	1.19×10^{-5}
液相，$t=20℃$，稀溶液			
氨——水	1.75×10^{-9}	氯化氢——水	2.58×10^{-9}
CO_2——水	1.78×10^{-9}	氯化钠——水	2.58×10^{-9}
O_2——水	1.81×10^{-9}	乙烯醇——水	0.97×10^{-9}
H_2——水	5.19×10^{-9}	CO_2——水	3.42×10^{-9}

在气体扩散过程中，分子扩散有两种形式，即双向扩散和单向扩散。

液体中的分子扩散速率远远低于气体中的分子扩散速率，其原因是分子之间的距离较近，扩散物质 A 的分子运动容易与邻近液体 B 的分子相碰撞，使本身的扩散速率减慢。

固体中的扩散在暖通空调工程中经常遇到，例如固体物料的干燥、固体吸附、固体除湿等过程，均属于固体中的扩散。固体中的扩散有两种类型，一种是与固体内部结构无关的扩散；另一种是与固体内部结构有关的多孔介质中的扩散。

3. 对流传质

扩散传质就是物质间的无规则分子运动产生的质量传递，对流扩散则是研究流体流过物体表面时发生的传质行为。在暖通空调工程中，流体多处于运动状态，对流传质所涉及的内容即为运动着的流体之间或流体与界面之间的物质传递问题。例如空气流过水面、水气两相之间的传质这一经常发生的物理现象即属此类。这种过程既包括由流体位移所产生的对流作用，同时也包括流体间的扩散作用。这种分子扩散和对流扩散的总作用称为对流传质。

在对流传质过程中，虽然分子扩散起着重要作用，但流体的流动却是其存在的基础，因此，对流传质过程与流体的运动特性密切相关，如流体流动的起因、流体的流动性质和流动的可视条件等等。对流传质过程不仅与动量和热量传输过程类似，而且存在着密切的依存关系，因此对流传质的许多问题可以采用与传热过程类比的方法处理。

利用该方法仅能求得一些较为简单的问题，如层流传质问题，而对实际工程中的湍流传质问题，尚不能用此方法进行求解。

在湍流主体中，有大量漩涡存在，这些大大小小的漩涡运动十分激烈。因此，在该处主要发生紊流传质，而分子扩散的影响可以忽略不计。在湍流流体中，宏观流体微团的不规则混掺运动引起了动量、热量和质量的传递。而湍流动量传递、湍流热量传递、湍流质量传递则通过建立微分方程来计算湍流问题。由于湍流动量传递、湍流热量传递、湍流质量三个传递系数比分子传递系数困难得多，因此湍流流动的理论分析仍然是远未彻底解决的问题，主要靠实验来解决。

三、热质交换设备

在实际工程应用中，经常需要在系统及其周围环境之间或在同一系统的不同部分之间传递热量和质量，这种以在两种流体之间传递热量和质量为基本目的的设备称为热质交换设备。在热质交换设备中，有的仅有热量的传递，有的热量和质量传递同时发生。

1. 热质交换设备的分类

热质交换设备的分类方法很多，可以按工作原理、流体流动方向、设备用途、传热传质表面结构、制造材质等分为多种类型。在各种分类方法中，最基本的是按工作原理分类。

（1）按工作原理分类

按不同的工作原理可以把热质交换设备分为：间壁式、直接接触式、蓄热式和热管式等类型。

间壁式换热器又称表面式换热器，此类换热器利用间壁（固体壁面）将进行热交换的冷热两种流体隔开，互不接触，热量由热流体通过间壁传递给冷流体。间壁式换热器是工业生产中应用最为广泛的换热器，其形式多种多样，常见的有管壳式换热器和板式换热器。

直接接触式换热器又称为混合式换热器，此类热质交换设备利用冷、热流体直接接触，彼此混合进行换热，如冷却塔、气压冷凝器等。为增加两流体的接触面积，以达到充分换热，在设备中常放置填料和栅板，通常采用塔状结构。直接接触式换热器具有传热效率高、单位容积提供的传热面积大、设备结构简单、价格便宜等优点，但仅适用于工艺上允许两种流体混合的场合。

蓄热式换热器又称回热式或再生式换热器，它借助于由固体构件组成的蓄热体，实现热流体（如烟气）和冷流体（如冷空气）之间的换热。在换热器内首先通过热流体，把热量积蓄在蓄热体中，然后通过冷流体，由蓄热体把热量释放给冷流体。在蓄热式换热器中所进行的传递过程为非稳态过程，蓄热体壁不停地、周而复始地被加热和冷却，壁面和壁内部的温度处于不停的变化之中。

由于两种流体交替与蓄热体接触，因此不可避免地会使两种流体少量混合。若两种流体不允许有混合，则不能采用蓄热式换热器。

热管式换热器是以热管为换热元件的换热器。由若干支热管组成的换热管束通过中隔板置于壳体内，中隔板与热管加热段、冷却段及相应的壳体内分别形成冷、热流体通道。热、冷流体在通道中横掠热管束实现传热。当前该类换热器多用于各种余热回收工程。

在间壁式、混合式、蓄热式三种主要热质交换设备类型中，间壁式换热器的分析研究和计算方法比较丰富和完整，因而在对混合式和蓄热式换热器进行分析和计算时，也常采用一些源于间壁式换热器的方法。

（2）按照热流体与冷流体的流动方向分类

热质交换设备按其内部热流体与冷流体的流动方向，可分为顺流式、逆流式、叉流式和混合式等类型。

顺流式或称并流式，其冷、热两种流体平行地向着同一方向流动。通常情况下，冷热流体用平壁或同心管隔开。在此类顺流换热器中，热、冷流体由同一端进入换热器，向着同一方向流动，并由同一端离开换热器。

逆流式，其冷、热流体流动也是平行流动，但是它们的流动方向相反。冷、热流体逆向流动，由相对的两端进入换热器，向着相反的方向流动，并由不同的两端离开换热器。

叉流式又称错流式，两种流体的流动方向互相垂直相交。这种布置通常用在气体受迫流过一个管束而管内则是被泵输送的液体。

混流式，两种流体在流动过程中既有顺流部分，又有逆流部分。当冷、热流体交叉次数在四次以上时，可根据两种流体流向的总趋势，将其看成逆流或顺流。

下面对种流动形式做一比较。

在各种流动形式中，顺流和逆流可以看作是两个极端的情况。在进出口温度相同的条件下，逆流的平均温差最大，顺流的平均温差最小。顺流时，冷流体的出口温度总是低于热流体的出口温度，而逆流时冷流体的出口温度却可能超过热流体的出口温度。

从这些方面来看，热质交换设备应当尽量布置成逆流式，尽可能避免布置成顺流式。但逆流布置也有一个缺点，即冷流体和热流体的最高温度发生在换热器的同一端，使得此处的壁温较高，对于高温换热器来说，这是要注意的。为了降低这里的壁温，有时有意改用顺流式，锅炉的高温过热器就有这种情况。

当冷、热流体中有一种发生相变时，布置这类换热器就无所谓顺流和逆流了。同样，当两种流体的热容量相差较大，或者冷、热流体之间的温差比冷、热流体本身的温度变化大得多时，顺流、逆流的差别就不显著了。纯粹的顺流和逆流，只有在套管换热器或螺旋板换热器中才能实现。但对于工程计算来说，当混合流的管束曲折次数超过4次，就可以作为纯逆流和纯顺流来处理了。

（3）按用途分类

热质交换设备按照用途来分，有表冷器、预热器、加热器、喷淋室、过热器、冷凝器、蒸发器、加湿器、暖风机等。

表冷器用于把流体冷却到所需温度，被冷却流体在冷却过程中不发生相变，但其内部某种成分（如空气中的水蒸气），可能出现凝结现象。

预热器用于预先加热流体，以使整套工艺装置的效率得到改善。

加热器用于把流体加热到所需温度，被加热流体在加热过程中不发生相变。

在喷淋室中，通过向被处理流体喷射液体，以直接接触的方式实现对被处理流体的加热、冷却、加湿、减湿等过程。

过热器用于加热饱和蒸汽到其过热状态。

冷凝器用于冷却凝结性饱和蒸汽，使之放出汽化潜热而凝结液化。

蒸发器用于加热液体使之蒸发汽化，或利用低压液体蒸发汽化以吸收另一种流体的热量。

加湿器用于增加被处理对象的湿度。

暖风机用于加热空气，以向被供暖房间提供热量。

（4）按制造材料分

热质交换设备按制造材料可分为金属材料、非金属材料及稀有金属材料等类型。在生产中使用最多的是普通金属材料，如碳钢、不锈钢、铝、铜、镍及其合金等制造的热质交换设备。

非金属材料有石墨、工程塑料、玻璃、陶瓷换热器等。石墨具有优良的耐腐蚀及传热性能，线膨胀系数小，不易结垢，机械加工性能好，但易脆裂、不抗拉、不抗弯。石墨换热器在强腐蚀性液体或气体中应用最能发挥其优点，它几乎可以处理除氧化酸以外的一切酸碱溶液。

用于制造热质交换设备的工程塑料很多，目前以聚四氟乙烯为最佳，其性能可与金属换热器相比，但它却具有特殊的耐腐蚀性，主要用于硫酸厂的酸冷却，用以替代原有冷却器，可以获得显著的经济效益。

玻璃换热器能抗化学腐蚀，且能保证被处理介质不受或少受污染。它广泛应用于医药、化学工业，例如香精及高纯度硫酸蒸馏等工艺过程。

稀有金属换热器是在解决高温、强腐蚀等换热问题时研制出来的，但材料价格昂贵，使其应用范围受到限制。为了降低成本，已发展了复合材料，如以复合钢板和衬里等提供使用。对于制造换热器，目前是钛金属应用较多，锆等其他稀有金属应用较少。

2. 间壁式换热器的形式与结构

间壁式换热器的种类很多，从构造上主要可分为：管壳式、肋片管式、板式、板翅式、螺旋板式等，其中前三种用得最为广泛，在此只介绍板式换热器。

板式换热器分为板式显热换热器和板式全热换热器，板式显热换热器由铝箔等金属板组装而成，板间距为 4～8mm，两种气流之间用金属板相隔，传热通过金属隔板进行。通道截面一般采用 U 形或三角形，使在同样的设备体积下，可以增大空气与板的接触面积。板翅式全热换热器采用多孔纤维性材料，通常用经过特殊加工的纸作基材，对其表面进行特殊处理后制成单元体，然后将单元体的波纹板交叉叠积，用特种胶将其峰谷与隔板粘结而形成。当隔板两侧的气流之间存在温度差和水蒸气压力差时，两股气流之间将产生传热和传湿，进行全热交换。

用于显热交换的间壁式换热器，也可用于既有显热交换又有潜热交换的场合，只是考虑到换热设备两端流体不同，使用的间壁式换热器种类和形式有所不同。

3. 混合式换热器的形式与结构

混合式换热器是靠冷、热流体直接接触而换热的，这种传热方式避免了传热间壁及其两侧的污垢热阻，只要流体间的接触状况良好，就有较大的传热速率。故凡允许流体相互混合的场合，都可以采用混合式热交换器，例如气体的洗涤和冷却、循环水的冷却、汽—水之间的混合加热、蒸汽的冷凝等等，它的应用遍及化工和冶金企业、动力工程、建筑环境与设备工程等许多领域。

按照用途的不同，可将混合换热器分为以下几种不同的类型：

（1）冷却塔

在这种设备中，用自然通风或机械通风的方法，将生产中高温度的水进行冷却降温后再循环使用，以提高系统的经济效益。例如热力发电厂或核电站的循环水、合成氨生产中的冷却水等，经过水冷却塔降温再循环使用，这种方法在实际工程中得到了广泛的应用。

（2）气体洗涤塔（或称洗涤塔）

在工业上用这种设备来洗涤气体有各种目的，例如用液体吸收气体混合物中的某些组分，除净气体中的灰尘，气体的增湿或干燥等。但其最广泛的用途是冷却气体，而冷却所用的液体以水居多。空调工程中广泛使用的喷淋室，可以认为是它的一种特殊形式。喷淋室不但可以像气体洗涤塔一样对空气进行冷却，而且还可对其进行加热处理。但是，它也有对水质要求高、占地面积大、水泵耗能多等缺点。所以，目前在一般建筑中，喷淋室已不常使用或仅作为加湿设备使用。但是，在以调节湿度为主要目的的纺织厂、卷烟厂等仍大量使用。

（3）喷射式热交换器

在这种设备中，使压力较高的流体由喷管喷出，形成很高的速度，低压流体被引入混合室与射流直接接触进行传热传质，并一同进入扩散管，在扩散管的出口达到同一压力和温度后送给用户。

（4）混合式冷凝器

这种设备一般是用水与蒸汽直接接触的方法使蒸汽冷凝，最后得到的是水与冷凝液的混合物。可以根据需要，或循环使用，或就地排放。

以上这些混合式热交换器的共同优点是结构简单，消耗材料少，接触面大，并因直接接触而有可能使得热量的利用比较完全。因此它的应用日渐广泛，对其传热传质机理的探讨和结构的改进等方面，也进行了较多的研究。但是应该说，混合热交换理论的研究水平，还远远不能与这类设备的广泛应用相适应。

4. 热质交换设备的热工计算

热质交换设备的热工计算也是本课程的重要内容，在此不再赘述，详见教材。

第七节　建筑环境测试技术

课程简介

建筑环境测试技术是建筑环境与设备工程专业开设的一门专业基础课。通过本课程的学习，使学生掌握建筑环境中各种参数的测量原理、测量方法、技术要求和测量仪表的基本原理及应用，培养学生具备设计测试方案、组建测试系统的能力，对拓宽专业口径、扩大学生知识面、调整学生知识结构起到很重要的作用。

本课程的主要内容有测量与测量仪表的基本知识、温度测量方法和测试设备、湿度测量测试设备、压力测量、液位测量、流速及流量测量、热流量测量、成分分析测量等。

该课程总学时为 32 学时，其中实验 6 学时。

先修课程：电工与电子学等。

一、测量的基本知识

测量是人们认识和改造世界的一种不可缺少和替代的手段。测量的目的就是尽可能准确及时地收集被测对象的状态信息，以便对生产过程进行正确的控制。科学技术的发展与测量技术有着密切的联系，没有测量就没有科学。

1. 测量的定义

测量是运用专门的工具，根据物理、化学、生物等原理，通过实验和计算找到被测量的量值。测量是以同性质的标准量与被测量比较，并确定被测量相对标准量的倍数，其定义可用公式来表示：

$$L = X/U$$

式中　X——被测量；

　　　U——标准量（测量单位）；

　　　L——比值，即测量值。

2. 测量的方法

一个物理量的测量可通过不同的方法实现，测量方法的分类形式有多种。按测量手段可分为：直接测量、间接测量和组合测量；按测量方式分为偏差法、零位法和微差法，此外还有精密测量和工程测量、自动测量和非自动测量、接触测量和非接触测量等。

3. 测量误差与测量精度

在实际测量中，由于测量器具不准确、测量手段不完善、环境影响、测量操作不熟练及工作疏忽等因素，都会导致测量结果与被测量真值不同。测量误差就是指测量值与被测量真值之差，表示方法有绝对误差、相对误差、示值相对误差。测量误差可分为系统误差、随机误差、粗大误差。

4. 测量仪表

测量仪表是将被测量转换成可供直接观察的指示值或等效信息的器具，有模拟式和数字式两大类，具有物理量的变换、信号的传输和测量结果的显示等三种最基本的功能。测量仪表是测量系统的主要设备，主要性能指标包括：量程范围、仪表精度、稳定性、输入电阻灵敏度、线性度、动态特性等。

二、温度测量

1. 温度和温标

温度是一个重要的物理量，表示物体的冷热程度。温度的高低可由人的器官感觉出来，但不准确，因此只能借助某种物质的某种特性随温度变化的一定规律来测量，就会形成各种各样的温度计。

温标是衡量温度的标准尺度，是温度的数值表示方法。国际常用的温标有摄氏温标、华氏温标、热力学温标和国际温标（ITS-90）。国际实用温标指出，热力学温度为基本物理量，规定水的三相点温度为 273.16，单位为 K，1K 的大小为水的三相点热力学温度的 1/273.16，由于摄氏温标将冰点定义为 0℃，而冰点比水的三相点低 0.01K，那么冰点温度为 273.15K，即 $t_{90} = T_{90} - 273.15$。

2. 膨胀式温度计

膨胀式温度计利用液体或固体受热膨胀的原理制成，主要有液体膨胀式温度计、固体膨胀式温度计和压力式温度计三种。

玻璃管温度计是最常见的液体膨胀式温度计，其结构如图 3.7-1 所示。根据所填充的液体介质不同能够测量 −200～750℃ 范围的温度。固体膨胀式温度计是利用两种线膨胀系数不同的材料制成，有杆式和金属片式两种，常用作自动控制装置中的温度测量元件。压力式温度计是利用密闭容器内工作介质随温度升高而压力升高的性质，通过对工作介质的压力测量来判断温度的一种机械仪表。

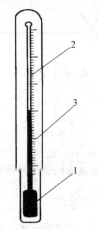

图 3.7-1　玻璃管水银温度计
1—水银存储器；2—毛细管；
3—标尺

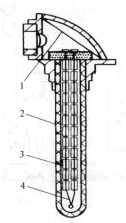

图 3.7-2　工业热电偶的结构
1—接线盒；2—保护套管；
3—绝缘套管；4—热电极

3. 热电偶温度计

热电偶温度计以热电偶作为测温元件，用其测得与温度相应的热电动势，由仪表显示出温度。热电偶的测温原理是热电效应，将两种不同材料的导体或半导体组成一个闭合回路，如果两端点的温度不同，则回路中将产生一定大小的电流，这个电流的大小同材料的性质以及节点温度有关，上述现象称为热电效应。

热电偶的结构如图 3.7-2 所示。根据材质和结构的不同，可分为标准化热电偶和非标准化热电偶。标准化热电偶具有统一的分度，可以互换并有配套的显示仪表供使用。国际电工委员会（ICE）对热电偶公认性能比较好的材料制定了统一的标准，推荐了 7 种标准化热电偶：T 型（铜-康铜）热电偶、K 型（镍铬-镍铝或镍硅）热电偶、E 型（镍铬-康铜）热电偶、J 型（铁-康铜）热电偶、S 型（铂铑 10-铂）热电偶、R 型（铂铑 13-铂）热电偶和 B 型（铂铑 30-铂铑 6）热电偶。

利用热电偶来检测温度还必须进行冷端温度补偿，常用的补偿方法有：冰点法、计算补偿法、校正仪表机械零点法和补偿电桥法。

4. 热电阻温度计

导体或半导体的电阻率与温度有关，利用此特性制成的感温元件与测量电阻的仪表配套组成热电阻温度计。热电阻有金属热电阻和半导体热敏电阻两种。

平衡电桥和不平衡电桥都是测量电阻变化量的仪表，图 3.7-3（a）所示为平衡电桥基本原理图。当电桥平衡时检流计指零，这时有：

$$R_t \cdot R_2 = R_1 \cdot R_3 \qquad 即： \quad R_t = R_1(R_3/R_2)$$

由于 R_2 和 R_3 都是固定的已知电阻，所以被测电阻 R_t 与 R_1 成正比，只要沿 R_1 敷设标尺，便可根据触头位置读出被测电阻值，即被测温度。

图 3.7-3（b）所示为平衡电桥两线接法，连接导线引起的环境附加误差可由三线接法

将此误差减到最小。不平衡电桥在自动检测中应用很广，图 3.7-4 所示为不平衡电桥三线接法原理图。

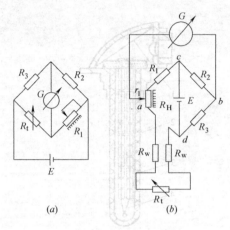

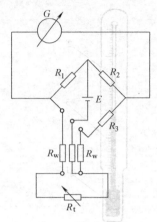

图 3.7-3　平衡电桥原理图　　　　　　　　图 3.7-4　不平衡电桥原理图

三、湿度测量

1. 湿度的表示方法

湿度是表示空气中水蒸气含量多少的尺度，表示方法有绝对湿度、相对湿度和含湿量三种。

2. 湿度的测量方法

对于空调系统，除了温度这个重要参数外，湿度也是一个非常重要的参数，它影响人体的舒适度，通常以相对湿度表示，因此温湿度测量仪表有时会以整体的形式出现。相对湿度的基本测量方法是干湿球法、露点法、吸湿法。

（1）干湿球法湿度测量

根据相对湿度的基本公式，测得干球温度和湿球温度后可计算相对湿度。

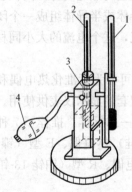

图 3.7-5　露点湿度计

1—干球温度计；2—露点温度计；
3—镀锌铜盒；4—橡皮鼓气球

$$\varphi = \frac{P_n}{P_b} \times 100\% = \frac{P_{b,s} - A(\theta_w - \theta_s)B}{P_b}$$

式中　$P_{b,s}$——相对于湿球温度 θ_s 时的空气中饱和水蒸气压力；

A——与风速有关的系数。

显然计算比较困难，可以在测出空气的干、湿球温度 θ_w、θ_s 的情况下从焓湿图中查出相对湿度。

常用的干湿球法湿度测量仪表有普通干湿球温度计、通风干湿球温度计、电动干湿球温度计。

（2）露点法湿度测量

先测定露点温度 t_L，根据 t_L 确定该温度下饱和水蒸气压力 P_L，P_L 即为被测空气的

160

水蒸气分压力 P_n，代入相对湿度的计算公式中。露点温度指将被测空气冷却，当湿空气冷却到水蒸气达到饱和并开始凝结出水分时所对应的温度。常用的露点法湿度测量仪表有露点湿度计和光电式露点湿度计。

(3) 吸湿法湿度测量

某些物质的含湿量与所在空气的相对湿度有关，同时含湿量大小又引起本身电阻的变化，因此可以用其作为传感器将空气相对湿度转换为元件电阻的测量。

氯化锂电阻湿度计是一种常用的吸湿法湿度测量仪表。氯化锂湿度传感器分梳状和柱状两种形式，如图 3.7-6 所示。两跟平行的铂丝作为电极，本身并不接触，而氯化锂溶液使它们之间构成导电回路，电极之间电阻值的变化反映了空气相对湿度的变化。将氯化锂湿度测头接入交流电桥，将传感器的电阻信号转变为交流电压信号。此电压经放大、检波整流变成与相对湿度成一定函数关系的直流电压。

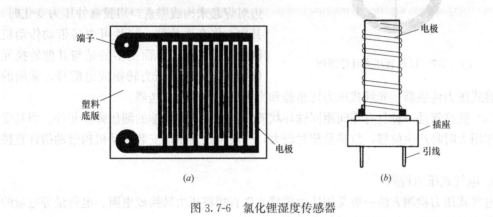

图 3.7-6　氯化锂湿度传感器
(a) 梳状；(b) 柱状

其他吸湿法湿度测量仪表有高分子电阻式湿度传感器、高分子电容式湿度传感器、金属氧化物陶瓷湿度传感器和金属氧化物膜湿度传感器等。

四、压力测量

在供热、通风与供燃气工程中，压力是最常用到的测量参数之一。常用的压力表示方法有绝对压力、表压力、真空度或负压。压力检测仪表的类型很多，按其转换原理的不同可分为液柱式、弹性式、电气式和活塞式等。

1. 液柱式压力计

液柱式压力计是利用液柱对液柱底面产生的静压力与被测压力相平衡的原理，通过液柱高度来反映被测压力大小的仪表。常用的液柱式压力计有 U 形管压力计、单管压力计、斜管式微压计，其结构简单，使用方便，准确度比较高，常用于测量低压、负压、差压。

图 3.7-7 为 U 形管压力计原理图。假设被测的介质为气体，可忽略被测介质的高度形成的静压值。根据流体静力学原理可得：

$$\Delta P = P_1 - P_2 = g\rho(h_1 + h_2)$$

2. 弹性压力计

弹性压力表是利用各种不同形状弹性感压元件在被测压力的作用下，产生弹性变形制成的测压仪表，其结构简单、牢固可靠、测压范围广、使用方便、造价低廉、有足够的精

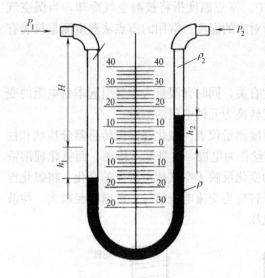

图 3.7-7　U形管压力计原理图

度，可远传。常用弹性压力表有弹簧管式、膜片（盒）式和波纹管式。

（1）弹簧管是一种截面为非圆形并弯成圆弧状的空心管子。弹簧管可以通过传动机构直接指示被测压力，如弹簧管压力表，其应用十分广泛；弹簧管也可以用适当的转换元件把自由端的位移变成电信号输出，如霍尔压力传感器和电感式压力传感器。

（2）膜片是一种沿外缘固定的片状测压弹性元件，当其中心位移很小时与被测压力有良好的线性关系。有时也将两块膜片沿周边对焊起来构成膜盒，当膜盒外压力变化时，其中心将产生位移。膜片可直接带动传动机构指示被测压力，而更多的是与其他转换元件结合使用，将压力转换成电信号，常用的有电容式压力传感器、光纤式压力传感器和力矩平衡式压力变送器。

（3）波纹管是一种具有等间距同轴环状波纹，能沿轴向伸缩的测压弹性元件。当其受轴向作用力时将产生位移，位移量相对较大，一般可在其顶端安装传动机构带动指针直接读数。

3. 电气式压力检测

电气式压力检测方法一般是用压力敏感元件直接将压力转换成电阻、电荷量等电量的变化，主要的压敏元件有压电材料、应变片和压阻元件。

（1）压电材料受压时会在其表面产生电荷，其电荷量与所受压力成正比，电荷量经放大可转换成电压或电流输出。图3.7-8 所示为压电式压力传感器结构示意图，压电元件被夹在两块弹性膜片之间，压力作用于膜片时，压电元件受力而产生电荷。

（2）应变片是基于应变效应工作的一种压力敏感元件，当其受外力作用产生形变时电阻值也将发生变化。应变片一般要和弹性元件一起使用，并与相应的桥路一起构成应变式压力传感器。

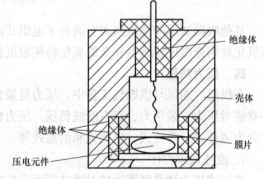

图 3.7-8　压电式压力传感器结构示意图

（3）压阻元件是指在半导体材料的基片上用集成电路工艺制成的扩散电阻，当其受外力作用时阻值由于电阻率的变化而变化。扩散电阻同样也要依附弹性元件工作，常用的是单晶硅膜片。

五、物位测量

物位检测在现代工业生产过程中具有重要地位，检测对象有液位、料位、界面。常见的也是最直观的物位检测是直读式方法，即在容器上开一些窗口以便进行观测。除此之外，目前常见的物位检测方法有静压式物位检测、浮力式物位检测、电气式物位检测、声学式物位检测。

1. 静压式物位检测

（1）检测原理

静压式物位检测一般只用于液位检测。当容器中液位高度变化时，由液柱产生的静压也随之变化。如图 3.7-9 所示，若液位的高度为 H，则液体底部的压力为：

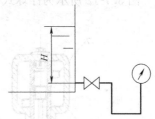

$$P=B+\rho g H$$

式中，B 为大气压力，则液体底部的表压力为：

$$p=P-B=\rho g H$$

图 3.7-9 静压式液位检测原理

因此只要测得表压力 p 即可由下式求得液位高度 H。

$$H=\frac{p}{\rho g}$$

（2）实现方法

如果被测对象为敞口容器，可直接用压力检测仪表对液位进行测量。如图 3.7-10 所示，将压力仪表通过引压导管与容器底部零液位相连。这种方法要求液体密度为定值，且压力仪表与零液面应在同一水平位置。

如果被测对象为密封容器，容器下部的液体压力除与液位高度有关外，还与液面上部介质压力有关。此时，可以用测量压差的方法来获得液位，如图 3.7-11 所示。

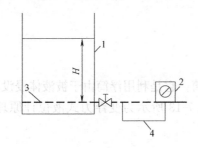

图 3.7-10 压力式液位计示意图
1—容器；2—压力表；3—液位零面；4—导压管

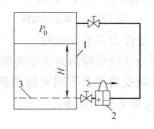

图 3.7-11 压差式液位计示意图
1—容器；2—压差计；3—液位零面

对于有腐蚀性或含有结晶颗粒以及黏度大、易凝固的液体介质，测压导管易被腐蚀或堵塞，应采用法兰连接。

（3）量程迁移

在实际安装过程中，如果压力检测仪表与零液位不在同一水平位置，会增加附加静压误差，此时可通过计算进行校正。更多的是对压力变送器进行零点调整，使其在只受附加静压时输出为"零"，此种方法称为"量程迁移"。量程迁移有无迁移、负迁移和正迁移三种。

2. 浮力式物位检测

浮力式物位检测的基本原理是通过测量漂浮于被测液面上的浮子（也称浮标）随液面变化而产生的位移或利用沉浸的被测液体中的浮筒所受的浮力与液面位置的关系检测液

位。前者一般称为恒浮力式检测，后者称为变浮力式检测。

（1）恒浮力式物位检测

图 3.7-12 所示为浮球式水位控制器，除此之外还有浮标式和翻板式等。

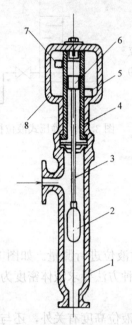

图 3.7-12 浮球式水位控制器结构图

1—浮筒；2—浮球；3—连杆；4—非导磁管；

5—下限水银开关；6—磁钢；7—上限水

银开关；8—调整箱组件

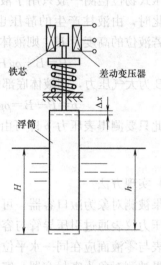

图 3.7-13 变浮力式液位计原理图

（2）变浮力式液位检测

变浮力式液位检测方法中典型的敏感元件是浮筒。它是利用浮筒由于被液体浸没高度不同以致所受的浮力不同来检测液位的变化。图 3.7-13 所示为变浮力式液位计原理图，液位 H 可用下式来表示：

$$H = \frac{C}{A\rho g}\Delta x$$

式中 C——弹簧的刚度；

A——浮筒横截面积；

Δx——弹簧的位移改变量。

即弹簧的位移量与液位成正比。弹簧的顶端连接有一铁芯，铁芯随着弹簧的位移在差动变压器内上下移动输出位移信号。

3. 电气式物位检测

电气式物位检测方法是利用敏感元件直接把物位变化转换为电参数的变化。根据电参数的不同可分为电阻式、电容式和电感式等。

4. 声波式物位检测

声波是一种机械波，是机械振动在介质中的传播过程，当振动频率在 20kHz 以上时称为超声波。声波式物位检测一般应用超声波。

(1) 超声波检测原理

当声波从一种介质向另一种介质传播时，因为两种介质的密度不同和声波在其中的传播速度不同，在分界面上声波会产生反射和折射，超声波物位检测方法就是通过测量声波从发射至接收反射回波的时间间隔来确定物位高低。图 3.7-14 所示是用超声波检测物位的原理图。若超声波发射器和接收器（图中为探头）到液面的距离为 H，声波在液体中的传播速度为 v，则有如下关系式：

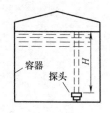

图 3.7-14　超声波物位检测原理图

$$H=\frac{1}{2}vt$$

式中　t——超声波脉冲从发射到接收所经过的时间。

(2) 超声波物位计的接收与发射

超声波的接收和发射是基于压电效应和逆压电效应。具有压电效应的压电晶体在受到声波声压的作用时，晶体两端将会产生与声压变化同步的电荷，从而把声波（机械能）转换为电能；反之，如果将交变电压加在晶体两个端面的电极上，沿着晶体厚度方向将产生与所加交变电压同频率的机械振动，向外发射声波，实现了电能与机械能的转换。因此，用作超声发射和接收的压电晶体也称换能器。

根据声波传播的介质不同，超声波物位计可分为固介式、液介式和气介式三种。

六、流速及流量测量

流速和流量是建筑环境与设备工程专业经常涉及的重要参数之一。

1. 流速的测量

流速是描述流动现象的主要参数，常用的测量方法有机械法、散热率法和动力测压法等。

(1) 机械法测量流速是根据置于流体中叶轮的旋转角速度与流体的流速成正比的原理来进行流速测量的，如机械风速仪。常用的机械风速仪有杯式和翼式两种。

(2) 散热率法是将发热的测速传感器置于被测流体中，利用其散热率与流体流速成正比的特点进行流速测量，目前常用的测量气体的流速仪表为热线风速仪。热线风速仪是利用被加热的金属丝即热线的热量损失来测量气体流速，按照热线的工作方式有恒流型和恒温型两种。

(3) 动力测压法的压力感受元件为测压管，其基本原理是根据伯努利方程式，得到流体流速的基本公式：

不可压缩流体：$u=\sqrt{\dfrac{2}{\rho}(p_0-p)}$，可压缩流体：$u=\sqrt{\dfrac{2}{\rho}\cdot\dfrac{p_0-p}{1-\varepsilon}}$

式中　p_0、p——分别为流体总压和静压；

　　　ρ、u——分别为流体密度和速度；

　　　ε——气体压缩性修正系数。

可见，只要测得总压和静压之差就可确定流体流速。常用的测量仪器有总压管、静压管和复合测压管（毕托管）。图 3.7-15 所示为毕托管结构示意图。

2. 流量的测量

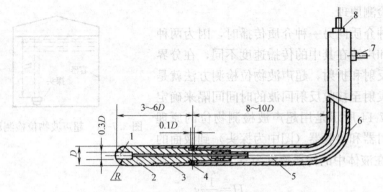

图 3.7-15　毕托管结构示意图

1—总压测孔；2—感测头；3—外管；4—静压孔；5—内管；

6—管柱；7—静压引出管；8—总压引出管

流量是流体在单位时间内通过管道或设备某横截面处的数量，即瞬时流量，相应的还有累积流量和平均流量。目前常用的流量测量方法有速度式流量测量和容积式流量测量等。

速度式流量测量是测出管道截面上流体的平均流速，已知管道截面积，二者的乘积即流体的流量。常用的速度式流量测量仪表有差压式（节流式）流量计、叶轮式流量计、电磁流量计、超声波流量计和涡街流量计。

（1）差压式流量计是根据伯努利方程提供的基本原理，通过测量流体压差信号来反映流体流量，如用毕托管测流量。此类流量计有孔板、喷嘴、文丘里管、转子流量计、动压平均管等。

（2）叶轮式流量计通过测量叶轮旋转次数来测量流量。常用的仪表有水表和涡轮流量计。图 3.7-16 所示为涡轮流量计结构图，有磁性材料制成的涡轮叶片通过固定在壳体上的永久磁铁时，磁路中的磁阻发生周期性的变化，从而感生出交流脉冲信号，该信号的频率与被测流体的体积流量成正比。

（3）电磁流量计是根据法拉第电磁感应定律研制出的一种测量导电液体体积流量的仪表，如图 3.7-17 所示。

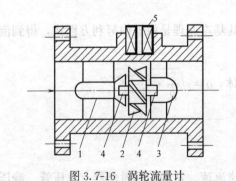

图 3.7-16　涡轮流量计

1,3—导流器；2—涡轮；4—轴承；5—磁电转换器

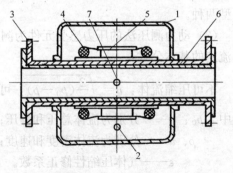

图 3.7-17　电磁流量计

1—外壳；2—接线插头；3—法兰；4—激磁线圈；

5—磁轭；6—测量管；7—电极

（4）超声波流量计是利用超声波在流体中的传播速度会随被测流体流速而变化的特点发展起来的一种新型流量测量仪表，分为固定式和便携式两种，使用很方便。

（5）涡街流量计是根据流体力学中的"卡门涡街"原理制作的一种流量测量仪表。当流体绕过放入其中的漩涡发生体时，会出现漩涡列，漩涡发生频率与流体流量在一定的雷诺数范围内呈线性关系，漩涡发生频率的检测方法有热敏式、超声式、应力式、电磁式等。

容积式流量计的工作原理：在一定容积的空间里充满的液体，随流量计内部的运动元件移动而被送出，测出流体被送出的次数就可以求得通过流量计的流体体积，即流体体积流量。如腰轮流量计、椭圆齿轮流量计、转式气体流量计等。

七、热量的测量

热量与温度一样，是热学中最基本的物理量，有以下两种测量方法。

1. **热流密度的测量**

热流密度是指单位时间内通过单位面积的热量，可用来测量建筑物、管道或各种保温材料的传热量及物性参数。

当热流通过平板状热流传感器时，若传感器的两侧平行壁面各保持均匀稳定的温度 t 和 Δt，热流传感器的高度和宽度远远大于其厚度，则通过热流传感器的热流密度为：

$$q=-\lambda \frac{\Delta t}{\Delta x}$$

式中　λ——热流传感器材料的导热系数，$W/(m \cdot ℃)$；

　　　Δt——两等温面温差，$℃$；

　　　Δx——两等温面之间的距离，m；

显然，如果传感器的材料和几何尺寸确定，只要测出热流传感器两侧的温差，即可得到热流密度。

目前多采用热阻式热流计来测量热流密度，热流计由热流传感器和显示仪表组成。热流传感器的种类很多，外形有平板形和圆弧形等。图 3.7-18 所示为平板热流传感器的结构图。

2. **热量及冷量的测量**

热水吸收或放出的热量与热水流量和供回水焓差有关，满足如下关系式：

$$Q=\int \rho q_{v}(h_{1}-h_{2})\mathrm{d}\tau$$

式中　Q——流体吸收或放出的热量，W；

　　　q_{v}——通过流体的体积流量，m^3/s；

　　　ρ——流体的密度，kg/m^3；

　h_1，h_2——流进、流出流体的焓，J/kg。

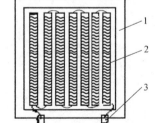

图 3.7-18　平板热流传感器结构示意图
1—边框；2—热电堆片；3—接线片

因为热水的焓值为温度的函数，只要测得供、回水温度和热水流量，即可得到热水吸收或放出的热量。冷冻水冷量的测量原理与此类似。

热量表由流量传感器、温度传感器和计算器组成，如图 3.7-19 所示。

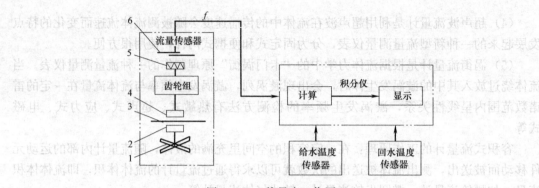

图 3.7-19　热量表工作原理

1—叶轮；2、4—耦合磁铁 A、B；3—隔离板；5—磁铁 C；6—干簧管

八、气体成分分析

对室内空气成分分析或对煤和石油的燃烧产物成分分析，有利于制定改善室内空气质量或大气质量的方案，减少有害气体对人的危害。这里主要介绍常见的气体成分，如一氧化碳、二氧化碳、二氧化硫、碳氧化物和氧气等，主要测量方法有光学法、电导法、化学法。目前应用较多的是光学法。

实际中常用部分光吸收式红外气体分析器和电导法气体分析器测定空气中一氧化碳和二氧化碳的含量。红外气体分析器利用被测气体对红外光的吸收来进行定量分析，电导法气体分析器是用测定溶液电导的方法来测定物质量。

大气中的氮氧化物主要以一氧化氮和二氧化氮的形式存在，常用的测量方法为化学发光法、恒电流库仑法等。

工业锅炉的燃烧过程与过剩空气系数有关，实际中往往通过测量 O_2 的含量来确定过剩空气系数，常用的方法有热磁法和氧化锆法。

第四章　主要专业课程

第一节　空气调节

课程简介

　　空气调节是建筑环境与设备工程专业的一门主干专业课，也是其他专业辅修该专业的一门主要专业课。通过本课程的学习，学生应系统地掌握工业与民用建筑室内环境控制的理论与技术，培养学生具备在一般工业与民用建筑相关环境控制领域内从事空调系统与设备的设计、选择、调试以及能耗分析、运行管理的基本知识与基本技能，并使学生对该领域科技发展动向以及新理论、新设备、新系统与新技术有一定的了解。

　　本课程的主要内容有湿空气的物理性质和焓湿图的应用；空调负荷与送风量的计算；空气调节系统组成及设备；空调房间的气流分布；空调系统全年运行调节等。

　　本课程总学时为 48 学时，其中实验学时 4 学时。

　　先修课程：工程热力学、传热学、流体力学、建筑环境学、流体输配管网等。

一、空气调节的基本概念

　　空气调节就是指在某一特定空间内，对空气的温度、湿度、空气的流动速度及清洁度进行人工调节，以满足工艺生产过程和人体舒适的要求。现代技术的发展有时还要求对空气的压力、成分、气味及噪声等进行调节与控制。因此，采用现代技术手段，创造并保持满足一定要求的空气环境，乃是空气调节的任务。

　　通常用两组指标来规定室内空调参数，即空调基数和空调精度。空调基数是指空调房间所要求的基准温度和相对湿度。空调精度是指在空调区域内，在工件附近所设测温（或相对湿度）点在要求的持续时间内，所测的空气温度（或相对湿度）偏离室内温湿度基数的最大值。例如，某空调房间温度夏季室内参数为 $t_n = 26 \pm 1℃$，$\varphi_n = 50 \pm 10\%$，则表示空调房间的温度基数为 26℃、湿度基数为 50%，空调温度精度为 $\Delta t = \pm 1℃$，相对湿度精度为 $\Delta \varphi = \pm 10\%$，即空调房间的温度应在 25～27℃ 之间，相对湿度应在 40%～60% 之间。只要在这个范围内，空调系统的运行就是合格的。

　　根据空调系统服务的对象不同，可分为舒适性空调和工艺性空调。前者主要从舒适感出发，确定室内温湿度设计标准，对空调精度无严格要求；后者主要满足工艺过程对温湿度的要求，同时兼顾人体的卫生要求。

二、湿空气的物理性质

　　创造满足人类生产、生活和科学实验所要求的空气环境是空气调节的任务。湿空气是空气环境的主题又是空气调节的处理对象，因此熟悉湿空气的物理性质及焓湿图是掌握空气调节技术的必要基础。

1. 湿空气的组成

大气是由干空气和一定量的水蒸气混合而成的，我们称其为湿空气。干空气的成分主要是氮、氧、氩、二氧化碳及其他微量气体，多数成分比较稳定，少数随季节变化有所波动，但从总体上可将干空气作为一个稳定的混合物来看待。

在湿空气中水蒸气的含量虽少，通常只占空气质量比的千分之几到千分之二十几，但其变化较大。它随季节、天气、水汽的来源情况而经常变化，而且对空气环境的干燥和潮湿程度有重要影响。随着水蒸气含量的变化，湿空气的物理性质随之而改变。

2. 湿空气的物理性质

湿空气的物理性质除和它的组成成分有关外，还取决于它所处的状态。湿空气的状态通常可用压力、温度、湿度、比容、焓值等参数来表示，这些参数均称为湿空气的状态参数。

（1）压力

地球表面的空气层在单位面积上所形成的压力称为大气压力，它的单位用帕（Pa）或千帕（kPa）表示。常用的压力单位有三种：工程制单位（非法定计量单位），kgf/cm^2；国际制单位，帕（Pa）或千帕（kPa）；液柱高单位（非法定计量单位），毫米汞柱（mmHg）或毫米水柱（mmH_2O）。

在空调系统中，空气的压力是用仪表测出的，但仪表指示的压力不是空气压力的绝对值，而是与当地大气压力的差值，称之为工作压力或表压力。工作压力与绝对压力的关系为：

$$空气的绝对压力＝当地大气压＋工作压力$$

（2）水蒸气分压力

正如空气是由干空气和水蒸气两部分组成一样，空气的压力也是由干空气的压力和水蒸气的分压力组成的，即

$$p＝p_g＋p_q$$

式中　p_g——干空气的分压力；

　　　p_q——水蒸气的分压力。

空气中水蒸气是由水蒸发而来的，在一定温度下，如果水蒸发越多，空气中的水蒸气就越多，水蒸气的分压力就越大，所以水蒸气的分压力是反映空气所含水蒸气量的一个指标，也是空调技术中常用的一个参数。

（3）温度

温度是描述空气冷热程度的物理量。为了度量温度的高低，必须有一个公认的标尺，简称温标。常用的温标有三种，即摄氏温标、华氏温标和绝对温标（又叫热力学温标或开氏温标）。

摄氏温标用符号 t 表示，单位是℃；华氏温标用符号 t_F 表示，单位是℉（华氏温标为非法定计量单位）；绝对温标用符号 T 表示，单位是K。

三种温标间的换算关系如下：

$$T＝t＋273$$
$$t＝T－273$$

$$t_F = \frac{9}{5} \times t + 32$$

$$t = \frac{5}{9} \times (t_F - 32)$$

因为水蒸气均匀地混合在干空气中，所以用温度计所测得的空气温度既是干空气的温度又是水蒸气的温度。

（4）湿度

空气湿度就是指空气中含有的水蒸气量的多少，常用的表示方法有相对湿度和含湿量。

含湿量指每千克干空气中所含有的水蒸气质量，用符号 d 表示，单位是 g/kg干空气 或 kg/kg干空气，即：

$$d = \frac{m_q}{m_g} = 0.622 \frac{P_q}{B - P_q} \quad \text{kg/kg干空气}$$

式中 m_q——湿空气中水蒸气质量，kg；

m_g——湿空气中干空气质量，kg；

B——当地大气压力，Pa；

P_q——水蒸气分压力，Pa。

在空气调节中，含湿量是用来反映对空气进行加湿或减湿处理过程中水蒸气量的增减情况的。之所以用 1 千克干空气作为标准，是因为对空气进行加湿或减湿处理时，干空气的质量是保持不变的，仅水蒸气含量发生变化，所以在空调工程计算中，常用含湿量的变化来表达加湿或减湿程度。

在一定的温度下，湿空气所含的水蒸气量有一个最大限度，超过这一限度，多余的水蒸气就会从湿空气中凝结出来，这种含有最大限度水蒸气量的湿空气称为饱和空气。饱和空气所具有水蒸气分压力和含湿量，叫作该温度下湿空气的饱和水蒸气分压力和饱含湿量。如果温度发生变化，它们也将相应发生变化。相对湿度就是空气中水蒸气分压力和同温度下饱和水蒸气分压力之比，用 φ 表示：

$$\varphi = \frac{P_q}{P_{qb}} \times 100\%$$

式中 P_q——湿空气中水蒸气的分压力；

P_{qb}——同温度下饱和水蒸气分压力。

相对湿度 φ 表明了空气中水蒸气的含量接近饱和的程度。显然，φ 值越小，表明空气越干燥，吸收水分的能力越强；φ 值越大，表明空气越潮湿，吸收水分的能力越弱。相对湿度的取值范围在 0～100% 之间，$\varphi = 0$ 为干空气，$\varphi = 100\%$ 为饱和空气。因此只要知道了 φ 值的大小，即可得知空气的干湿程度，从而判断是否需要对空气进行加湿。

（5）焓

空气的焓值是指空气含有的总热量。1 千克干空气的焓和 d 千克水蒸气焓的总和称为湿空气的焓，用符号 h 表示。在空调工程中，湿空气的状态经常发生变化，常需要确定状态变化过程中热量的交换量。例如对空气进行加热或冷却时，常需要确定空气所吸收或放出的热量。在压力不变的情况下，空气的焓差值等于热交换量。在空调过程中，湿空气的状态变化可看成是在定压下进行的，所以能够用湿空气状态变化前后的焓差值来计算空气得到或失去的热量。

（6）密度和比容

单位容积空气所具有的质量称为空气的密度，常用符号 ρ 表示，单位是 kg/m^3。而单位质量的空气所占有的容积称为空气的比容，常用符号 ν 表示，单位是 m^3/kg。二者互为倒数，因此只能视为一个状态参数。湿空气为干空气与水蒸气的混合物，两者混合占有相同的体积，因此空气的密度为干空气的密度和水蒸气的密度之和。

3. 空气的焓湿图及其应用

（1）焓湿图的组成

以上介绍了空气的主要状态参数，如温度、压力、含湿量、相对湿度、焓值、水蒸气分压力及密度。其中温度、含湿量和大气压力为基本参数，它们决定了空气的状态，并由此可计算出其余的状态参数。但这些计算是相当繁琐的，为了避免繁琐的计算，人们把一定大气压下空气参数间的关系用线算图表示出来，这就是焓湿图，也称 h-d 图。焓湿图既能表达空气的状态参数，也能表达空气状态的各种变化过程。

焓湿图有多种形式，我国目前使用的是以焓和含湿量为纵横坐标的焓湿图（见图 4.1-1）。

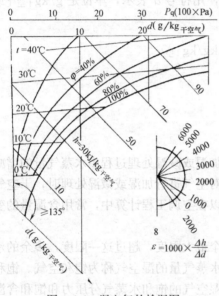

图 4.1-1　湿空气的焓湿图

（2）湿球温度

湿球温度的概念在空气调节中至关重要。在理论上，湿球温度是在定压绝热条件下，空气与水直接接触时达到稳定热湿平衡时的绝热饱和温度。实际工程中，湿球温度是通过干湿球温度计测量出来的。干湿球温度计是由两个相同的温度计组成的，它的构造如图 4.1-2 所示。使用时放在通风处，其中一个放在空气中直接测量，测得的温度称为干球温度；另一个温度计的感温部分用湿纱布包裹起来，纱布下端放在水槽里，水槽里盛满水，测得的温度称为湿球温度，用符号 t_s 表示。

求湿球温度的方法就是沿等焓线下行与 $\varphi=100\%$ 饱和线的交点所对应的温度即为湿球温度 t_s（见图 4.1-3）。

（3）露点温度

在一定温度下，饱和空气有一个容纳水蒸气的极限值，这个值会随着温度的降低而减少。利用这一原理，可以通过降温的方法，使不饱和空气达到饱和，再由饱和空气凝结出水珠，即结露。在结露之前，空气的含湿量保持不变。因此，我们把一定大气压下，湿空气在含湿量 d 不变的情况下，冷却到饱和时（相对湿度 $\varphi=100\%$）所对应的温度，称为露点温度，并用符号 t_l 表示。

在 h-d 图上（见图 4.1-3），A 状态湿空气的露点温度即由 A 点沿等 d 线向下与 $\varphi=100\%$ 线交点的温度。显然当湿空气被冷却时，只

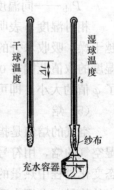

图 4.1-2　干湿球
温度计

要湿空气的温度大于或等于露点温度，则不会出现结露现象。因此湿空气的露点温度也是判断是否结露的依据。

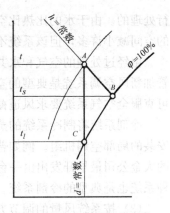

图 4.1-3　空气的湿球温度和露点温度

三、空气调节系统

空气调节系统一般均由空气处理设备和空气输送管道以及空气分配装置组成，根据需要，它能组成许多种不同形式的系统。在工程上应考虑建筑物的用途和性质、热湿负荷的特点、温湿度调节和控制的要求、空调机房的面积和位置、初投资和运行维修费用等许多方面的因素，选择合理的空调系统。

1. 空气调节系统分类

（1）按空气处理设备的设置情况来分

空气调节系统可分为集中式空气调节系统、半集中式空气调节系统和分散式空气调节系统。

集中式空调系统的所有空气处理机组及风机都设在集中的空调机房内。集中式空调系统的优点是作用面积大，便于集中管理与控制。其缺点是占用建筑面积与空间，且当各被调房间负荷变化较大时，不易精确调节。集中式空调系统适用于建筑空间较大，各房间负荷变化规律类似的大型工艺性和舒适性空调。

半集中式空调系统除设有集中空调机房外，还设有分散在各房间内的二次设备（又称末端装置），其中多半设有冷热交换装置（也称二次盘管），其功能主要是处理那些未经集中空调设备处理的室内空气，例如风机盘管空调系统和诱导器空调系统就属于半集中系统。半集中式空调系统的主要优点是易于分散控制和管理，设备占用建筑面积或空间少、安装方便。其缺点是无法常年维持室内温湿度恒定，维修量较大。这种系统多半用于大型旅馆和办公楼等多房间建筑物的舒适性空调。

分散式系统是将冷热源和空气处理设备、风机以及自控设备等组装在一起的机组，分别对各被调房间进行调节。这种机组一般设在被调房间或其邻室内，因此不需要集中空调机房。分散式系统使用灵活，布置方便，但维修工作量较大，室内卫生条件有时较差。常用的局部空调机组有：

1）恒温恒湿机组。它能自动调节空气的温湿度，维持室内温湿度恒定。

2）普通空调器。有窗式、分体式和柜式空调器等几种形式。它与恒温恒湿机组的差别在于无自动控制和电加热、加湿设备，只是用于房间降温除湿。

3）热泵式空调器。有窗式和柜式等几种形式。该机组夏季可用来降温，冬季用来加热。

（2）按负担室内负荷所用的介质种类来分

空气调节系统可分为全空气调节系统、全水系统、空气-水系统和冷剂系统。

空调房间的热湿负荷全部由经过处理的空气来承担的空调系统称为全空气空调系统。它利用空调装置送风调节室内空气的温度、湿度。由于空气的比热较小，需要用较多的空气量才能达到消除余热余湿的目的。因此要求有较大断面的风道或较高的风速。

空调房间的热湿负荷全靠水作为冷热介质来负担的空调系统称为全水系统。它是利用制冷机制出的冷冻水（或热源制出的热水）送往空调房间的盘管中对房间的温度和湿度进行处理的。由于水的比热比空气大，所以在相同条件下只需较小的水量，从而使管道所占的空间减小许多，但该系统不能解决房间的通风换气问题。

由经过处理的空气和水共同负担室内热湿负荷的系统称为空气-水空调系统。风机盘管加新风空调系统是典型的空气-水系统，它既可解决全水系统无法通风换气的难题，又可克服全空气系统要求风道截面大、占用建筑空间多的缺点。

冷剂系统将制冷系统的蒸发器直接放在室内来吸收余热余湿。这种方式通常用于分散安装的局部空调机组。例如普通的分体式空调器、水环热泵机组等都属于冷剂系统。日本的大金公司最早开发出由一台室外机连接多台室内机的 VRV（变制冷剂）空调系统，这种系统也是典型的冷剂系统。目前国内已有多个厂家生产这种空调机组。

（3）按系统风量的调节方式分

空气调节系统可分为定风量系统和变风量系统。

如果送入空调房间的风量一定，则此系统称为定风量系统。普通空调系统的送风量是全年固定不变的，并且按房间最大热湿负荷确定送风量，称为定风量系统。实际上房间热湿负荷不可能经常处于最大值，而是在全年的大部分时间低于最大值。当室内负荷减少时，定风量系统靠提高送风温度来维持室内温度的恒定。这样既浪费热量，又浪费冷量。

如果送入空调房间的风量可以改变，则此系统称为变风量系统。由于空调房间的负荷是逐时变化的，如果能采用减少送风量（送风参数不变）的方法来保持室内温度不变，则不仅节约了提高送风温度所需的热量，而且还由于处理风量的减少，降低了风机功率电耗以及制冷机的制冷量。这种系统的运行费用相当经济，对于大容量的空调系统尤为显著。

2. 集中式空调系统分类

集中式空调系统是典型的全空气系统，它广泛应用于舒适性或工艺性空调工程中，例如商场、体育场馆、餐厅以及对空气环境有特殊要求的工业厂房中。

集中式空调系统根据它所处理的空气来源分为：封闭式空调系统、直流式系统和混合式系统。

（1）封闭式空调系统

封闭式空调系统所处理的空气全部来自于空调房间本身，没有室外空气补充，全部为再循环空气。封闭式系统用于密闭空间且无法或不需要采用室外空气的场合。这种系统冷热量消耗最少，但卫生效果差。这种系统一般用于战时的地下庇护所等战备工程以及很少有人进出的仓库。

（2）直流式系统

它所处理的空气全部来自于室外，室外空气经过处理后进入室内，然后全部排出室外。直流式系统卫生条件好，但能耗大、经济性差，适用于散发有害气体、不宜采用回风的场合。

（3）混合式系统

在实际工程中，最常用的空调系统是混合式系统，根据回风混合次数的不同可分为一次回风系统和二次回风系统。一次回风系统就是将新风和室内回风混合后，再经过空调机组进行处理，然后通过风机送入室内。一次回风系统应用较为广泛，被大多数空调系统采用。二次回风系统是在一次回风的基础上将室内回风分两部分分别引入空调箱中，一部分回风在新回风混合室混合，经过冷却或加热处理后与另一部分回风再一次进行混合。二次

174

回风系统比一次回风系统更节省能量。

3. 集中式空调系统的组成

（1）进风部分

空气调节系统必须引入室外空气，常称"新风"。新风量的多少主要由系统的服务用途和卫生要求决定。新风的入口应设置在其周围不受污染影响的建筑物部位。新风口连同新风道、过滤网及新风调节阀等设备，即为空调系统的进风部分。

（2）空气处理设备

空气处理设备包括空气过滤器、预热器、喷水室（或表冷器）、再热器等，是对空气进行过滤和热湿处理的主要设备。它的作用是使室内空气达到预定的温度、湿度和洁净度。

（3）空气输送设备

它包括送风机、回风机、风道系统以及装在风道上的调节阀、防火阀、消声器等设备。它的作用是将经过处理的空气按照预定要求输送到各个房间，并从房间内抽回或排出一定量的室内空气。

（4）空气分配装置

它包括设在空调房间内的各种送风口和回风口。它的作用是合理组织室内空气流动，以保证工作区内有均匀的温度、湿度、气流速度和洁净度。

（5）冷、热源

除了上述四个主要部分以外，集中空调系统还有冷源、热源以及自动控制和检测系统。空调装置的冷源分为自然冷源和人工冷源。自然冷源的使用受到多方面的限制。人工冷源是指通过制冷机获得冷量，目前主要采用人工冷源。冷源部分将在制冷技术课程中讲述。

空调装置的热源也分为自然的和人工的两种。自然热源指太阳能和地热，它的使用受到自然条件等多方面的限制，因而使用并不普遍。人工热源指通过燃煤、燃气、燃油锅炉或热泵机组等所产生的热量。热源部分则主要在锅炉与锅炉房设备中讲述。

4. 风机盘管空调系统

（1）风机盘管空调系统的组成

风机盘管空调系统是典型的半集中式空调系统，主要包括集中设置的冷热源、冷热媒输送设备以及设置在空调房间的末端设备——风机盘管。它的冷热媒是集中供给，新风可单独处理和供给。

（2）风机盘管空调系统的特点

虽然集中式空调系统是一种最早出现，并得到广泛应用的空调系统。但由于它所具有系统大、风道粗、占用建筑面积和空间较多、系统的灵活性差等方面的缺点，难以在许多民用建筑，特别是高层建筑中广泛应用。风机盘管空调系统是为了克服集中式空调系统在这方面的不足而发展起来的一种半集中式空气-水系统，它广泛应用于办公建筑和旅馆建筑。

风机盘管系统的主要优点是：1）布置灵活，各房间能单独调节温度，房间不住人时可关掉机组，不影响其他房间的使用；2）节省运行费用，运行费用与单风道系统相比约低20%～30%，比诱导器系统低10%～20%，而综合费用则大体相同，甚至略低；3）与全空气系统比较，节省空间；4）机组定型化、规格化，易于选择安装。

风机盘管空调系统的缺点是：1）机组分散设置，维护管理不便；2）过渡季节不能使用全新风；3）对机组制作有较高的要求。在对噪声有严格要求的地方，由于风机转速不能过高，风机的剩余压头较小，使气流分布受到限制，一般只适用于进深 6m 内的房间；4）在没有新风系统的加湿配合时，冬季空调房间的相对湿度偏低，对空气的净化能力较差；5）夏季部分负荷时，室内空气湿度往往无法保证，使室内湿度偏高。

（3）风机盘管的构造

风机盘管机组由风机和表面式热交换器组成，其构造示意图如图 4.1-4 所示。它使室内回风直接进入机组进行冷却去湿或加热处理。与集中式空调系统不同，它采用就地处理回风的方式。与风机盘管机组相连接的有冷、热水管路和凝结水管路。由于机组需要负担大部分室内负荷，盘管的容量较大，而且通常都是采用湿工况运行。

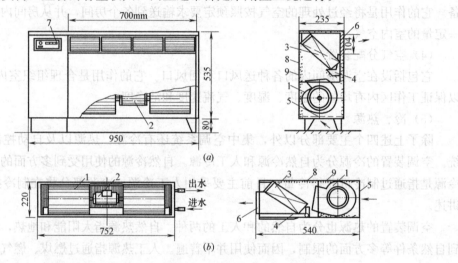

图 4.1-4　风机盘管构造示意图

（a）立式；（b）卧式

1—风机；2—电机；3—盘管；4—凝水盘；5—循环风进口及过滤器；
6—出风栅；7—控制器；8—吸声材料；9—箱体

5. 变风量空气调节系统

（1）变风量系统的特点

变风量空调系统 20 世纪 60 年代诞生在美国。变风量技术的基本原理很简单，就是通过改变送入房间的风量来满足室内变化的负荷。由于空调系统大部分时间在部分负荷下运行，所以，风量的减少带来了风机能耗的降低。变风量系统有如下优点：

1）由于变风量系统通过调节送入房间的风量来适应负荷的变化，同时在确定系统总风量时还可以考虑一定的同时使用情况，所以能够节约风机运行能耗和减少风机装机容量。

2）系统的灵活性较好，易于改、扩建，尤其适用于格局多变的建筑。

3）变风量系统属于全空气系统，它具有全空气系统的一些优点，可以利用新风消除室内负荷，没有风机盘管凝水问题和霉变问题。

虽然变风量系统有很多优点，但也暴露出一些问题，主要有：

1) 缺少新风，室内人员感到憋闷；

2) 房间内正压或负压过大导致房门开启困难；

3) 室内噪声偏大；

4) 节能效果有时不明显；系统的初投资比较大；

5) 对于室内湿负荷变化较大的场合，如果采用室温控制而又没有末端再热装置，往往很难保证室内湿度要求。

（2）变风量空调装置的形式和原理

变风量空调系统都是通过特殊的送风装置来实现的，这种送风装置统称为"末端装置"。变风量末端装置的主要作用是根据室内负荷的变化，自动调节房间送风量，以维持室内所需空温。除此之外，还应满足以下几点：1) 当系统风量发生改变，风道内静压发生变化时，能自动恒定所需风量，以抵消系统风量变化而引起的干扰作用（稳定风量装置）；2) 为满足卫生要求所规定的最小换气量，当室内负荷减少时能自动控制最小风量；3) 当室内停止使用时能完全关闭；4) 噪声小、阻力小。

目前常用的末端装置有节流型、旁通型和诱导型。

1) 节流型

典型的节流型风口如图 4.1-5 所示。所谓"定风量"就是指不因调节其他风口（影响风口内静压）而引起风量的再分配。另一种性能比较优越的节流型风口，如图4.1-6 所示，风口呈条缝形，并可多个串接在一起，与建筑配合，成为条缝送风方式，送风气流可形成贴附于顶棚的射流并具有较好的诱导室内气流的特性。

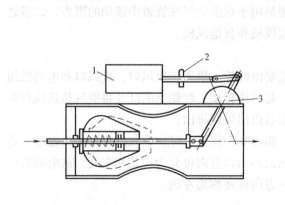

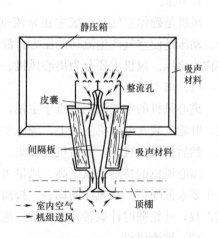

图 4.1-5　节流型变风量末端装置（文氏管型）　　图 4.1-6　节流型变风量末端装置（条缝型）

2) 旁通型

当室内负荷减少时，通过送风口的分流机构来减少送入室内的空气量，而其余部分送入顶棚内，进而进入回风管循环，其系统原理如图 4.1-7 所示。由图可见，送入房间的空气量是可变的，但风机的风量仍是一定的。图中所表示的末端装置是机械型旁通风口，旁通风口与送风口上设有动作相反的风阀，并与电动执行机构相连接，且受室内恒温器所

图 4.1-7　旁通型变风量系统原理图

控制。

3）诱导型

另一种变风量末端装置是顶棚内诱导型风口，其作用是一次风高速诱导由室内进入顶棚内的二次风，经过混合后送入室内，其装置见图 4.1-8。诱导型末端装置有两种：一种是一次风、二次风同时调节，室内冷负荷最大时，二次风阀门全关，随着负荷的减小，二次风阀门开大，以改变一、二次风的混合比来提高送风温度。由于它随着一次风阀的开度而改变诱导比例，所以控制困难。另一种是在一次风口上安装定风量机构，随着室内负荷的减小，逐渐开大二次风门，提高送风温度。这种诱导型送风口还可与照明灯具结合，直接把照明热量用做再热。

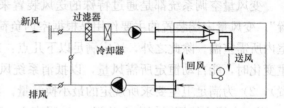

图 4.1-8　诱导型变风量系统

四、空气的输送与分配设备

空气的输送与分配系统的任务是将处理好的空气按要求分配到各个房间，同时将需要处理的空气吸入到空气处理设备中，该系统的主要设备有风机、管路、送回风口和各种调节阀门。

1. 风机

风机是确保空气在系统中正常流动的动力源，它所提供的动力包括动压和静压两部分。动压是使空气产生流动的压力；静压则是用于克服空气在管道中流动的阻力，二者之和称为全压。风机主要分为离心风机、轴流风机和其他风机。

（1）离心风机

离心风机的空气流向垂直于主轴，它主要由叶轮、机壳、出风口、进风口和电动机组成。叶轮安装在电动机主轴上，随电动机一起高速转动。叶轮上的叶片将空气从进风口吸入，然后被甩向机壳，并由机壳收集、增压后由出风口排出。

离心风机的特点是风压高、风量可调、相对噪声较低、可将空气进行远距离输送，适用于要求低噪声、高风压的场合。按离心风机的出口方向可分为左旋和右旋。从电动机一端正视，叶轮顺时针旋转称为右旋，逆时针方向旋转称为左旋。

（2）轴流风机

空气流向平行于主轴，它主要由叶片、圆筒型出风口、钟罩形进风口、电动机组成。叶片安装在主轴上，随电动机高速转动，将空气从进风口吸入，沿圆筒型出风口排出。

轴流式风机的特点是风压较低、风量较大、噪声相对较大、耗电少、占地面积小、便于维修。

（3）其他风机

贯流式风机采用一个筒形叶轮。其噪声介于离心风机和轴流风机之间，可获得扁平而高速的气流，出风口细长，结构简单，常用于风幕机、风机盘管和家用空调室内侧风机。

混流式风机也称为子午加速轴流风机，其出风筒为锥形，空气在其中被加速，它既能产生高风压，又能维持轴流风机的高风量，所以它兼有离心风机和轴流风机的优点。另外，混流式风机还具有结构简单、造价低、维修方便的特点。

2. 风管

(1) 风管的材料

按风管所用的材料分，有金属风管和非金属风管。金属风管的材料有镀锌铁皮、薄钢板和不锈钢板等。非金属风管的材料有玻璃钢、塑料、混凝土风管等。在新型空调中，也有用玻璃纤维板或两层金属间加隔热材料的预制保温板作成的风管，但造价较高。

(2) 风管的形式

按风管的几何形状分，有圆形风管和矩形风管两类。圆形风管的强度大，耗材料少，但加工工艺复杂些，占用空间大，不易布置美观，常用于民用建筑的暗装或用于工业厂房、地下人防的暗装管道。矩形风管易于布置，便于与建筑空间配合，且容易加工，因而目前使用较为普遍。

(3) 风管的保温

风管的保温是为了减少管道的能量损失，防止管道表面产生结露现象，并保证进入空调房间的空气参数达到规定值。

目前常用的保温材料有阻燃性聚苯乙烯或玻璃纤维板，以及较新型的高倍率独立气泡聚乙烯泡沫塑料板。

风管的保温结构由防腐层、保温层、防潮层和保护层组成。防腐层一般为 1~2 道防腐漆。常用的保护层和防潮层有金属保护层和复合保护层两种。所用的金属保护层常采用镀锌铁皮或铝合金板；而复合保护层有玻璃丝布、复合铝箔及玻璃钢等。

3. 风口

(1) 风口的作用

经过热湿处理的空气通过送风口送入室内，进行热湿交换后，空气通过回风口回到空调机组中进行再处理。合理的选择送、回风口的形式，确定送、回风口的位置，就可以在整个房间形成均匀的温度、湿度、气流速度和空气洁净度，以满足生产工艺的要求和人员的舒适要求。

(2) 风口的类型

空调工程中所用的送风口种类繁多，主要有格栅网口，百叶风口、散流器、喷口、孔板送风口等。常用的回风口有网格式、固定百叶式和活动百叶式。

4. 风阀

中央空调风系统的阀门可分为一次调节阀、开关阀、自动调节阀和防火防烟阀等。其中，一次调节阀主要用于系统调试，调好后阀门位置保持不变，如三通阀、蝶阀、对开多叶阀、插板阀等。自动调节阀是系统运行中需要经常调节的阀门，它要求执行机构的行程与风量成正比或接近成正比，多采用顺开式多叶调节阀和密闭对开多叶调节阀；新风调节阀常采用顺开式多叶调节阀；系统风量调节阀一般采用密闭对开多叶调节阀。

通风系统风道上还需设置防火排烟阀门。防火阀用于与防火分区贯通的场合。当发生火灾时，火焰侵入烟道，高温使阀门上的易熔合金熔解，或使记忆合金产生变形使阀门自动关闭。防火阀与普通的风量调节阀结合使用可兼起风量调节的作用，则可称为防火调节阀。防火阀的动作温度为70℃。防烟阀是与烟感器联锁的阀门，即通过能够探知火灾初期发生的烟气的烟感器来关闭风门，以防止其他防火分区的烟气侵入本区。排烟阀应用于排烟系统的管道上，火灾发生时，烟感探头发出火灾信号，控制中心接通排烟阀上的电源，将阀门迅速打开进行排烟。当排烟温度达到280℃时，排烟阀自动关闭，排烟系统停止运行。

五、房间内气流分布形式

房间内气流的分布形式多种多样，主要取决于送风口的形式及送、回风口的布置方式。

1. 上送下回方式

这是最基本的气流组织形式。送风口安装在房间的侧上部或顶棚上，而回风口则设于房间的下部，如图4.1-9所示。它的主要特点是送风气流在进入工作区之前就已充分混合，易形成均匀的温度场和速度场。适用于温湿度和洁净度要求高的空调房间。

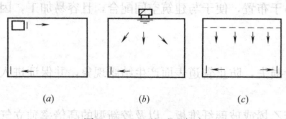

图4.1-9 上送下回方式

(a) 侧送侧回；(b) 散流器送风；(c) 孔板送风

2. 上送上回方式

在工程中，有时采用下回风方式时布置管路有一定的困难，常采用上送风上回风方式，如图4.1-10所示。这种方式的主要特点是施工方便，但影响房间的净空使用，而且若送回风口之间的距离太近的话，极易造成短路，影响空调质量。

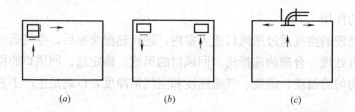

图4.1-10 上送上回方式

(a) 单侧上送上回；(b) 异侧上送上回；(c) 散流器上送上回

3. 中送风

某些高大空间的空调房间，采用前述方式需要大量送风，空调耗冷量、耗热量都较大。因而采用在房间高度的中部位置上用侧送风口或喷口的送风方式，如图4.1-11所示。中送风是将房间的下部作为空调区，上部作为非空调区。在满足工作区空调要求的前提下，有着显著的节能效果。

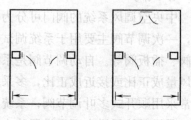

图4.1-11 中送风方式

4. 下送风方式

图 4.1-12 (*a*) 所示为地面均匀送风、上部集中排风。此种方式送风直接进入工作区，为满足生产及人员的舒适要求，送风温差必然小于上送方式，因而加大了送风量。同时考虑到人的舒适条件，送风速度也不能过大，一般不超过 0.5~0.7m/s，这就必须增大送风口的面积或数量，给风口布置带来困难。此外地面容易积聚脏物，将会影响送风的清洁度。但下送风方式能使新鲜空气首先通过工作区，同时由于是顶部排风，因而房间上部余热可以不进入工作区而被直接排走，故具有一定的节能效果，同时有利于改善工作区的空气质量。

图 4.1-12 (*b*) 所示为末端装置下送风方式，当房间末端装置采用风机盘管时，常采用此种送风方式。该方式安装简便，若无新风系统，则室内空气质量较差。图 4.1-13 (*c*) 所示为置换式下送风、上排风方式。

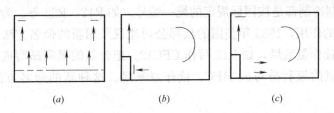

图 4.1-12　下送风方式
(*a*) 地板下送；(*b*) 末端装置下送；(*c*) 置换式下送

第二节　制 冷 技 术

课程简介

制冷技术是建筑环境与设备工程专业的主要专业课之一，它主要研究用于空气调节的一般制冷设备。其主要任务是使学生掌握以蒸汽压缩式制冷为重点的人工制冷的基本理论、原理、设备；能根据空调和生产工艺的要求，进行制冷设备及管路的选择计算；具有空调用制冷机房工艺设计的初步能力；了解常用的空调机组、冷水机组、溴化锂吸收式制冷机；对制冷技术的发展趋势应有一定的了解。

该课程主要内容包括蒸汽压缩式制冷循环的组成；理论制冷循环的计算；制冷剂和载冷剂的性质；压缩机的工作原理和主要特点；冷凝器和蒸发器的构造、原理及选择；溴化锂吸收式制冷的原理等。

制冷技术总学时为 40 学时，其中实验 2 学时。

先修课程： 工程热力学、传热学、流体力学等。

一、制冷剂、载冷剂和润滑油

1. 制冷剂

在制冷机组中循环流动的工作介质称为制冷剂。它在制冷系统蒸发器内吸收被冷却介质的热量而汽化，然后在冷凝器内将热量排放给冷却介质而液化，从而实现制冷的目的。

(1) 制冷剂的种类

目前使用的制冷剂有多种，归纳起来有四类，即无机化合物、卤代烃（氟利昂类）、烃类及混合溶液。

(2) 制冷剂的编号

我国《制冷剂编号表示方法》GB 7778—87 规定了各种通用制冷剂的简单编号方法，以代替其化学名称、分子式或商品名称。标准中规定用字母 R 和它后面的一组数字及字母作为制冷剂的简写编号。字母 R 作为制冷剂的代号，后面的数字或字母则根据制冷剂的种类及分子组成按一定的规则编写。

(3) 制冷剂的限用与替代物的选择

氟利昂自 1930 年被人们发现并进入商业性生产至今已有 80 年的历史了。可以说氟利昂对制冷技术的应用和发展起到了非常大的作用，曾经给人类带来了巨大的好处。

目前采用的制冷剂都是按国标规定的统一编号，如 R12、R22 等。为了区别各类氟利昂对臭氧（O_3）的作用，1988 年美国的杜邦公司建议采用新的命名方法。把不含氢的氟利昂写成 CFC，读作氯氟烃，如 R12 写作 CFC12。把含氢的氟利昂写成 HCFC，读作氢氯氟烃。把不含氯的氟利昂写成 HFC，读作氢氟烃。这种新的命名方法正逐渐被人们采用。

一般认为地球表面的大气层在高度约 25km 处存在一层臭氧层，大气中的臭氧约 90％集中在该层中。由于臭氧形成了一道天然屏障，能够有效地阻止来自太阳的紫外线对地球表面的辐射危害。臭氧层成为地球上生物和人类的防护罩。

由于 CFC 化学性质稳定，在大气中的寿命可长达几十年甚至上百年。当 CFC 类物质在大气中扩散上升到臭氧层时，在强烈的紫外线照射下会产生分解。分解时释放出的氯离子可与 O_3 分子作用生成氧化氯分子和氧分子。氧化氯又能和大气中游离的氧原子作用，重新生成氧化氯分子和氧分子，这样循环产生的氯离子就不断地破坏臭氧层。据测算，一个 CFC 分子分解生成的氯离子就可破坏近 10 万个臭氧分子。上述观点提出后，经历了十几年的争论，目前世界上多数专家意见基本取得一致，认为臭氧层的破坏主要是地球上散发到大气中的 CFC 所致。同时 CFC 的排放还会加剧温室效应。

保护臭氧层是一项全球性的环境保护问题，1987 年联合国在加拿大蒙特利尔举行了"大气臭氧层保护会议"，制订了《关于消耗臭氧层物质的蒙特利尔议定书》，提出了限制和禁止使用消耗臭氧层物质的一系列措施，对受控物质的范围、限制和禁止使用的时间表都作了具体的规定。

我国于 1991 年成为《蒙特利尔议定书》的参加国。我国制订的《中国逐步淘汰消耗臭氧层物质的国家方案》于 1993 年经国务院批准实施，1998 年对其进行了修订。对工商业制冷设备 CFC11 完全淘汰的时间定为 2002 年；CFC12 完全淘汰的时间为 2006 年。

以 CFC 作为制冷剂，由于其化学性质稳定、无毒以及不燃等特点，曾为制冷行业作出了巨大贡献。显然停止 CFC 的使用会给制冷行业带来不少问题。为此必须寻求合适的替代制冷剂。

关于 CFC 类物质的替代和减少 CFC 对大气臭氧层的破坏问题，目前有短期的、中期的和长期的三种解决方法。短期的解决方法是采取措施减少向大气中 CFC 物质的排放量。

比如尽量减少制冷系统中的 CFC 的充灌量，强化密封，减少泄漏，研制 CFC 的回收装置，逐年减少 CFC 的生产和使用。中期的解决方法是采用对大气臭氧层破坏能力小的 HCFC 类纯制冷剂或由其组成的混合制冷剂，替代破坏能力大的 CFC 类制冷剂。目前研究较多并实际使用的纯制冷剂有 R22、R142b、R123 等；混合制冷剂有 R22、R142b、R152a、R124 等制冷剂的二元或多元混合制冷剂。HCFC 类制冷剂虽然属于低公害制冷剂，由于其仍对臭氧层有破坏作用，它们只是过渡时期的替代物，最终还是会被禁止的。长期的解决方法是采用 ODP 值为 0，且 GWP 值也很小的物质作制冷剂。绿色环保制冷剂可采用天然制冷剂，如氨、二氧化碳、烷烃等自然物质；也可采用卤代烃中的 HCFC 类物质，如 R134a 和 R152a，近年来还出现一些商业化的混合制冷剂，如 R404A、R410A、R407C 等。

3. 载冷剂

载冷剂是用来将制冷机所产生的冷量传送给被冷却对象的中间物质。载冷剂在制冷机的蒸发器中放出热量，它本身被冷却。常用的载冷剂有空气、水、盐水、有机化合物及其水溶液等。

空气作为载冷剂有较多优点，特别是价格低廉和容易获得。但空气的比热容小、热导率小，影响了它的使用范围。有些空调系统采用直接蒸发式空气冷却系统。水是空调系统最适宜的载冷剂，它的优点是比热容大、热导率大，价低易得。但它的凝固点为 0℃，仅能用作制取 0℃以上温度的载冷剂。冷水机组就是采用水作为载冷剂的，它广泛用于制冷空调系统中。如果要制取 0℃以下的冷量，则可采用盐水溶液作为载冷剂。由于盐水溶液对金属有强烈的腐蚀作用，而且受使用条件的限制，有些场合采用腐蚀性小的有机化合物或其水溶液作为载冷剂，但成本较高。

盐水可用作工作温度低于 0℃的载冷剂。常用的盐水是氯化钙或氯化钠溶液。

盐水的性质与溶液中盐的浓度密切相关。盐水的浓度越大，其密度越大，流动阻力也越大；同时浓度增大，其比热减小，输送一定冷量所需的盐水溶液的流量将增加，造成泵消耗的功率增大。因此配置盐水溶液时，只要使其浓度所对应的凝固点温度不低于系统中可能出现的最低温度即可，一般使凝固温度比制冷剂的蒸发温度低 5℃左右。

盐水溶液对金属有腐蚀性，为了降低盐水的腐蚀性，可在盐水溶液中加入一定量的防腐剂。

二、中央空调系统冷源分类

1. 按中央空调系统的冷量来源分

空气调节系统的冷源有天然冷源和人工冷源，天然冷源主要有地下水或深井水。在地面下一定深度处，水的温度在一年四季中几乎恒定不变，接近于当地年平均气温，因此它可作为空调系统中喷水室或表冷器的冷源，而且所花的成本较低、设备简单、经济实惠。但这种利用通常是一次性的，也无法大量获取低于零度的冷量；而且我国地下水储量并不丰富，有的城市因开采过量，造成地面下陷。

对于大型空调系统，利用天然冷源显然是受条件限制的，因此在多数情况下必须建立人工冷源，即利用制冷机不间断地制取所需低温条件下的冷量。人工制冷设备种类繁多，形态各异，所用的制冷机也各不相同，有以电能制冷的，如用氨、氟利昂作制冷剂的压缩式制冷机；有以蒸汽为能源制冷的，如蒸汽喷射式制冷机和蒸汽型溴化锂吸收式制冷机等；还有以其他热能为能源制冷的，如热水型和直燃型溴化锂吸收式制冷机以及太阳能吸收式制冷机。

2. 根据人工制冷设备的制冷原理来分

根据人工制冷设备的制冷原理来分，我国目前使用的人工制冷设备有如下几类：

1) 蒸汽压缩式制冷机；

2) 溴化锂吸收式制冷机；

3) 蒸汽喷射式制冷机。

蒸汽压缩式制冷机又分为活塞式、离心式和螺杆式三种；溴化锂吸收式可分为蒸汽型、热水型和直燃型三种；而蒸汽喷射式制冷机在空调制冷中比较少见，本书不作讨论。

三、冷水机组

把压缩机、辅助设备及附件紧凑地组装在一起、专供各种用冷目的使用的整体式制冷装置称为制冷机组。制冷机组具有结构紧凑、外形美观、配件齐全、制冷系统的流程简单等特点。机组运到现场后只需简单安装，接上水、电即可投入使用。与将制冷系统的各个设备分散安装于机房之内的各部位，再用很长的管道连接在一起的布置方式相比，不仅选型设计和安装调试大为简捷，节省占地面积，而且操作管理也方便，在很大程度上提高了设备运行的可靠性、安全性和经济性。因此，在工程设计中应优先选用制冷机组。采用水作为被冷却介质的制冷机组称为冷水机组。目前，空调工程中应用最多的是蒸汽压缩式冷水机组和溴化锂吸收式冷水机组。

1. 活塞式冷水机组

冷水机组中以活塞式压缩机为主机的称为活塞式冷水机组。它是由活塞式压缩机、蒸发器、冷凝器和节流机构、电控柜等设备组装在一个机座上，其内部连接管已在制造厂完成装配，用户只需在现场连接电气线路和外接水管即可投入运行。制冷剂一般采用氟利昂，目前常用 R22。

图 4.2-1 所示为活塞式冷水机组外形图。

活塞式冷水机组的主要特点是零部件多，易损件多，维修复杂、频繁，维护费用高；压缩比低，单机制冷量小；单机头部分负荷下调节性能差，卸缸调节，不能无级调节。属

图 4.2-1 活塞式冷水机组外形图

上下往复运动，振动较大。单位制冷量重量指标较大。

2. 螺杆式冷水机组

螺杆式压缩机是一种回转式的容积式气体压缩机。它与活塞式压缩机相比，其特点是：运转部件少（仅有 2～7 个）；结构简单、紧凑、重量轻、可靠性高；维修周期长；由于采用滑阀装置，制冷量可在 10％～100％ 范围内进行无级调节，可在无负荷条件下启动；容积效率高；绝对无"喘振"，对湿冲程不敏感，当湿蒸气或少量液体进入机内，没有"液击"的危险；排气温度低（主要因油温控制＜100℃）；由于冷凝温度可高和蒸发温度可低，机组可设置双工况运行，用于冰蓄冷系统。图 4.2-2 所示为螺杆式冷水机组。

螺杆式制冷机组有多种形式。根据采用压缩机台数的不同，可分为单机头机组与多机头机组；根据机组的使用目的不同可分为单冷型和热泵型机组，这些机组各有特点。

图 4.2-2　螺杆式冷水机组外形图

3. 离心式冷水机组

离心式制冷压缩机是一种速度型压缩机，它通过高速旋转的叶轮对气体作功，使其流速增加，然后通过扩压器使气体减速，将气体的动能转化为压力能，这样就使气体的压力得到提高。

离心式制冷机组常用制冷剂有 R22、R123、R134a。

离心式冷水机组的外形如图 4.2-3 所示。

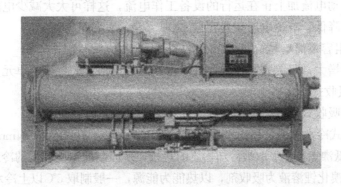

图 4.2-3　离心式冷水机组外形图

空调用离心式冷水机组多为单级压缩，一般完全由工厂组装，它主要包括压缩机、蒸发器、冷凝器、电动机、润滑系统、微电脑控制中心等。

离心式冷水机组常用三种方法调节：进口节流调节、变转速调节、入口导叶调节。

离心式冷水机组以其大容量、高效率获得用户的普遍认同，但速度型压缩机固有的喘振现象给用户带来了很大的麻烦。喘振是压缩机一种不稳定的运行状态，当压缩机发生喘振时，将给压缩机带来严重的损坏。

喘振产生的原因是机组运行或启动运行时，空调系统冷负荷较小或冷却水温过高，或冷却水量过小。防喘调节比较成熟的做法是连通冷凝器顶部和蒸发器顶部成旁通回路，回路上设置旁通调节阀。其原理是使压缩机的部分排气不参加制冷循环而直接回到压缩机入口，补充可能出现的最小喘振流量，使压缩机脱离喘振区。一般在机组上若没有旁通回路的防喘振措施时，就必须对入口导叶的最小开度限位，使其下限整定在脱离喘振区的角度上，即最小导叶开度、最小工作流量。

4. 模块式冷水机组

模块化冷水机组是由澳大利亚工程师 R. 库瑞在 1986 年利用模块化的概念和设计方法开发研制出的一种新型冷水机组。

模块式冷水机组是由单台或两台结构、性能完全相同的单元模块组合而成。内有一个或两个完全独立的制冷系统，一台压缩机配一套蒸发器和冷凝器，多片模块合用一个控制器。模块片之间靠冷水和冷却水供回水管总管端部的沟槽以 V 形管接头连接起来，组成一个系统。

模块式冷水机组的特点：

1) 振动小，噪声低，符合环保要求。

2) 结构紧凑，节省空间，安装简单、费用低。

3) 设计选用方便，组合灵活。

4) 任何负荷下均以最高效率运行，节省电能。模块式冷水机组按自动化程序设计，使压缩机的实际运转台数随时与波动的冷/热量负荷需求相匹配，使整个机组在不同负荷下均以最高效率运行，从而节省电能。

5) 运行可靠，寿命长。

6) 启动时冲击电流低。机组在启动时，由电脑控制逐台启动，其最大冲击电流只是一台压缩机的启动电流加上正在运行的设备工作电流，这样可大大减少电网瞬间冲击电流值，使电网负荷降低，减少电器装置容量。

7) 扩大机组容量简单易行

如果冷负荷增大，只要安装位置允许，可以很方便地扩大机组的单元数。

5. 溴化锂吸收式冷水机组

(1) 溴化锂吸收式制冷机工作原理

溴化锂吸收式冷水机组是利用水在低压状态下（当绝对压力为 6.54mmHg 时，水的蒸发温度为 5℃）低沸点汽化吸取被冷却物质的热量，从而制取温度较低的冷水。冷水机组是以水为制冷剂，溴化锂溶液为吸收剂，以热能为能源，一般制取 5℃以上冷水的制冷设备。

制冷循环过程是：由热源（蒸汽、热水或油、天然气、煤气等燃料）将溴化锂稀溶液进行加热浓缩（在高压发生器中进行），溴化锂溶液沸腾，浓缩了的溴化锂溶液经高温热交换器后进入低温发生器，被由高温发生器产生的冷剂蒸气进一步加热浓缩，浓缩了的溴化锂溶液经低温热交换器降温后进入吸收器，吸收来自蒸发器中的冷剂蒸气而又变成稀溶液，稀溶液经泵打入低温热交换器、凝结水换热器、高温热交换器返回发生器进行溶液循环。由高压发生器分离出的冷剂蒸气经低压发生器，与来自发生器的浓溶液在低压发生器中进一步被加热浓缩分离出的冷剂蒸气一起进入冷凝器冷却变成冷剂水，经减压后进入蒸发器，吸收蒸发器管内的热量，使冷水温度降低，供用户使用。图 4.2-4 为蒸汽双效制冷循环原理图。

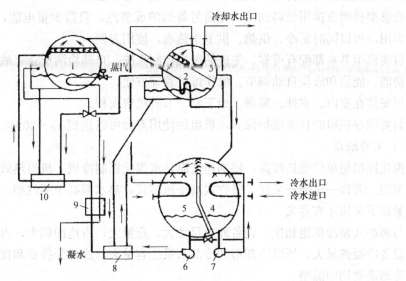

图 4.2-4　蒸汽双效制冷循环原理图

1—高压发生器；2—低压发生器；3—冷凝器；4—蒸发器；5—吸收器；6—溶液泵；

7—冷剂泵（蒸发泵）；8—低温热交换器；9—凝水热交换器；10—高温热交换器

（2）机组分类

按照机组耗费的能源来分，溴化锂吸收式机组可分为蒸汽型、热水型和直燃型。而蒸汽型溴化锂机组又可分为单效和双效两种。

按照使用燃料的类型不同，直燃机可分为燃油型和燃气型。

直燃机从其利用的能源可分为燃油型、燃气型及油气两用型；从功能上分为标准型（具备制冷、采暖、卫生热水三种功能）、空调型（具备制冷、采暖功能）和单冷型（具备制冷功能）。

（3）机组特点

1）主要优点

可以直接利用热能代替电能，节电显著，以一台 1163kW（100×10^4 kcal/h）制冷机组为例，压缩式制冷机组耗电约为 254kW，而溴化锂吸收式制冷机组仅耗电 9kW。能源利用范围广，能利用余热、废热等低位热。夏季可利用热电站富裕余热量或利用北方地区供热锅炉热量进行制冷。在供电紧张、电力比较紧缺的条件下，使用这种机型更有现实意义。

溴化锂机组的工质是溴化锂水溶液，它无臭、无毒，对大气环境无污染。直燃机燃料是天然气或柴油在高压发生器中直接燃烧，燃烧完全，燃烧产物中所含 SO_x 和 NO_x 低，对大气环境污染小，所以它允许在市区对环保有严格要求的场合使用。

由于机组除功率较小的屏蔽泵外，无其他运动部件，运转安静，噪声值约为 $75\sim80dB$（A），同时不必作防振基础，安装简单。

制冷机在真空状态下运行，无高压爆炸危险，安全可靠。

制冷量调节范围广，在 $20\%\sim100\%$ 的负荷内可进行冷量的无级调节。溶液泵采用变频控制，在机器部分负荷时，机器可在最佳节能状态下运转。

直燃型机组直接用燃料加热，无需另备锅炉或蒸汽，只需少量电能，即可连续运转。一机多用，可以同时制冷、供热、供卫生热水，使用方便。

目前机组基本都配有可靠、先进的微机控制系统，自动检测记录、故障自诊断、自动保护功能、能量和液位自动调节。操作维护管理方便。

可安装在室内、室外、屋顶、地下室，节省机房面积。

只要做好机组的日常维护保养，机组的使用寿命可以达到 $15\sim20$ 年。

2）主要缺点

溴化锂机组单位能耗较高，特别是低温热水溴化锂制冷机。机组热效率都比较低，节电不节能。若以一次能耗来比，吸收式高于压缩式，热水型高于蒸汽型。所以这种机组在电力紧缺下采用才有意义。

与离心式制冷机组相比，设备外形尺寸大，重量大，占地面积大，占用空间多。

设备冷凝热量大，所以冷却塔和冷却水系统容量大，这部分投资和耗电量要比电制冷大。冷却塔要用中温型。

溴化锂水溶液对钢板腐蚀性强，腐蚀不仅影响机组的性能，而且影响到机组寿命。所以必须随时检测溶液中缓蚀剂铬酸锂的含量，以便及时补充。

由于设备属高真空状态运行，所以对气密性要求很高，因为即使漏入少量空气也会影响机器的性能。这就要求制造厂的制造工艺必须提高。有的制造厂采用机组全焊接封闭式连接方式，以确保机组真空度。

第三节 供 热 工 程

课程简介

供热工程是建筑环境与设备工程专业的专业课之一，也是其他专业辅修该专业的一门主要专业课，在采暖和集中供热等工程技术领域中有着广泛的应用。本课程的任务是使学生能系统地掌握以热水和蒸汽作为热媒的集中供热系统的工作原理和设计方法，培养学生具有一般民用和工业建筑供热系统的设计能力，了解采暖与集中供热运行管理的基本知识，并使学生对该领域科技发展动向以及新理论、新设备、新系统与新技术有一定的了解。

本课程的主要内容有采暖系统设计热负荷的组成以及计算方法；采暖系统散热设备的类型和选择计算；室内热水采暖系统的形式、特点及水力计算；热水供热系统的供热调节方式；热水网路的水力计算和水压图等。

本课程总学时为 48 学时，其中实验学时 4 学时。

先修课程：工程热力学、传热学、流体力学、建筑环境学、流体输配管网等。

一、供热系统的组成

供热系统由热媒制备（热源）、热媒输送、热媒利用（散热设备）三部分组成。若三个组成部分在构造上都在一起，则称为局部供热系统，如烟气供热、电热供热和燃气供热。若热源和散热设备分别布置，由一个或多个热源通过热力网向城市或城镇的某个地区提供日常供热，则称为集中供热。与分散供热相比，集中供热明显具有节约能源、改善环境和提高人民生活水平以及保证生产用热要求的主要优点。集中供热是城市经济和社会发展的重要基础设施，发展城市集中供热是我国城市建设的一项基本政策。

集中供热系统由热源、热网和热用户三大部分构成。热源主要是区域锅炉房和热电厂，在有条件的地区，也可以用核能、地热、工业余热和太阳能作热源。热用户包括采暖、通风、空气调节、热水供应和生产工艺等用热系统。集中供热系统根据热源不同，主要可分为热电厂供热系统和区域锅炉房供热系统。根据热媒不同，可分为热水供热系统和蒸汽供热系统。热水供热系统以热水为热媒，广泛用于民用建筑和工业厂房；蒸汽供热系统以蒸汽为热媒，主要用于工厂的生产工艺用热。

二、室内热水采暖系统

1. 室内热水采暖系统的分类

（1）按系统循环动力分

按系统循环动力的不同，热水采暖系统可分为重力（自然）循环系统和机械（强迫）循环系统。重力循环热水采暖系统靠水的密度差循环，是最早的热水采暖方式，具有装置简单，运行时无噪声、不耗电能的优点，但水流速度低、管径大、作用范围受限，不能满足高大建筑和较大面积的小区采暖。机械循环热水采暖系统靠水泵机械力循环，作用压力较大，系统类型多，采暖范围大，是目前应用最广泛的采暖系统形式。

（2）按供、回水方式分

按供、回水的方式不同，热水采暖系统可分为单管系统和双管系统（见图 4.3-1）。单管系统中，热水顺序流过多组散热器，并顺序地在各散热器中冷却。双管系统有一根供水管和一根回水管，各组散热器并联在供回水管之间，热水经供水立管或水平供水管平行地分配给多组散热器，冷却后的回水自每个散热器直接沿回水立管或水平回水管流回热源系统。

（3）按系统管道敷设方式分

按系统管道敷设方式的不同，热水采暖系统可分为垂直式和水平式系统（见图 4.3-1）。垂直式系统中，各层散热设备主要采用立管连接的形式。水平式系统中，散热设备主要是用水平管道连接在一起。垂直式系统按供回水干管的位置不同，又分为上供下回式、上供上回式、下供上回式、下供下回式等。水平式系统则可分为水平单管串联式、水平单管跨越式、水平双管式和水平放射式。

（4）按热媒温度分

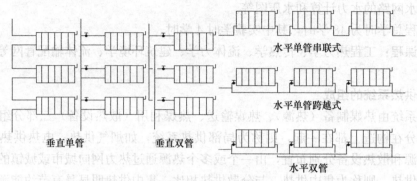

水平单管串联式

水平单管跨越式

垂直单管　　垂直双管

水平双管

图 4.3-1　单、双管系统

按热媒温度不同，热水采暖系统可分为低温水采暖系统（$t \leqslant 100℃$）和高温水采暖系统（$t > 100℃$）。从安全和卫生角度考虑，中小型锅炉房直接供热时，供/回水温度通常为95/70℃；热电联产或大型区域锅炉房间接采暖时，二级管网设计供/回水温度通常为85/60℃；民用建筑低温热水地板辐射采暖时，供水温度不高于60℃。高温水采暖时，散热器表面温度高，易烫伤皮肤，烤焦有机灰尘，卫生条件和舒适度较差，但供回水温差较大，可节省散热器用量，减小管径，降低热媒输送能耗，一般宜用于生产厂房，设计供/回水温度大多采用110～150℃/70～80℃。

2. 传统室内热水采暖系统

传统室内热水采暖系统是相对于新出现的分户采暖系统而言的，通常以整幢建筑作为对象来设计采暖系统，构造简单。机械循环热水采暖系统的主要形式是上供下回式、下供下回式、中供式、下供上回式和混合式。

（1）机械循环上供下回式热水采暖系统（见图4.3-2）

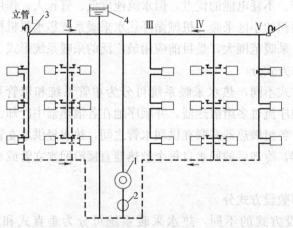

图 4.3-2　机械循环上供下回式热水采暖系统
1—热水锅炉；2—循环水泵；3—集气装置；4—膨胀水箱

系统的供水干管布置在建筑物上部空间，回水干管设于地沟或地下室。图4.3-2中左侧的Ⅰ、Ⅱ立管为双管系统，右侧立管Ⅲ是单管顺流式系统，形式简单、施工方便、造价低，但其最严重的缺点是不能进行局部调节。立管Ⅳ是单管跨越式系统，立管的一部分水量流入散热器，另一部分水量通过跨越管与散热器流出的回水混合，再流入下层散热器。立管V是近些年被应用于高层建筑的上部跨越式与下部顺流式相结合的系统，通过调节进入上层散热器的流量，可适当减轻供暖系统经常出现的上热下冷的垂直失调现象。

上供下回式热水供暖系统的特点是：1) 最高点为供水管末端，排气方便；2) 每组散热器可单独调节；3) 自然作用压力难以消除，层数多时，垂直失调现象严重；4) 管道布置合理，是最常用的布置形式，适用于顶层有屋架或吊顶、室温有调节要求的建筑物。

（2）机械循环下供下回式双管系统（见图4.3-3）

系统的供、回水干管设于地沟或地下室，无效热损失少；顶层室内无干管，房间美观；这种系统形式利于消除或减小自然作用压力所带来的影响，阻力易平衡；系统排气困难，需专设空气管或在每幅立管设自动排气阀排气。该系统适用于顶棚下难以布置供水干管的6层以下建筑。

（3）机械循环中供式热水供暖系统（见图4.3-4）

从系统总立管引出的水平供水干管敷设在系统中部。上部系统可采用下供下回式，也可采用上供下回式。下部系统可采用上供下回式。中供式系统适用于顶层供水干管无法敷设、原有建筑物加建或"品"字形建筑。

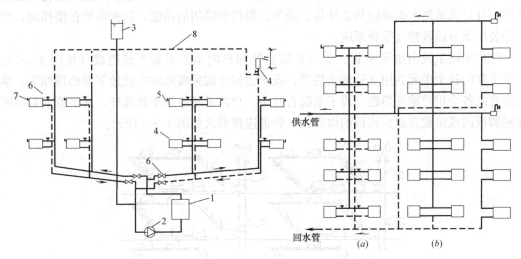

图4.3-3　机械循环下供下回式系统　　　图4.3-4　机械循环中供式系统

1—锅炉；2—水泵；3—膨胀水箱；4—散热器；5—手动
放风；6—调节阀；7—自动排气阀；8—空气管

（4）机械循环下供上回式（倒流式）热水供暖系统（见图4.3-5）

系统的供水干管设在下部，而回水干管设在上部，水、气流动方向一致，可通过顶部的膨胀水箱排气；底层供水温度高，散热器面积可减少，对底层房间负荷大的建筑非常有利；可降低散热器表面温度，用于热媒为高温水，对室温有调节要求的建筑。

（5）机械循环混合式热水供暖系统（见图4.3-6）

混合式系统是由下供上回式和上供下回式两组串联组成的系统。使高温水流经第一组散热器降温后再流入第二组散热器，适用于具有高温水采暖要求的工厂区和具有低温水采暖的生活区的热用户。

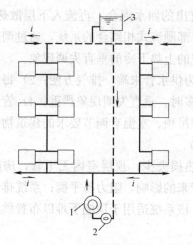
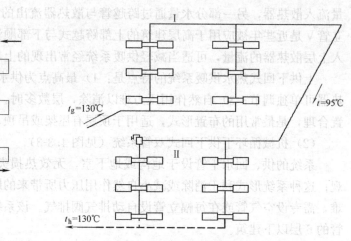

$t_g=130℃$

$t=95℃$

I

II

$t_h=130℃$

图 4.3-5　机械循环下供上回式热水供暖系统　　　图 4.3-6　机械循环混合式热水供暖系统

1—热水锅炉；2—循环水泵；3—膨胀水箱

3. 分户采暖热水系统

分户采暖是我国社会经济发展的必然产物，也是实现分户热计量和用热商品化的必要条件。分户采暖热水系统应具备计量、调节、温控和锁闭的功能，这就需要在楼梯间、楼道等公用部分设置独立采暖系统。

分户采暖系统由水平干管、单元共用立管和户内水平采暖系统组成（见图 4.3-7）。水平干管向各个单元共用立管输送热媒，设于建筑物的采暖地沟中或地下室的顶棚下。单元立管向各个用户输送热媒，设于采暖管井中。户内采暖系统单独成环，水平管道常镶嵌在踢脚板内或暗敷在地面预留的沟槽内，管道连接形式如图 4.3-8 所示。

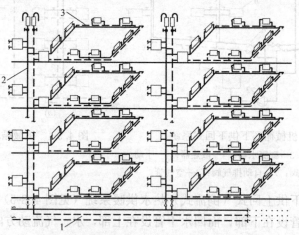

图 4.3-7　分户采暖系统组成

1—水平干管；2—单元共用立管；3—户内水平系统

图 4.3-8 (a) 所示为水平单管串联式，热媒顺序流经各个散热器，环路简单，但散热器不能独立调节，且不能串联过多组数的散热器。水平单管跨越式［见图 4-3-8 (b)］每组散热器下多设一根跨越管，各个散热器具有一定的调节能力。水平双管式［见图 4-3-8 (c)］的每组散热器可调。水平网程式（章鱼式）系统［图 4-3-8 (d)］的热媒由分、集

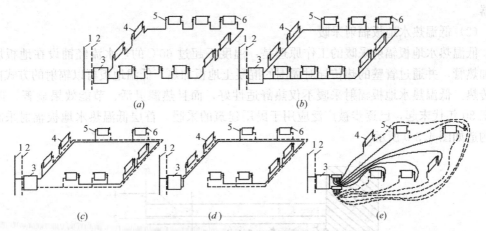

图 4.3-8 户内水平采暖系统

(a) 水平单管串联式；(b) 水平单管跨越式；(c) 水平双管同程式；(d) 水平双管异程式；(e) 水平网程式

水器提供，可集中调节各个散热器的散热量，主要应用于低温热水地板辐射采暖系统。

4. 室内采暖系统的末端装置

室内采暖系统的末端散热装置主要有散热器、塑料加热管、暖风机和辐射板。

(1) 散热器

散热器是最常见的末端散热设备。按材质分，有铸铁、钢制、铝、铜铝等。按构造形式分，主要分为柱型、翼型、管型、平板型。

1) 铸铁散热器

铸铁散热器结构简单、价格低廉、防腐性好、使用寿命长、热稳定性好，长期以来得到广泛应用，但能源消耗大、安装运输强度大、生产污染大。目前应用较多的铸铁散热器主要有长翼型散热器（见图 4.3-9），外表面有许多竖向肋片，外壳内部为扁盒状空间。该散热器传热系数较低、外形不美观、积灰不易清除、耐压差、单体散热量大，不易组成所需面积，许多设计单位趋向不选用这种散热器。

柱型散热器是呈柱状的单片散热器，外表面光滑，每片各有几个中空的立柱相互连通。可根据散热面积需要，单片组装。柱型散热器比翼型散热器传热系数高，金属耗量少，外形美观，易清除积灰，易组合成所需面积，应用较广泛。

传统的铸铁散热器内腔清沙不净，影响温控阀和热量表的正常使用。近年来，出现了新型内腔无砂铸铁散热器，完全可适应分户热计量采暖系统仪表的要求，加之对铸件外表面进行了喷塑或抛光处理，产品的质量和美观度得以提高，使铸铁散热器经久不衰。

2) 钢制散热器

钢制散热器一般由薄钢板冲压、焊接形成。外形美观、占地少、易组合、金属耗量少、耐压高（板型及柱型最高工作压力可达 0.8MPa），适用于高层建筑和高温水采暖。但热稳定性差，防堵能力差，且易发生应力腐蚀和电化学腐蚀，必须作内防腐处理才可满足工程需要。目前，钢制散热器主要有板形散热器、柱形散热器和扁管形散热器。

除了铸铁散热器和钢制散热器之外，还有质轻、美观、承压高、易碱腐蚀的铝制散热器；美观、承压高、耐腐蚀、散热效果好的钢铝、铜铝复合散热器；质轻、防腐好、经济的铝合金散热器；耐腐蚀、不能承受太高温度和压力的铝塑散热器以及价格昂贵的铜制散热器。

(2) 低温热水地板辐射采暖

低温热水地板辐射采暖的工作原理是：温度不超过 60℃的热水流经铺设在地板层中的加热管，并通过管壁的热传导对周围的混凝土地板加热，低温地板再以辐射的方式向室内传热。低温热水地板辐射采暖不仅热舒适性好，而且热源灵活、节能效果显著。自 20世纪 80 年代末起，已逐步被广泛应用于民用建筑的采暖。首层低温热水地板辐射采暖地面构造如图 4.3-9 所示。

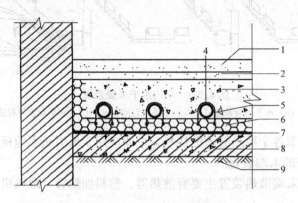

图 4.3-9　低温热水地板辐射采暖构造（首层）

1—面层；2—找平层；3—填充层；4—加热管；5—塑料卡钉；
6—隔热层；7—防水层；8—垫层；9—土壤

防水层一般设置于卫生间、厨房等较潮湿，需作防水、防潮处理的房间，可防止地面水进入填充层和隔热层。

隔热层采用的是聚苯乙烯泡沫塑料，敷设在填充层之下或沿外墙周边敷设，可减少热损失。

加热管为 PB、PEX、PP-R 和 XPAP 等塑料管，在 60℃以下使用寿命约 50 年，被塑料管卡或扎带绑扎在铁丝网上。

填充层是在加热盘管敷设、固定好后，填充浇筑完成的，可保护加热管并使地面温度均匀。厚度不宜小于 50mm。

找平层用较细的 10～20mm 厚的干硬性水泥砂浆进行处理，目的是使地面面层坚固，避免室内扬尘，为地面装饰层的敷设做准备。

面层可采用地板、瓷砖、地毯以及塑料类砖装饰面材。

各房间门口、面积超过 40m² 或边长超过 8m 的房间，为防止混凝土开裂，宜设置伸缩缝。

(3) 钢制辐射板

钢制辐射板以辐射传热为主，热媒温度较高（80～200℃），主要应用于工业厂房和商场、体育馆、展览厅、车站等大空间的建筑。钢制辐射板可以水平安装，也可以倾斜安装在墙上或柱间，或者垂直安装在墙上、两个柱子之间。

根据辐射板长度不同，钢制辐射板有块状辐射板和带状辐射板两种。块状辐射板构造简单，加工方便，便于就地生产，在同样的散热条件下，耗能量可比铸铁散热器供暖系统节省 50％左右。带状辐射板将单块辐射板按长度方向串联而成，通常沿房屋的长度方向布置，长达数十米，水平吊挂在屋顶下或屋架下弦下部，适用于大空间建筑。

（4）暖风机

暖风机以强制对流的方式，向房间输入比室内温度高的空气，借以维持室内温度，属于热风采暖系统。

暖风机由通风机、电动机及空气加热器组合而成。在风机的作用下，空气由吸风口进入机组，经空气加热器加热后，从送风口送至室内。暖风机分为轴流式与离心式两种。轴流式暖风机体积小，结构简单，安装方便；但送风气流射程短，出口风速低，常称为小型暖风机。离心式暖风机常被称为大型暖风机，具有较大的作用压头和较高的出口速度，比轴流式暖风机射程长，送风量和产热量大，用于集中输送大量热风。

5. 室内热水采暖系统主要设备及附件

（1）膨胀水箱

膨胀水箱的作用是贮存膨胀水量、恒定系统压力。在重力循环上供下回式系统中，它还起着排气的作用。

膨胀水箱一般由薄钢板焊接而成，有圆形或矩形。图 4.3-10 所示为圆形膨胀水箱构造示意图，箱上的主要接管及作用如下：

膨胀管——连接在系统定压点，系统膨胀水量由此进入膨胀水箱。

循环管——让少量热水通过循环管和膨胀管流过水箱，防止水箱内水冻结。

溢流管——溢流超过溢水管口的系统充水。

信号管——检查膨胀水箱内是否存水，一般引至便于观察和操作的排水设备上方。

排水管——清洗水箱时放空存水和污垢。

（2）排除空气的设备

系统的水被加热时，会分离出空气；系统停运时，通过不严密处会渗入空气；系统充水时，也会残留空气。系统积存的空气若不被及时排除，会形成气塞，影响正常循环。常见的排气设备有集气罐、自动排气阀和冷风阀。

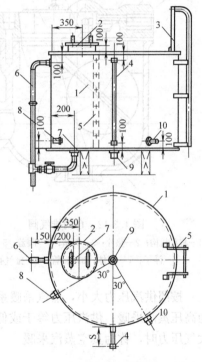

图 4.3-10　圆形膨胀水箱构造示意图
1—溢流管；2—排水管；3—循环水管；
4—膨胀管；5—信号管；6—箱体；
7—内人梯；8—玻璃管水位计；
9—人孔；10—外人梯

1）集气罐（见图 4.3-11）是用直径为 100～250mm 的短管两端封堵制成的，设在分支环路供水干管末端最高处或设备的高处，需定期手动排气。集气罐有立式和卧式两种，立式贮气空间大，卧式用于系统管道上部高度较小的场所。

2）自动排气阀（见图 4.3-12）多为铜质，分立式和卧式，原理都是依靠水对浮体的浮力，通过杠杆机构传动，使排气孔自动启闭。自动排气阀占地小，无需人员操作，工程应用广泛。

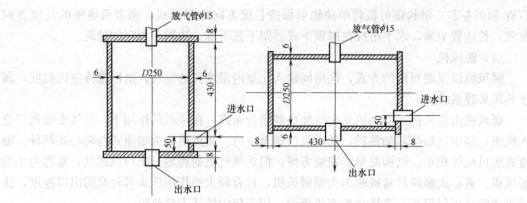

图 4.3-11　集气罐

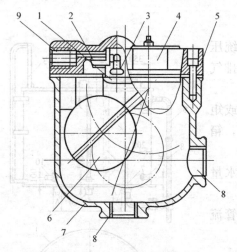

图 4.3-12　自动排气阀

1—杠杆机构；2—垫片；3—阀堵；4—阀盖；5—垫片；
6—浮子；7—阀体；8—接管；9—排气孔

3）冷风阀（见图 4.3-13）适用于工作压力 $p \leqslant 600kPa$，工作温度 $t \leqslant 130℃$ 的热水或蒸汽采暖系统的散热器或管道上。多为铜制。用于热水时，多用在水平式和下供下回式系统中，装在散热器上部丝堵的顶端，以手动方式排除空气；用于低压蒸汽系统时，则应装在散热器下部 1/3 的位置上。

（3）散热器温控阀

散热器温控阀（见图 4.3-14）是一种自动控制散热器散热量的设备，它有阀体和感温元件两部分组成。室内温度高于设定值时，感温元件受热，顶杆压缩阀杆，阀口关小，进入散热器的水流量减少，室温下降。反之，增大流量。

三、室内蒸汽采暖系统

1. 蒸汽采暖系统分类

按照供汽压力大小，蒸汽采暖系统可分为三类：供汽压力高于 0.07MPa 表压时，称为高压蒸汽采暖；供汽压力等于或低于 0.07MPa 时，称为低压蒸汽采暖；蒸汽压力低于大气压力时，称为真空蒸汽采暖。

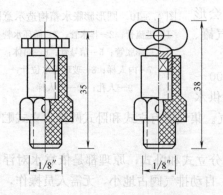

图 4.3-13　冷风阀

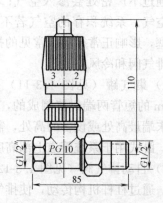

图 4.3-14　散热器温控阀

按照蒸汽干管相对于散热设备的位置的不同，蒸汽采暖系统可分为上供式、中供式和下供式。按照凝结水回收动力不同，蒸汽采暖系统可分为重力回水和机械回水两大类。

2. 低压蒸汽采暖系统

重力回水低压蒸汽采暖系统中，锅炉加热产生的蒸汽在自身压力作用下，克服流动阻力，沿供汽管道进入散热器内，并将积聚在供汽管道和散热器内的空气驱入凝水管，经凝水管末端的排气管排出。蒸汽在散热器内冷凝放热。凝水靠重力沿凝水管道返回锅炉，重新加热变成蒸汽。这种系统形式简单，无需凝水箱和凝水泵，耗电少，宜用于小型供热系统。

不同于连续循环重力回水系统，机械回水系统的凝水不直接返回锅炉，而是首先进入凝水箱，然后被凝水泵送回热源重新加热。疏水器是蒸汽采暖系统中的重要设备，其作用是自动阻止蒸汽逸漏而且迅速排出用热设备及管道中凝水，同时排除系统中积留的空气和其他不凝性气体。机械回水系统扩大了供热范围，应用最为广泛。

3. 高压蒸汽采暖系统

在工厂中，生产工艺用热往往需要使用较高压力的蒸汽，这就需要采用高压蒸汽采暖系统。高压蒸汽通过室外蒸汽管路进入用户入口的高压分汽缸，从不同的分汽缸中引出蒸汽分送不同的用户。当蒸汽入口压力或生产工艺用热的使用压力高于采暖系统的工作压力时，应在分汽缸之间设置减压装置。室内各采暖系统的蒸汽，在用热设备冷凝放热，冷凝水沿凝水管道流动，经过疏水器后汇流到凝水箱，然后，用凝结水泵压送回锅炉房。

四、集中供热系统

集中供热系统向许多不同的热用户供给热能，供应范围广，锅炉房或热电厂供给的热媒及其参数往往不能完全满足所有热用户的要求。因此，必须选择适宜热用户要求的供热系统形式和连接方式。

1. 热水供热系统形式

热水供热系统主要采用开式和闭式两种形式。在闭式系统中，热网的循环水仅作为热媒，供给热用户热量而不从热网中取出使用。在开式系统中，热网的循环水部分或全部从热网中取出，直接应用于生产或生活热水用户中。在我国，热水供应热负荷很小，集中供热系统主要是闭式热水供热系统。

2. 热网系统形式

热网系统形式取决于热媒、热源与热用户的相互位置和供热地区热用户的种类、热负荷的大小和性质等。选择热网系统形式应遵循的基本原则是安全供热和经济性。

在城市热水供热系统中，有众多的用户系统与热水网路相连。根据热网的布置方式不同，可分为枝状管网和环状管网。

枝状管网布置简单，管径随距热源距离的增加而减少；金属耗量少，初投资小；运行管理简便。但枝状管网不具后备供热的性能，可靠性差，即一旦网路发生故障，在损坏地点以后的所有用户均将中断供热。

环状管网供热后备能力强，可靠性高。当输配干线某处发生事故时，可由另一方向保证供热。

3. 集中供热系统的热力站及主要设备

热力站连接热网和热用户，其作用是根据热网工况和不同的条件，采用不同的连接方式，对热媒进行调节、转换、分配，并根据需要，集中计量、检测热媒参数。

（1）热力站的分类

根据服务对象不同，热力站分为民用热力站和工业热力站。民用热力站服务于民用用热单位，多属于热水供热热力站；工业热力站的服务对象主要是工厂企业用热单位，多为蒸汽供热热力站。

根据热力站的位置和功能不同，热力站分为供热首站、区域性热力站、小区热力站（热力站）和用户热力站。供热首站设在热电厂出口，进行汽-水转换，是整个热网的热媒制备与输送中心。区域性热力站用于特大型供热网路，连接主干线与分支干线。供热网路通过小区热力站向一个或几个街区的多幢建筑物分配热能。用户热力站也称为用户引入口，设在单栋建筑用户的地沟入口、用户地下室或底层。

（2）换热设备

按热交换介质，换热器分为汽-水换热器和水-水换热器；按热交换方式，分为表面式换热器和混合式换热器。表面式换热器中，冷热两流体被金属表面隔开，通过金属壁面热交换，如管壳式、套管式、容积式、板式和螺旋板式换热器。混合式换热器内，冷热两流体直接混合换热，如淋水式、喷管式换热器。

1）管壳式换热器

管壳式汽水换热器主要有固定管壳式、带膨胀节的管壳换热器、U形管壳换热器、浮头式管壳换热器和波节型管壳换热器等多种形式。

管壳式水-水换热器有分段式和套管式两种形式。前者由带有管束的几个分段组成，每个分段外壳设膨胀节以补偿热伸长，各段之间用法兰连接。后者是由钢管组成的"管套管"，套管之间焊接连接。结构简单、造价低、易于清洗水垢，但传热系数低，占地面积大。

2）容积式换热器

容积式换热器的换热器与储水箱结合在一起，用于生活热水制备兼作水箱。换热器中，U形弯管管束并联，蒸汽和加热水在U形管内经过。

3）板式换热器

板式换热器是由一系列具有一定波纹形状的金属片叠装而成的一种新型高效换热器。各种板片之间形成薄矩形通道，通过板片进行热量交换。板片的四个角上开有角孔，用于介质的流道。板片的周边及角孔处用橡胶垫片加以密封。

板式换热器结构紧凑、传热系数大、适应性广、拆洗方便，被广泛应用于供热系统的水-水换热。

4）螺旋板式换热器

螺旋板式换热器由两张互相平行的薄金属板卷制成同心的螺旋形通道。加热介质和被加热介质在螺旋板两侧流动，通过螺旋板进行换热。结构紧凑、传热系数大，但其主要缺点是不能拆卸清洗，只能用于水质较好的场合。

4. 供热管线的敷设

供热管道的敷设分地上敷设、地沟敷设和无沟直埋敷设。

（1）地上敷设

地上敷设是将管道敷设在地面上或附墙支架上。按照支架的高度不同，可分为：

1）低支架，管道保温结构底部距地面净高不小于 0.3m；

2）中支架，管道保温结构底部距地面净高 2.5～4.0m；

3）高支架，管道保温结构底部距地面净高为 4.5～6.0m。

地上敷设不受地下水位、土质和其他管线的影响，构造简单，维修方便，但占地面积较大，管道热损失大，影响市容，适合应用于年降雨量大，地下水位高，地形高差大，地下多岩石或腐蚀性土壤，地下管线太多，或有特殊障碍的地区。

（2）地沟敷设

地沟敷设是以地沟作为地下敷设管道的围护构筑物，承受土压力和地面荷载，并防止水的侵入，保护管道及保温结构，保证管道自由热胀冷缩。根据地沟内人行通道的设置情况，分为通行地沟、半通行地沟和不通行地沟。

1）通行地沟：工作人员可以在地沟内直立通行，人行通道的高度不低于1.8m，宽度不小于 0.6m，并应允许地沟内最大直径的管道通过通道。

2）半通行地沟：净高不小于 1.2m，人行通道宽度不小于 0.5m。操作人员可以在半通行地沟内检查管道和进行小型维修工作，但更换管道等大修工作仍需挖开地面进行。

3）不通行地沟：横截面较小，只需保证管道施工安装的必要尺寸。不通行地沟的造价较低，占地较少，是城镇供热管道经常采用的地沟敷设形式。其缺点是管道检修时必须挖开地面

（3）无沟直埋敷设

无沟直埋敷设是将供热管道直接埋设于土壤中的敷设形式，在国内外广泛应用。目前，多采用的形式是供热管道、保温层和保护外壳三者紧密粘接在一起，形成整体式的预制保温管（管中管）。该敷设方式主要具有如下特点：

1）占地少，易于与其他地下管道和设施相协调；

2）不需要砌筑地沟，土方量及土建工程量减小，管网投资省；

3）整体式预制保温管严密性好，便于施工；

4）可实现无补偿直埋敷设，管网系统简化，节省基建费用；

5）技术要求高。

第四节 锅炉与锅炉房设备

课程简介

锅炉与锅炉房设备是建筑环境与设备工程专业的一门专业必修课。它所研究的是供热热源——锅炉与锅炉房设备的构造、功能及如何安全可靠经济有效的运行。通过对本课程的学习，应掌握燃料的燃烧计算；锅炉热平衡、锅炉热效率及燃料消耗量的计算；锅炉的通风计算；水处理任务的确定和水处理设备选择计算；掌握锅炉热平衡测定的各种方法和提高锅炉热效率、节约能源的技术措施方面的基本知识。为今后从事中、小容量的供热锅炉房工艺设计、运行管理、开展以节能为中心的技术改造和科学研究工作打下良好的基础。

锅炉与锅炉房设备课程主要内容包括锅炉基本型号表示；锅炉燃料的相关知识；燃料燃烧计算；锅炉热平衡计算与相关影响因素分析；锅炉工作原理与燃烧设备特点；锅炉排

烟设备及计算；锅炉水处理任务与设备选择等。

该课程总学时为 48 学时，其中实验学时为 4 学时。

先修课程：流体力学、传热学、工程热力学等。

一、锅炉及锅炉房设备的基本知识

锅炉是供热之源。锅炉及锅炉房设备的任务在于安全可靠、经济有效地把燃料的化学能转化为热能，进而将热能传递给水，以生产热水或蒸汽。

1. 锅炉的基本构造和工作过程

如图 4.4-1 所示，锅炉的基本构造包括锅筒（又称汽包）、管束、水冷壁、集箱和下降管等，它是一个封闭的汽水系统。炉子包括煤斗、炉排、炉膛、除渣板、送风装置等，是燃烧设备。此外，为了保证锅炉的正常工作和安全，蒸汽锅炉还必须装设安全阀、水位表、高低水位警报器、压力表、排气阀、排污阀、止回阀等；还有为消除受热面上积灰以利传热的吹灰器，以提高锅炉运行的经济性。

锅炉的工作可概括为三个过程，即同时进行着的燃料燃烧过程、烟气向水的传热过程和水的受热汽化过程。

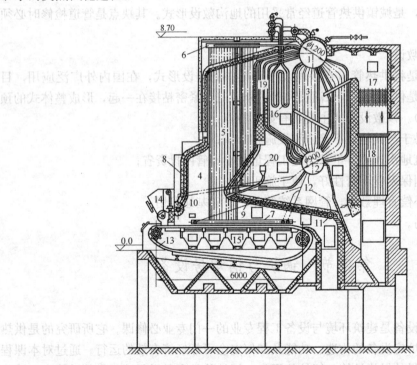

图 4.4-1 SHL 型锅炉

1—上锅筒；2—下锅筒；3—对流管束；4—炉膛；5—侧墙水冷壁；6—侧水冷壁上集箱；7—侧水冷壁下集箱；8—前墙水冷壁；9—后墙水冷壁；10—前水冷壁下集箱；11—后水冷壁下集箱；12—下降管；13—链条炉排；14—加煤斗；15—风仓；16—蒸汽过热器；17—省煤器；18—空气预热器；19—烟窗及防渣管；20—二次风管

2. 锅炉的基本特性表示

（1）蒸发量、热功率

200

蒸发量是指蒸汽锅炉每小时所生产的额定蒸汽量，用以表征锅炉容量的大小。蒸发量常用 D 来表示，单位是 t/h，供热锅炉蒸发量一般为 $0.1\sim65$t/h。供热锅炉，也可用额定热功率来表征容量的大小，常以符号 Q 来表示，单位是 MW。

（2）蒸汽（或热水）参数

锅炉的蒸汽参数是指锅炉出口处的蒸汽压力（表压力）和蒸汽温度。对生产饱和蒸汽的锅炉来说，一般只标明蒸汽压力；对生产过热蒸汽的锅炉，则需标明压力和蒸汽（或热水）温度。蒸汽压力，常用符号 P 表示，单位为 MPa；蒸汽温度，常用符号 t 表示，单位为℃。

（3）受热面蒸发率、受热面发热率

1m² 受热面每小时所产生的蒸汽量，称为锅炉受热面的蒸发率，用 D/H[kg/(m²·h)] 表示。对于热水锅炉，通常采用受热面发热率这个指标来表征。它指的是 1m² 热水锅炉受热面每小时所产生的热功率（或热量），用符号 Q/H 表示，单位为 MW/m²。受热面蒸发率或发热率高，则表示传热好，锅炉所耗金属量少，锅炉结构也紧凑。这一指标常用来表示锅炉的工作强度，但还不能真实地反映锅炉运行的经济性。

（4）锅炉的热效率

锅炉的热效率是表征锅炉运行的经济性指标，是锅炉每小时的有效利用于生产热水或蒸汽的热量占输入锅炉全部热量的百分数，常用符号 η_{gl} 表示，即：

$$\eta_{gl}=\frac{锅炉有效利用热量}{输入锅炉总热量}\times100\%$$

（5）锅炉的金属耗率及耗电率

锅炉不仅要求热效率高，而且也要求金属材料耗量低，运行时耗电量少。金属耗率就是相应于锅炉每吨蒸发量所耗用的金属材料的重量（t），目前生产的供热锅炉这个指标为 $2\sim6$t/t。耗电率则为产生 1t 蒸汽耗用电的度数（kWh/t）。

3. 锅炉房设备的组成

锅炉房是供热之源，它在工作时，源源不断地产生蒸汽（或热水），满足用户的需要；工作后的冷凝水（或称回水）又被送回锅炉房，与经处理后的补给水一起，再进入锅炉继续受热、汽化。因此，锅炉房设备由锅炉本体和锅炉房辅助设备组成。锅炉本体和它的辅助设备总称为锅炉房设备。图 4.4-2 所示为燃煤锅炉房设备简图。

构成锅炉的基本组成部分称为锅炉本体，它包括汽锅、炉子、蒸汽过热器、省煤器和空气预热器。

锅炉房辅助设备由以下几个系统组成：

（1）运煤除渣系统：其作用是保证为锅炉送入燃料和送出灰渣，如图 4.4-2 所示，煤由皮带运输机 11 送入煤仓 12，而后借自重下落，再通过炉前小煤斗落入炉排上。燃料燃尽后的灰渣，则由灰斗放入灰车送出。

（2）送、引风系统：为了给炉子送入燃烧所需空气和从锅炉引出燃烧产物——烟气，以保证燃烧正常进行，并使烟气以必需的流速冲刷受热面，锅炉的通风设备有送风机 9、引风机 7 和烟囱 8。为了改善环境卫生和减少烟尘污染，锅炉还设有除尘器 6，为此也要求必须保持一定的烟囱高度。除尘器除下的飞灰由灰车 13 送走。

（3）水、汽系统（包括排污系统）：汽锅内具有一定的压力，因而给水必须借助给水泵提高压力后送入。此外，为了保证给水质量，避免汽锅内壁结垢和腐蚀，锅炉房内还设有水处理设备（包括给水软化设备和除氧设备）。为了储存给水，也需要设置一定容量的水箱等。锅炉产生的蒸汽一般先送至锅炉房内的分汽缸，由此再接至各用户的管道。锅炉的排污水因具有相当高的温度和压力，因此必须接入排污降温池或专设的扩容器，进行膨胀降温。

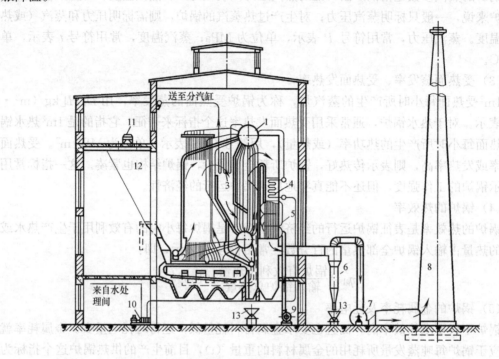

图 4.4-2　锅炉房设备简图

1—锅筒；2—链条炉排；3—蒸汽过热器；4—省煤器；5—空气预热器；6—除尘器；7—引风机；
8—烟囱；9—送风机；10—给水泵；11—运煤皮带运输机；12—煤仓；13—灰车

（4）仪表控制系统：除了锅炉本体上装设的仪表外，为监督锅炉设备安全经济运行，还常设有一系列的仪表和控制设备，如蒸汽流量计、水量表、烟气温度计、风压计、排烟二氧化碳指示仪等常用仪表。在有的工厂锅炉房中，还设置有给水自动调节装置，烟、风闸门远距离操纵或遥控装置，以便更科学地监督锅炉运行。

以上所介绍的锅炉辅助设备，并非每一个锅炉房都千篇一律、配备齐全，而是随锅炉的容量、形式、燃料特性和燃烧方式以及水质特点等多方面的因素因地制宜、因时制宜。至于一些次要设备，就不一一介绍了。

燃煤锅炉对环境污染严重，有些锅炉房采用燃油或天然气、煤制气。燃油或燃气锅炉房不需要设置运煤除灰和煤粉制备设备，不需要设贮煤场及贮灰场。只需要设置贮油罐、油泵、油管道及油过滤器、加热等装置；或设置贮气罐、气压调压装置及输送管道即可，设备比较简单。

4. 锅炉型号的表示方法

我国供热锅炉型号由三部分组成，各部分之间用短横线相连，如图 4.4-3 所示。

型号的第一部分表示锅炉形式、燃烧方式和蒸发量，其中共分三段：第一段用两个汉

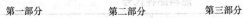

图 4.4-3 锅炉型号表示

语拼音字母代表锅炉本体形式，其意义见表 4.4-1；第二段用一个汉语拼音字母代表燃烧方式（废热锅炉无燃烧方式代号），其意义见表 4.4-2；第三段用阿拉伯数字表示蒸发量为若干 t/h，热水锅炉用热功率 MW 表示，废热锅炉则以受热面 m² 表示。

水管锅炉有快装、组装和散装三种形式。为了区别快装锅炉与其他两种形式，在型号的第一部分的第一段用 K（快）代替锅筒数量代号，组成 KZ（快装纵置）、KH（快装横置）、KL（快装立式）三个形式代号。

型号的第二部分表示蒸汽或热水参数，共分两段，之间以斜线分开，第一段用阿拉伯数字表示额定蒸汽压力或允许工作压力；第二段用阿拉伯数字表示过热蒸汽（或热水）的温度，生产饱和蒸汽的锅炉无第二段和斜线。

锅炉本体形式代号　　　　　　　　　　　　　　　　　表 4.4-1

锅炉类型	锅炉本体形式	代号	锅炉类型	锅炉本体形式	代号
锅壳锅炉	立式水管	LS	水管锅炉	单锅筒立式	DL
	立式火管	LH		单锅筒纵置式	DZ
	立式无管	LW		单锅筒横置式	DH
	卧式外燃	WW		双锅筒横置式	SZ
	卧式内燃	WN		双锅筒纵置式	SH
				强制循环式	QX

注：水火管混合式锅炉，以锅炉主要受热面形式采用锅壳锅炉和水管锅炉本体形式代号。但在锅炉名称中应写明"水火管"字样。

燃烧设备形式或燃烧方式代号　　　　　　　　　　　　表 4.4-2

燃 烧 设 备	代 号	燃 烧 设 备	代 号
固定炉排	G	下饲炉排	A
固定双层炉排	C	抛煤机	P
链条炉排	L	鼓泡流化床燃烧	F
往复炉排	W	循环流化床燃烧	X
滚动炉排	D	室燃炉	S

型号的第三部分表示燃料种类，以汉语拼音字母代表燃料类别，同时以罗马数字代表燃烧品种分类与其并列，见表 4.4-3。如同时设计几种燃料，则主要燃料代号放在前面。

燃料品种代号   表 4. 4-3

燃烧种类	代　号	燃烧种类	代　号
Ⅱ类无烟煤	WⅡ	型煤	X
Ⅲ类无烟煤	WⅢ	水煤浆	J
Ⅰ类烟煤	AⅠ	木材	M
Ⅱ类烟煤	AⅡ	稻壳	D
Ⅲ类烟煤	AⅢ	甘蔗渣	G
褐煤	H	油	Y
贫煤	P	气	Q

二、燃料与燃烧

燃料是锅炉的粮食，是生产蒸汽或热水的能量来源。目前，用于锅炉的主要燃料是矿物燃料，如固体燃料、液体燃料石油制品和气体燃料天然气等。不同的燃料因其性质各异，需采用不同的燃烧方式和燃烧设备。燃料的种类和特性与锅炉造型、运行操作以及锅炉的安全性和经济性有着密切的关系。因此，了解锅炉燃料的分类、组成、特性以及分析等有着重要意义。

1. 燃料的分类

燃料按其物态可分为固体、液体和气体燃料三大类。如果按获得的方法分则有天然燃料和人工燃料两类。

燃料的类别和性质直接关系到燃烧方式和燃烧设备的选择以及锅炉本体的设计。目前，煤炭是我国锅炉的主要燃料。为了鉴别和合理利用煤炭资源，对煤炭的分类和各种煤的外表特征、组成成分及物理化学性质应有所了解。

（1）煤

由于煤的用途甚广，其分类方法也很多。为了便于判断煤的种类对锅炉工作的影响，比较简单而科学的方法是按干燥无基挥发分多少，也即接近按煤的煤化程度对煤进行分类，煤被划分为褐煤、烟煤、贫煤和无烟煤四类。

（2）液体燃料

液体燃料是石油制品，即为石油经过蒸馏、裂化等一系列加工处理后的部分产品，如汽油、煤油、柴油和重油等，它们统称为燃料油。石油的成分比较复杂。石油的炼制就是利用石油中不同成分具有不同沸点的原理，进行加热蒸馏，将石油分成不同沸点范围的蒸馏产物。

目前，我国过常用的燃料油分为柴油和重油两大类。柴油一般用于中小型供热锅炉、生活锅炉以及大型锅炉的点火和稳定燃烧；重油则大多用于电站锅炉。

（3）气体燃料

气体燃料是由多种可燃和不可燃的单一气体组成的混合气体。其中可燃成分有碳氢化合物、氢气和一氧化碳等，不可燃气体有氧气、氮气和二氧化碳等。气体燃料一般是按体积分数提供的。

气体燃料通常按获得的方式分类，有天然气体燃料和人工气体燃料两大类。

1）天然气体燃料

天然气体燃料是由自然界中直接开采和收集的，不需加工即可燃用的气体燃料，有气田气、油田气和煤田气三种。

气田气是纯气田开采出的可燃气，通常称为天然气。天然气的主要成分为甲烷，有较高的发热量。当天然气中含硫量和含水量较高时，应进行脱硫和脱水处理。

油田气也称油田伴生气，它与原油共存，是石油开采过程中因压力降低而析出的气体燃料。它的成分是甲烷和其他一些烃类。它的发热量高于气田气。

煤田气俗称矿井瓦斯，也称矿井气，是在采煤过程中从煤层或岩层中释放出来的一种气体燃料。它的主要可燃成分也是甲烷，是三种天然气体中含量波动最大的气体燃料。

2）人工气体燃料

人工气体燃料是以煤、石油或各种有机物为原料，经过各种加工而得到的气体燃料。锅炉使用的气体燃料主要有以下几种，即汽化炉煤气、焦炉煤气、高炉煤气、油制气、液化石油气和沼气等。

2. 燃料的元素分析成分

无论是固体、液体还是气体燃料，它们都是由可燃质和多种矿物质两部分组成。通常是通过元素分析法测定求得，其主要组成元素有碳（C）、氢（H）、氧（O）、氮（N）和硫（S）五种，此外还包含有一定数量的灰分（A）和水分（W）。燃料的上述组成成分，称为元素分析成分。对于固体燃料，组成成分还可以通过工业分析法测定，气体燃料不做元素分析，它的成分主要指它所含有的每一组成气体，如氢气、一氧化碳等。

3. 煤的燃烧特性

煤的燃烧特性主要指煤的发热量、挥发分、焦结性和灰熔点，它们是选择锅炉燃烧设备、制定运行操作制度和进行节能改造等工作的重要依据，因此必须对它们作较为深入的研究和分析。

（1）发热量

固体燃料和液体燃料的发热量是指单位质量的燃料在完全燃烧时所放出的热量，单位为 kJ/kg。

弹筒发热量：指将已知质量的空气干燥基煤样在氧弹测热器中燃尽时所放出的热量，也包括了燃料中的硫和氮在弹筒内高压（2.8～3.0MPa）氧化条件下形成的 H_2SO_4，HNO_3。

高位发热量：指在弹筒发热量中扣除了硫酸、硝酸的生成热后得到的热量，它包括燃料中的以及燃料在燃烧时所生成的水蒸气的汽化潜热。

低位发热量：从高位发热量中减去燃料中的以及在燃烧时所生成的水蒸气的汽化潜热，得到低位发热量。

（2）挥发分

失去水分的干燥煤样置于隔绝空气的环境中加热至一定温度时，煤中有机质分解而析出的气态物质称为挥发物，其百分数含量即为挥发分。挥发物主要由各种碳氢化合物、氢、一氧化碳、硫化氢等可燃气体和少量的氧、二氧化碳等不可燃气体组成。

（3）焦结性

煤在隔绝空气加热时，水分蒸发、挥发分析出后的固体残余物是焦炭，它由固定碳和灰分组成。煤种不同，其焦炭的物理性质、外观等也各不相同，有的松散呈粉末状，有的则结成不同硬度的焦块。煤的这种不同焦结性状，称为煤的焦结性，共分粉状、粘结、弱粘结、不熔融粘结、不膨胀熔融粘结、微膨胀熔融粘结、膨胀熔融粘结和强膨胀熔融粘结八类。

（4）灰熔点

当焦炭中的固定碳燃烧殆尽，残留下来的便是煤的灰分。灰分的熔融性，习惯上称作煤的灰熔点。煤的灰熔点是用 4 个特征温度表示的，它们分别为变形温度、软化温度、半球温度和流动温度，其值通常用试验方法——角锥法测得。要注意为避免炉膛出口结渣，出口烟温要比软化温度低 100℃。

4. 燃料的燃烧计算

为使燃烧进行得充分、完全，除需要保证一个高温环境外，必须提供燃烧所需的氧气，并使之与燃料充分接触，同时还必须将燃料产物——烟气和灰及时排走。燃料的燃烧计算包括燃料燃烧所需的空气量、燃烧生成的烟气量和空气和烟气焓值的计算。燃烧计算的结果为锅炉的热平衡计算、传热计算和通风设备选择计算提供可靠依据。

三、燃烧设备

炉子的任务是创造良好的燃烧条件，使燃料能在炉内充分燃烧，使其化学能最大限度地转化为热能，同时也应尽可能兼顾炉内辐射换热的要求。按照燃烧方式的不同可划分为三类，即层燃炉、流化床炉和室燃炉。

1. 层燃炉

层燃炉就是燃料被层铺在炉排上的炉子，也叫火床炉。它是目前国内供热锅炉中用得最多的一种燃烧设备，常用的有手烧炉、风力机械抛煤炉、链条炉排以及往复炉排和振动炉排等多种形式。

层燃炉主要分为手工操作层燃炉和机械化层燃炉。机械化层燃炉的形式有机械—风力抛煤机炉、链条炉排炉、往复炉排炉、振动炉排炉和下饲燃料式炉等多种形式，其中以链条炉在我国应用最广。

2. 流化床炉

固体粒子经与气体或液体接触而转变为类似流体状态的过程，称为流化过程。流化过程用于燃料燃烧，即为沸腾燃烧，其炉子称为沸腾炉或流化床炉。流化床炉不仅燃烧效率高、传热效果好以及结构简单、钢耗量低，而且它的燃料适应性广，能燃用包括煤矸石、石煤等劣质煤在内的所有固体燃料。流化床炉的形式有鼓泡流化床炉和循环流化床炉两种。

3. 室燃炉

煤粉炉、燃油炉和燃气炉统称为室燃炉。与层燃炉相比较，无论是在炉子的结构上，还是燃料的燃烧方式上，室燃炉都有自己的特点。它的特点如下：

（1）没有炉排，燃料随空气进入炉内，燃料燃烧的各个阶段都是在悬浮状态下进行和完成的，其容量的提高不再受炉排面的制造和布置的限制；

（2）燃料的燃烧反应面积很大，与空气混合良好，可以采用较小的过量空气系数，燃烧速度和效率比层燃炉高；

（3）由于燃料在室燃炉中停留时间比较短，为保证燃烧充分，炉膛体积比较大；

（4）燃料适应性广，可以燃用固体燃料、液体燃料、气体燃料；

（5）燃烧调节、运行和管理易于实现机械化和自动化。

煤粉炉是把煤先磨成粉，然后用空气将煤粉喷入炉内呈悬浮状燃烧的炉子。由于煤粉与空气的接触面积增加，不仅改善了着火条件，也强化了燃烧，使煤粉炉的煤种适应范围更广，而且燃烧完全，燃烧调节方便。但由于需要配置磨煤设备，系统较复杂，而且飞灰多，容易污染环境，使用受到一定限制。

油作为一种燃料，有两种燃烧方式，一种为预蒸发型，即燃料先行蒸发为油蒸气，然后按一定比例与空气混合进入燃烧室燃烧；另一种为喷雾型，即燃料油被喷雾器雾化为微小油粒在燃烧室内燃烧，燃油炉采用的就是这种燃烧方式。燃油炉的排烟中含灰量很少，燃烧有害物主要是二氧化硫、三氧化硫和氮氧化物。主要通过采用低氧燃烧和分级燃烧来提高锅炉热效率，减少有害物的排放。

气体燃料是一种优质的清洁燃料，同时具有管道输送、使用性好、便于调节、易于实现自动化和智能化控制等优点，随着西气东输和环保要求的提高，燃气锅炉的应用日益广泛。为了改善和强化燃气锅炉的燃烧，以期提高炉膛的容积热负荷和降低不完全燃烧热损失，可以采取的技术措施有改善气流相遇的条件、加强混合扰动、预热燃气和空气、旋转和循环气流、使烟气再循环等。

四、供热锅炉

1. 锅炉的发展概况

锅炉的出现迄今已有二百余年的历史。18 世纪末，随着蒸汽机的发明，出现了工业用的圆筒形蒸汽锅炉。随着社会生产力的迅猛发展，蒸汽在工业上的用途日益广泛，不久就提出了对锅炉扩大容量和提高参数的要求。于是，在圆筒形蒸汽锅炉的基础上，从增加受热面入手，对锅炉进行了一系列的研究和技术变革，从而推动了锅炉的发展。

锅炉的结构演变沿着以下两个方向发展：第一方向，烟管锅炉的发展，即在锅筒内部增加受热面，形成了烟管锅炉系列。起初先在锅筒内设置一个火筒，即单火筒锅炉，煤在火筒内燃烧放热；后增加到两个火筒。为了进一步增加锅炉容量，后来又发展到用小直径的烟管取代火筒以增加受热面，形成了烟管和火筒组合锅炉，这类锅炉统称为烟管锅炉，其共同特点是高温烟气在火筒或烟管内部流动放热，低温工质—水则在火筒或烟管外侧吸热、升温和汽化。

烟管锅炉的炉膛一般都比较矮小，炉膛四周又被作为辐射受热面的筒壁所围住，所以炉内温度低，燃烧条件差，难于燃用劣质煤，而且烟气纵向冲刷壁面，传热效果也差，排烟温度很高，热效率低，其蒸发量也受到限制。但这类锅炉也有一定优点。

第二个方向是在锅筒外部发展受热面，形成水管锅炉系列。它的特点是高温烟气在管外冲刷流动而放热，汽水在管内流动而吸热和蒸发。水管锅炉的出现是锅炉发展的一大飞跃。它摆脱了火筒、烟管锅炉受锅筒尺寸的制约，无论在燃烧条件、传热效果和受热面的布置等方面都得到了根本性的改善。为提高锅炉容量、参数和热效率创造了良好的条件，金属耗量也大为下降。

纵观锅炉发展的历史，真正走上现代化道路才不过四、五十年的时间。随着现代工业的发展和科学技术的进步，现在锅炉朝着大容量、高参数的方向发展。蒸发量为 2000t/h 左右的锅炉已相当普遍，4000t/h 以上的锅炉也有多台投入运行，它们的蒸汽参数以亚临界居多。对于供热锅炉，正趋向于简化结构、改善燃烧技术、提高热效率、降低金属耗量和扩大燃料适应范围；为确保锅炉运行安全，又趋向于采用先进技术，进一步提高设备的机械化和自动化。

2. 供热锅炉的类型及特点

供热锅炉按其构造可分为烟管锅炉和水管锅炉。

（1）烟管锅炉

烟管锅炉广泛应用于蒸汽需要量不大的场合。烟管锅炉按其锅筒放置位置可分为立式和卧式两类。它们结构的共同点是都有一个大直径的锅筒，其内有火筒和为数众多的烟管。

立式烟管锅炉受锅筒结构的限制，容量一般较小，蒸发量大多在 0.5t/h 以下，通常配置手烧炉。此型锅炉只适宜燃用较好的烟煤。

卧式烟管锅炉容量有 2t/h 和 4t/h 两种，水容量较大，能适应负荷变化；对水质要求也低。由于采用了机械通风，流经烟管的烟速较高，强化了传热，锅炉效率可达 70% 以上。这类锅炉一般整体出厂，运输、安装比较方便。

（2）水管锅炉

容量在 4t/h 以上的国产蒸汽锅炉，除少数采用烟管锅炉外，目前大都采用了水管锅炉的结构形式。它与烟管锅炉相比，在结构上没有大直径的锅筒，富有弹性的弯水管代替了直烟管，不但节约了金属，更为提高容量和蒸汽参数创造了条件。由于炉膛不再受锅筒的限制，改善了燃烧条件，使热效率有较大提高。

水管锅炉形式繁多，构造各异。按锅筒数量可分为单锅筒和双锅筒；就锅筒放置形式分为纵置式、横置式、立置式等几种。

3. 热水锅炉

在采暖工程中，热媒有蒸汽和热水两种。由于热水采暖比蒸汽采暖具有节约、易于调温、运行安全和采暖房间温度波动小等优点，同时国家对热媒又做了政策性规定，要求大力发展热水采暖系统。因此热水锅炉得到了迅速的发展。

按照生产热水的温度，热水锅炉可分为低温热水锅炉和高温热水锅炉，前者送出的热水温度一般不高于95℃，后者出水温度则高于常压下的沸点温度，通常为130℃，高的可达180℃。如果按照热水在锅内的流动方式，热水锅炉又分为强制流动和自然循环两类。

强制流动热水锅炉是靠循环水泵提供动力使水在锅炉各受热面中流动换热的。这类锅炉通常不设置锅筒，受热面由多组管排和集箱组合而成，结构紧凑，制造、安装方便，金属耗量少。我国早期生产的热水锅炉和国外大容量热水锅炉大多采用这种强制流动的方式。

强制流动热水锅炉没有锅筒，水容积小，运行时水质又差，如果设计不尽完善，会发生结垢、爆管等危及锅炉安全的事故。

自然循环热水锅炉，其锅内热水循环流动主要是靠下降管和上升管中的水温不同引起密度差造成的水柱重力差来驱动的。但因水的密度随温度的变化率不大，且锅内水的温升又有限，与蒸汽锅炉的自然循环以水、汽的密度差为基础比较，热水锅炉自然循环的驱动力——流动压头要小得多。因此，采用自然循环方式的热水锅炉，在设计时要特别注意其水循环的可靠性。

五、供热锅炉水处理

1. 水中杂质

自然界中没有绝对纯净的天然水，其中必含有一定的杂质，这些杂质按其颗粒大小分成三类：颗粒最大的是悬浮物；其次是胶体；颗粒最小的是离子和分子，即溶解物质。

悬浮物主要是黏土、砂粒、动植物的腐败物质，其颗粒大小为 $0.1\mu m$ 以上。悬浮物通过滤纸可以被分离出来。

胶体物质在水中呈很小的微粒状态，它们不是分子状态，而是许多分子集合成的个体，也就是所谓"胶体"。胶体微粒不会自行沉淀，较为稳定，可以穿过滤纸，用特别的显微镜可以看到。胶体物质主要是元素铁（Fe）、铝（Al）、硅（Si）、铬（Cr）等的化合物及一些有机物。

天然水中的溶解物质主要是钙、镁、钾、钠等盐类以及气体（主要是氧气、二氧化碳及氮气等）。与水分子均匀混合，极稳定，必须用化学方法将它们转变成另一种难以溶解的化合物，才能除去。

天然水中的悬浮物、溶解物质一般在自来水厂经过过滤处理，大部分是可以清除的。但看似清澈的自来水依然不能用作锅炉给水。不然它所溶解的诸如钙、镁盐类和氧气、二氧化碳等气体进入锅炉，将会对锅炉的安全、经济运行带来危害。

2. 水质指标

为了表示水中所含杂质的品质和数量，通常用以下几种指标来表征。

1）悬浮固形物；

2）溶解固形物和含盐量；

3）硬度；

4）碱度；

5）相对碱度；

6）pH 值；

7）溶解氧；

8）亚硫酸钠；

9）磷酸根；

10）含油量。

3. 锅炉的水质标准

不同容量、参数的锅炉，按其工作条件、水处理技术水平和常年运行经验、规定了不同的水质要求和锅水水质标准。具体可查阅国家标准《工业锅炉水质》GB 1576—2001。

4. 水处理设备

（1）软化水处理设备

天然水中的溶解物质（主要是钙、镁、钾、钠等盐类）和一些溶解气体，这些盐类大都以离子状态存在，当含有这些离子的水被加热后，水中的溶解盐类就会析出或浓缩沉淀出来，附着在受热面的内壁上，形成水垢。水垢的导热性能很差，严重地影响了锅炉的热效率，甚至危及锅炉的安全。因此锅炉给水需进行软化处理，降低水中钙镁离子的含量。常用的软化水处理设备有钠离子交换器，如图 4.4-4 所示。

（2）锅炉除碱装置

采用钠离子交换的特点是只能使原水软化，而不能除去水中的碱度。为了保证一定的锅水碱度，就必须增大锅炉的排污量，直接影响了锅炉的经济性。最简单的方法就是先向

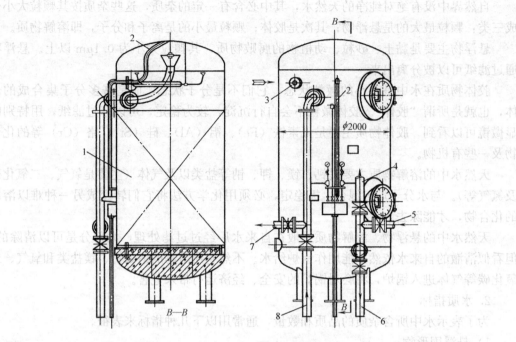

图 4.4-4 钠离子交换器
1—进水管；2—空气管；3—再生液进口；4—软水管；
5—冲洗水管；6、7—排水管；8—进水管

软水中加酸，但要控制加酸的量，一般锅炉房常采用氢-钠、氨-钠及部分钠离子交换系统，就能达到既软化水又减低锅炉碱度和含盐量的目的。

（3）给水除氧装置

水中溶解的氧、二氧化碳气体会对锅炉金属面产生化学腐蚀和电化学腐蚀，因此锅炉给水需采取除氧措施。

从气体溶解定律知，任何气体在水中的溶解度是与此气体在水解面上的分压力成正比的。在敞开的设备中将水加热，水温升高，会使汽水界面上的水蒸气分压力增大，其他气体的分压力降低，致使其他气体在水中的溶解度减小。但水温达到沸点时，此时水界面上的水蒸气压力和外界压力相等，其他气体的分压力趋于零，水就不再具有溶解气体的能力。

要使水温达到沸点，通常可采用加热法（热力除气）和抽真空法（真空除气）。如果要使水面上的氧气分压力降低，也可将界面上的空间充满不含氧的气体来达到（解吸除氧）。除此之外，也有采用向水中加药来消除溶解氧的方法，即化学除氧。

热力除氧是将水加热到沸点，将析出于水面的氧气除去的方法。热力除氧不仅除去水中溶解氧，同时也除去其他溶解气体（如二氧化碳）。软水中残剩的碳酸盐碱度，也会在热力除氧器加热时逸出二氧化碳，使碱度有所降低。

真空除氧也属于热力除氧，所不同的是它利用低温水在真空状态下达到沸腾，从而达到除氧和减少锅炉自用蒸汽的目的。

解吸除氧是将不含氧的气体与要求除氧的软化水强烈混合。由于不含氧的气体中氧分

压力为零，软水中的氧就扩散到无氧气气体中去，从而降低软水中的含氧量，达到除氧的目的。

常用的化学除氧有钢屑除氧和药剂除氧。

第五节 自动控制技术

课程简介

建筑环境与设备工程专业共开设了两门有关建筑环境测试与建筑设备控制的课程，即建筑环境测试技术、自动控制技术。

自动控制技术是在学习了建筑环境测试技术之后开设的专业基础课程。通过本课程的学习，使学生掌握自动控制原理的基本概念，学会进行控制系统设计，并会采用 MAT-LAB 软件进行控制系统仿真分析，掌握计算机控制技术的基本知识，为后续课程建筑设备自动化打下坚实理论基础。

自动控制原理课程总学时为 48 学时，其中实验 4 学时。

本课程专业性比较强，本书不再详细介绍，具体可参阅相关专业教材。

自动控制技术是建筑环境与能源应用工程专业的一门综合性、实践性很强的专业课，是在学习了建筑环境测试技术之后开设的。它的主要内容包括自动控制原理及建筑设备自动化。通过本课程的学习，使学生掌握智能楼宇建筑内部设备自动控制的基本原理和控制方法，掌握建筑设备自动化系统的结构、各种设备的监控原理以及应用计算机控制技术、网络通信技术和节能技术进行系统设计的能力，同时具备施工、运行维护和管理等方面的初步技能，为培养社会复合型人才奠定基础。

建筑设备自动化的主要内容有建筑设备自动化系统的含义、功能及发展过程；建筑设备自动化系统的技术基础即计算机控制技术和计算机通信网络技术，包括计算机控制系统的原理，集散控制系统的体系结构及组成，现场总线的含义及特点，BACNet 协议及 LonTalk 协议等；空气处理设备的监控，集中空调冷热源及空调水系统的监控，供热系统的监控与管理，建筑给排水系统的监控等。

自动控制技术课程总学时为 48 学时，其中实验 4 学时。

先修课程：电工与电子学等。

一、建筑设备自动化概述

1. 含义

建筑设备自动化系统，简称 BAS（Building Automation System），是将建筑物或建筑群内的电力、照明、空调、电梯、给排水、防灾、保安、车库管理等设备或系统进行集中监视、控制和管理为目的而构成的综合系统。BAS 是智能建筑的主要系统和重要标志。

智能建筑是以建筑为平台，兼备通信自动化、办公自动化、建筑设备自动化的功能，集系统结构、服务、管理及它们之间的最优化组合，向人们提供的一个安全、高效、舒适、便利的建筑环境。智能建筑技术是多学科的交叉和融汇，包含的方面有：建筑设备自动化系统、办公自动化系统、智能建筑通信网络系统、智能建筑计算机网络、智能建筑消防和安全防范系统、住宅建筑智能化。

2. 功能

建筑设备自动化系统的功能主要包括两个方面：一是对设备的监控与管理：能够对建筑物内的各种建筑设备实现运行状态监视，启停、运行控制，并提供设备运行管理，包括维护保养及事故诊断分析，调度及费用管理等；二是节能控制：包括空调、供配电、照明、给排水等设备的控制。在保障室内空气品质和舒适性的前提下实现节能、降低运行费用的节能控制。

3. 发展过程及趋势

建筑设备自动化系统的发展历史可追溯到19世纪末，从简单的机械控制器开始，到20世纪50年代出现的基地式气动仪表控制系统，以及后来随着技术的不断发展出现的单元组合式仪表控制系统、集中式数字控制系统、集散控制系统、现场总线控制系统，控制过程更加及时、安全、可靠。然而建筑设备自动化技术的发展仍将继续，根据美国公布的《21世纪的技术：计算机、信息和通信》研究报告书指出21世纪的BAS应具备以下技术：网络技术、控制网络技术、智能卡技术、可视化技术、家庭智能化技术、无线电局域网技术、数据卫星通信技术。

二、建筑设备自动化的技术基础

1. 计算机控制技术

计算机控制技术是计算机技术和自动控制技术相结合的产物，是实现BAS的核心技术之一。计算机控制系统一般由计算机、D/A转换器、执行器、被控对象、测量变送器和A/D转换器组成，是闭环负反馈系统，如图4.5-1所示。

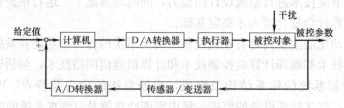

图 4.5-1　计算机控制系统基本框图

计算机控制系统的分类方法有多种，按控制形式分为开环系统和闭环系统；按控制规律分为顺序控制、常规控制（PID控制）、先进控制（如最优控制、预测控制等）、智能控制（如模糊控制、神经网络、专家系统等）；按应用特点分为操作指导控制系统、直接数字控制系统（DDC）、监督计算机控制（SCC）、集散控制系统（DCS）（又称分布式控制系统）、现场总线控制系统（FCS）、计算机集成制造系统（CIMS）。

2. 计算机通信网络技术

通信的目的是传递信息。计算机网络是计算机设备的互联集合体。它使用通信线路和相关设备将功能不同的、相互独立的多个计算机和计算机系统互联，基于功能完善的网络软件实现网络资源的共享和信息的传递。

计算机网络拓扑结构是指网络中各站点和链路相互连接的方法和形式，常用的网络拓扑形式有：星形、总线形、环形、树形、点对点形等，BAS多采用总线形或环形网络拓扑结构且以总线形拓扑结构最为普遍。

计算机网络分类有几种形式：按距离分为局域网、广域网和城域网；按传输媒体分为有线网和无线网；按数据交换方式分为共享性网络和交换性网络。建筑设备自动化系统是一种局域网，构成实时过程控制系统，并逐步将信息管理系统纳入其中。

通信协议是通信双方必须共同遵守规则的集合。TCP/IP 协议是一系列协议集合的总称，主要用于 Internet（因特网）的数据交换，而智能建筑中的部分局域网的发展方向是 Intranet（内联网），同样采用了 TCP/IP 协议。BAS 为了实现不同设备间的互操作及系统的互联采用了开放的、统一的数据通信协议标准，目前广泛应用的有 BACnet 协议和 Lontalk 协议。BACnet 通信协议是由美国供热、制冷及空调工程师协会（ASHRAE）发起制定并得到美国国家标准局（ANSI）的批准，由楼宇自动化系统的生产商、用户参与制定的一个开放性标准，是一个完全开放的建筑设备自控网。Lontalk 协议是美国 Echelon 推出的 LonWorks 技术所使用的通信协议，遵循国际标准化组织定义的开放系统互联模型，支持多种通信媒体和分段的网络。

三、空气处理设备的控制

空调自动控制系统的主要功能就是使有关执行机构改变其相对位置，从而使实际输出量发生改变，以适应空调负荷的变化，满足生产和生活对空气参数的要求。

1. 新风机组监控系统

新风机组是半集中式空调系统中用来集中处理新风的空气处理设备。新风在机组内进行过滤及热湿处理，然后利用风机通过管道送往各个房间。

图 4.5-2 所示是新风机组 DDC 系统流程图，基本的监控功能有：（1）风机的状态显示、故障报警；测量风机出口空气温湿度参数，以了解机组是否将新风处理到要求的状态；测量新风过滤器两侧压差，以了解过滤器是否需要更换；检查新风阀状况，以确定其是否打开。（2）根据要求启/停风机；自动控制空气－水换热器水侧调节阀，使风机出口空气温度达到设定值；自动控制蒸汽加湿器调节阀，使冬季风机出口空气相对湿度达到设定值；控制新风电动风阀。

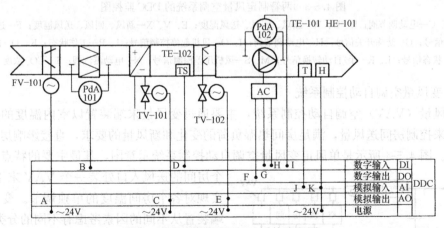

图 4.5-2 新风机组 DDC 系统流程图

新风机组的控制内容有送风温度控制、送风相对湿度控制、防冻控制、二氧化碳浓度控制，有时还根据新风、回风焓值的比较来控制新风量与回风量，达到节能的目的。

2. 风机盘管监控系统

风机盘管为半集中式空调系统中的末端设备，其控制通常包括风机转速控制和室内温度控制两部分。风机盘管属于单回路模拟仪表控制系统，多采用电气式温度控制器，其传感器和控制器组装成一个整体，可应用在客房、写字楼、公寓等场合。风机盘管控制系统一般不进入集散控制系统，近年来的有些产品有通信功能，可与集散控制系统的中央站通信。

3. 定风量空调自动控制系统

定风量空调自动控制系统的特点是送风量不变，只改变送风温、湿度来改变送入室内的冷热量。常用的定风量空调自动控制系统有变露点自动控制系统和定露点自动控制系统。

变露点自动控制系统由温度控制系统和湿度控制系统两个单回路控制系统组成，定露点自动控制系统由露点温度控制系统、送风温度控制系统和两个不同空气区的室温控制系统4个单回路控制系统组成。

图 4.5-3 所示为两管制定风量空调系统 DDC 监控图。

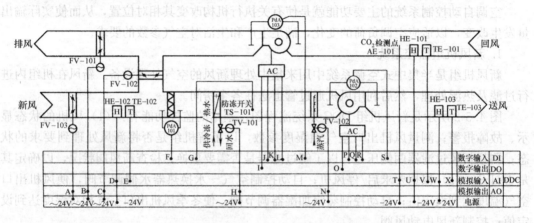

图 4.5-3　两管制定风量空调系统的 DDC 监控图

A、B、C—电动调节阀；D、U、W—新风、回风、送风湿度；E、V、X—新风、回风、送风温度；F—过滤器堵塞信号；G—防冻开关信号；H—电动调节阀；I、O—风机起停控制信号；J、P—工作状态；K、Q—故障状态信号；L、R—手/自动转换信号；M、S—风机压差检测信号；N—电动蒸汽阀；T—CO_2 浓度

4. 变风量空调自动控制系统

变风量（VAV）空调自动控制系统，主要通过变风量末端装置以室内温度的波动为被控量来控制房间送风量，满足房间热湿负荷的变化和新风量的要求，直接影响房间的空气品质。图 4.5-4 所示是单风道变风量空调自动控制系统示意图，其最主要的特点就是每

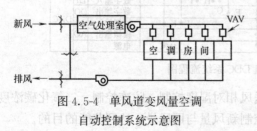

图 4.5-4　单风道变风量空调
自动控制系统示意图

个房间的送风入口处装一个 VAV 末端装置，实现对各个房间温度的单独调节。变风量末端装置从不同的因素考虑有不同的分类方法，相应的控制方法也略有不同。

变风量空调系统不仅要对变风量末端装置进行控制，还要对空调机组进行控制。空调机组的控制内容包括总风量控制、送风温湿度控制、回风量控制、新风量/排风量控制等。其中对送风机的控制目前采用的控制方法有定静压法（CPT）、变静压法（最小静压法）和总风量法。

图 4.5-5 所示为二管制变风量（VAV）空调系统 DDC 监控图。

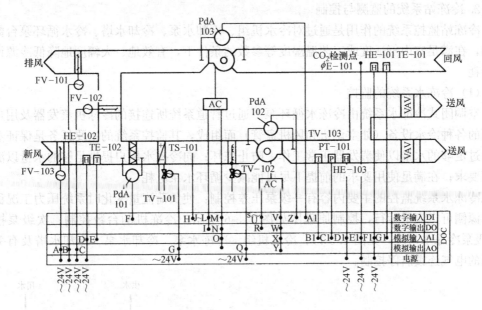

图 4.5-5　二管制变风量（VAV）DDC 系统控制原理图

A、B、C—电动调节阀；D、D1、F1—新风、回风、送风湿度；E、B1、G1—新风、回风、送风温度；
F—过滤器堵塞信号；H—防冻开关信号；G—电动调节阀；I、R—风机起停控制信号；J、S—工作状态；
K、T—故障状态信号；L、U—手/自动转换信号；Z、A1—风机压差检测信号；Q—电动蒸汽阀；E1—CO_2 浓度

四、集中空调冷热源及空调水系统的监控

集中空调冷热源系统是暖通空调系统的心脏，也是能耗大户，因此是监控的重点。监控系统的主要任务是基本参数的测量、设备的正常启停与保护、基本的能量调节、冷热源及水系统的全面调节保护与联动控制。

1. 冷水机组的自动控制

单台机组的控制任务由安装在主机上的单元控制器完成，有些单元控制器同时还完成一部分辅助系统的监控，还有些冷冻机的供应商同时提供冷冻站的集中控制器，对几台冷冻机及其辅助系统实行统一的监测控制和能量调节。

多台机组通过各自单元控制器上的通信接口由 BAS 进行监控，监控方式有三种：

（1）不与冷水机组的控制器通信，而是在冷冻水、冷却水管路上安装水温传感器、流量传感器等，当计算机分析出需要开/关主机或改变出口水温设定值时以某种方式显示出来，通知值班人员进行相应的操作。在主机配电箱中通过交流接触器辅助触头、热继电器触点等方式取得这些主机的工作状态参数，通过端子排或交流接触器控制设备的启停。

（2）采用主机制造商提供的冷冻站管理系统。这类管理系统能把冷冻站内的设备全部监控管理起来，实现机组的启停控制、故障检测报警、参数监视、能量调节与安全保护等。

（3）设法使主机的控制单元与 BAS 通信。

制冷机组的自动控制系统主要包括能量控制系统、蒸发器温度的自动控制、冷凝器压

力（或冷凝温度）的自动控制和安全保护系统。由于不同的制冷方式和工作原理，使不同的制冷机的自动控制系统的内容和控制方法也不完全相同。

2. 冷冻站系统的监测与控制

冷冻站监控系统的作用是通过对冷水机组、冷却水泵、冷却水塔、冷水循环泵台数的控制，在满足室内舒适度或工艺温湿度等参数的条件下，有效地、大幅度地降低冷源设备的能耗。

（1）冷冻水系统的监控

空调闭式冷冻水系统由冷冻水循环泵、通过管道系统所连接的冷冻机蒸发器及用户所使用的各种冷水设备（如空调机和风机盘管）而组成，其监控系统的主要任务是保证蒸发器通过足够的水量以使蒸发器正常工作，防止冻坏；向冷冻水用户提供足够的水量以满足使用要求；在满足使用要求的前提下尽可能减少循环水泵电耗。

冷冻水系统监控的主要内容有一级泵压差控制：使负荷流量变化时系统压力工况稳定且冷源侧可定流量运行，控制原理图如图 4.5-6 所示；冷冻机的台数控制；次级泵控制（二级泵冷冻水系统，见图 4.5-7）；冷水机组、冷冻水泵、冷却水泵、冷却水塔及有关电动阀的电气连锁启停控制。

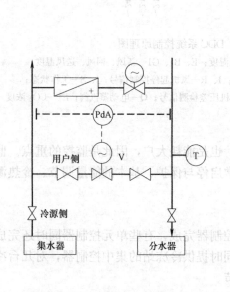

图 4.5-6　一级泵压差控制原理图

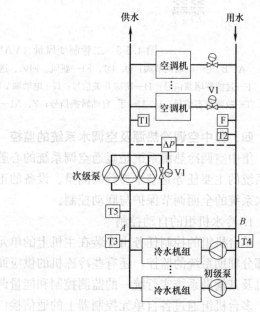

图 4.5-7　二级泵冷冻水系统

（2）冷却水系统的监控

冷却水系统通过冷却塔和冷却水泵及管道系统向制冷机提供冷却水，其监控系统的主要任务是保证冷却塔风机、水泵安全运行；保证冷却机组内有足够的冷却水流量；根据室外气温及冷水机组开启台数，调整冷却塔运行台数。图 4.5-8 所示为冷却水系统监控原理图。

3. 锅炉的监控

锅炉监控的目的是确保锅炉能够安全、经济的运行，合理调节其运行工况，节能降耗等。监控内容有：

（1）运行参数的自动检测；

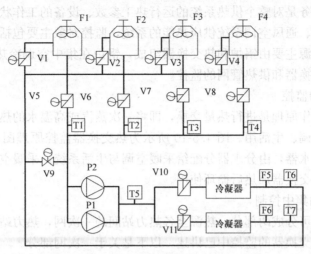

图 4.5-8 冷却水系统的测控点

（2）自动控制，包括为满足工艺要求进行的锅炉燃烧和锅炉水位的自动控制和锅炉及辅助设备的启停控制，运行台数控制；

（3）自动保护，包括高低水位的自动保护、超温超压的自动保护、熄火灭火的自动保护、电机过载自动保护等。

锅炉按照所使用的燃料或能源种类的不同分为燃煤、燃气、燃油和电锅炉，由于它们的燃烧过程和工作机理不同，其监控功能和过程也不相同，图 4.5-9 所示为燃煤锅炉燃烧监控原理图。

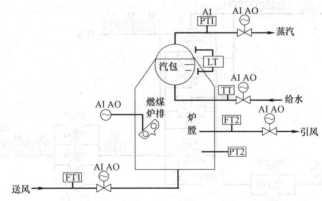

图 4.5-9 燃煤锅炉燃烧系统监控原理图

4. 蓄能空调系统的控制

蓄能空调系统分为蓄热和冰蓄冷两种情况，其实质是将空调负荷转移至用电省或电费低的时间里，以减少运行费用，实现节能的目的，因此必须合理选择系统的运行模式。常见的冰蓄冷系统有五种运行模式：直接供冷、蓄冷模式、同时蓄冷和供冷模式、从蓄冰罐取冷模式、冷冻机和蓄冰罐联合供冷模式。自动控制系统的任务就是控制相关阀门和泵组的工作状态以满足不同的运行模式。

五、供热系统的控制与管理

供热系统主要通过热媒（热水或蒸汽）向具有多种热负荷形式需求的用户提供热能。

供热系统的监控任务是对整个供热系统的运行热工参数、设备的工作状态等进行监控，监控重点在于向供热、通风空调系统供应热能的系统，监控对象主要包括热源、热力站、热力管网等部分。热源主要由锅炉和热交换器组成，锅炉在集中空调冷热源部分已有讲述，以下主要介绍热交换器和供热管网的监控。

1. 热交换器的监控

热交换器的工作原理是进行热量交换，即将一次蒸汽或高温水的热量交换给二次网的低温水，供采暖空调、生活用。图 4.5-10 所示为热交换器监控原理图，其工作过程是热水通过水泵送到分水器，由分水器分配给采暖空调与生活系统，采暖空调的回水通过集水器集中后，进入热交换器加热后循环使用。

2. 供热管网的集中控制

集中供热管网可分成两部分，热源至各热力站间的一次网，热力站至各用户建筑的二次网。二次网在热交换器的监控中已讲述，以下是关于一次网部分。

按供热面积收费体制下热网和热源的调节方法有量调节、质调节、阶式质—量综合调节、间歇调节。其特点是供热量调节的主动权在供热公司，根据室外温度，按照流量按面积均匀分配的原则，主动调节、控制热网的流量和供水温度。

热计量体制下的调节方法：每一户都安装热量计和温控阀，调节的主动权属于分散的各个用户。根据自己的需求调节温控阀以改变通过该用户散热器的热水流量，达到控制室温的目的。热量计量收费后可采用供水定压力控制（恒压供水）和供回水定压差控制两种控制方法。

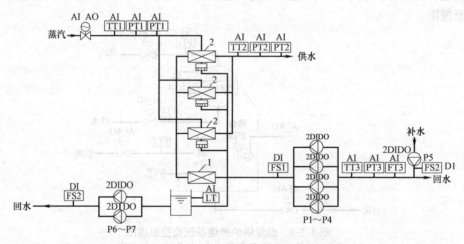

图 4.5-10 蒸汽-水型热交换器的监控原理图

TT—温度变送器；PT—压力变送器；FT—流量变送器；1—热交换器；2—蒸汽交换器

第六节 通风工程

课程简介

通风工程是建筑环境与设备工程专业的一门选修课程。通过本课程的教学，使学生系统地掌握通风工程的基本理论知识与技术，能够从事一般工业建筑和民用建筑通风系统与设备的设计、选择、调试以及运行管理等，并使学生对该领域科技发展动向以及新技术有一定的了解。

通风工程的主要内容包括自然通风和局部通风的原理、工艺设备及计算；工业有害物及其防治措施；工业排风中粉尘的净化及相关设备；有害气体的净化处理及设备；通风管道的设计计算等。

本课程总学时为 32 学时，其中实验学时为 4 学时。

先修课程：流体力学、传热学等。

一、通风的概念

建筑是人们生活与工作的场所。现代人类大约有 4/5 的时间在建筑物中度过。人们已逐渐认识到，建筑环境对人类的寿命、工作效率、产品质量起着极为重要的作用。人类从穴居到居住现代建筑的漫长发展道路上，始终不懈地改善室内环境，以满足人类自身生活、工作对环境的要求，和满足生产、科学实验对环境的要求。

在民用建筑中，人不仅是室内的"热、湿源"，又是"污染源"，人体产生 CO_2、体味，吸烟时散发烟雾；室内的家具、装修材料、设备（如复印机）等也散发出各种污染物，如甲醛、甲苯、甚至放射性物质，从而导致室内空气品质恶化。

对于工业建筑，许多工艺设备散出对人体和生产有害的气体、蒸气、固体颗粒、余热、余湿等污染物。

为了保证室内良好的空气品质，以满足人们生产、生活的需要，通常需要用排走室内含污染物的空气，并向室内供应清洁的室外空气的通风办法来稀释室内污染物。

通风包括从室内排除污浊的空气和向室内补充新鲜的空气两个方面。其中，前者称为"排风"，后者称为"送风"或"进风"。为实现排风或送风而采用的一系列设备、装置的总体，称为"通风系统"。

通风的功能主要有：（1）提供人呼吸所需要的氧气；（2）稀释室内污染物或气味；（3）排除室内工艺过程产生的污染物；（4）除去室内多余的热量（称余热）或湿量（称余湿）；（5）提供室内燃烧设备燃烧所需的空气。建筑中的通风系统，可能只完成其中的一项或几项任务。其中利用通风除去室内余热和余湿的功能是有限的，它受室外空气状态的限制。

二、通风系统的分类

通风系统的分类方法较多，按不同的分类方法有不同的名称。

1. 按空气流动的动力不同分

（1）自然通风

自然通风是依靠室内外空气温差所造成的热压，或者室外风力作用在建筑物上所形成的风压，使房间内外的空气进行交换的一种通风方式。它可分为下面三种形式。

1）热压作用下的自然通风

如图 4.6-1 所示，对于产生大量余热的房间，由于室内空气温度高、密度小，而室外空气温度低、密度大，从而造成上部窗排风，下部门、窗进风的气流组织形式，室内外空气得到交换，工作环境得到了改善。

2）风压作用下的自然通风

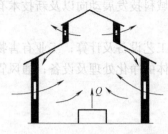

图 4.6-1　热压作用下的自然通风

如图 4.6-2 所示，具有一定速度的自然风作用在建筑物的迎风面上，由于流速减小，静压增大，使建筑物迎风面室外空气压力大于室内空气压力，迎风面门窗则进风；而背风面正好相反，背风面的门窗排气。这样，室内外空气得到交换，改善了工作区空气环境。

3）热压、风压共同作用下的自然通风

实际上，任何产生余热的建筑物的自然通风，都是在热压、风压共同作用下实现的，如图 4.6-3 所示。但由于室外风向、风压很不稳定，根据现行《采暖通风与空气调节设计规范》GBJ 19—2003 规定：放散热量的生产厂房及辅助建筑物，其自然通风应仅考虑热压作用。

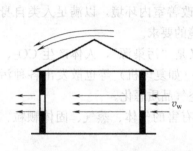

图 4.6-2　风压作用下的自然通风

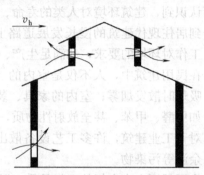

图 4.6-3　热压、风压共同作用下的自然通风

影响自然通风量的因素很多，如室内外空气温度、室外空气流速和流向、门窗孔洞的面积和位置等。所以自然通风量不是常数，自然通风效果不稳定，并且无法处理进入室内的室外空气，对排入室外的室内污浊空气也难以进行处理。但自然通风不需设置动力设备，对于有大量余热的车间，是一种有效而且最经济的通风方式。要使自然通风量满足室内的要求，可通过调节进、排风孔洞的开启度来实现。

（2）机械通风

利用通风机产生的动力，使室内外空气进行交换的通风方式称为机械通风。该方式风量、风压不受室外气象条件的限制，通风效果比较稳定，对空气处理比较方便，通风调节也比较灵活。但是投资较多，消耗动力，运行费用较高。

2. 按通风系统的作用范围分类

按通风系统作用范围的大小，通风方式可分为局部通风和全面通风。

（1）局部通风

局部通风是利用局部气流，使局部工作地点不受有害物的污染，创造符合要求的空气环境。它又可分为局部排风和局部送风。

1）局部排风

在有害物产生地点安装的排除污浊气体的系统称为局部排风。它可以是自然排风，也可以是机械排风。图 4.6-4 所示为局部自然排风系统，在热压和风压的综合作用下，把污染源产生的污染空气经排气罩 2、风管 3 和风帽 4 排至室外。

图 4.6-5 所示为局部机械排风系统。局部排气罩 2 把污染源 1 产生的污染空气吸入罩

内，用管道送入空气净化装置3，除掉空气中的工业有害物，符合排放标准后，用排风机4经风帽5排入大气。这种系统适用于安装局部排气装置不影响工艺操作、污染源集中且较小的场合。它可用较小的风量获得较好的通风效果。

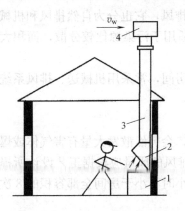

图 4.6-4　局部自然排风系统

1—污染源；2—排气罩；

3—风管；4—避风风帽

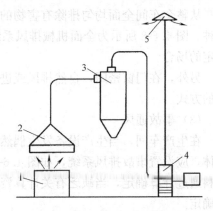

图 4.6-5　局部机械排风系统

1—污染源；2—排气罩；3—净化装置；

4—排风机；5—风帽

2）局部送风

向局部工作地点送风，保证工作区有一良好空气环境的方式，称为局部送风。它又分为系统式和分散式两种。图 4.6-6 所示为系统式的局部机械送风系统。室外空气经百叶窗进入空气处理室，经过滤、加热（冷却）等处理，符合设计参数的空气在通风机的作用下，经过空气淋浴喷头送到局部工作地点。此方式所需风量小，人首先呼吸到新鲜空气，效果较好。分散式局部送风一般使用轴流风机或喷雾风扇，将室内空气以射流形式吹向局部工作地点，以提高人体的对流和汗液蒸发散热。该方式设备简单、投资少，但采用室内循环空气，卫生条件差，且易造成粉尘等有害物在车间的扩散、飞扬。

（2）全面通风

全面通风是对整个车间进行通风换气的一种通风方式。分为全面送风和全面排风。

1）全面送风

把符合卫生要求的空气送到房间各个部位的送风系统称为全面送风。它同样可以利用自然通风或机械通风来实现。图 4.6-7 所示为全面机械送风系统。此方式使送风口附近的

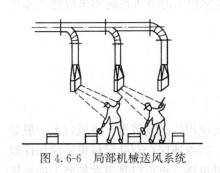

图 4.6-6　局部机械送风系统

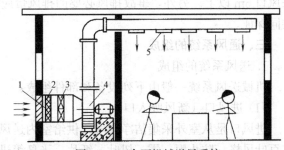

图 4.6-7　全面机械送风系统

1—百叶窗；2—空气过滤器；3—加热器；

4—风机；5—送风口

空气较洁净，而排风区域的空气污浊，且易使一些死角的有害物浓度超标。此方式适用于有害物源比较多又分散，且需要保证的空气环境面积较大的场合。

2）全面排风

从整个车间全面均匀排除有害物的方式称为全面排风，它也分为自然排风和机械排风两种。图4.6-8所示为全面机械排风系统。这种方式适用于污染源比较分散，面积大且不固定的场合。

另外，在门窗密闭，自然排风或进风比较困难的房间，常采用机械送、排风系统相结合的方式。

（3）事故通风

在生产车间，当生产设备发生偶然事故或故障时，会突然散发大量有害气体或爆炸性气体，应设置事故排风系统，如图4.6-9所示。事故排风的风量应根据工艺设计所提供的资料通过计算确定，当缺乏有关计算资料时，应按每小时不小于房间全部容积的8次换气量确定。

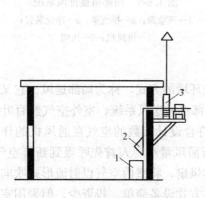

图4.6-8 全面机械排风系统
1—毒气罐；2—排气罩；3—风机

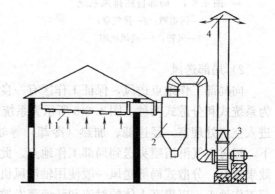

图4.6-9 事故排风
1—排气口；2—净化设备；3—风机；4—风帽

事故排风的吸风口（排气罩）应设置在有害物散发量可能最大的地点。事故排风不设进风系统补偿，而且排风一般不进行处理。事故排风的风机开关应分别设在室内、外便于操作的地点；室外排风口不应布置在人员经常停留或通行的地点，并要求高出20m范围内最高建筑物屋面3m以上。当它与机械送风系统采风口的水平距离小于20m时，应高于采风口6m以上。另外，事故排风必要的排风量应由经常使用的排风系统和事故排风系统共同保证。

三、通风系统的组成

1．送风系统的组成

机械送风系统一般由下列设备和部件组成：

（1）进风口（新风吸入口）

进风口是从室外采集洁净空气，供给室内送风系统使用的进气装置。进风口上一般装有百叶风格，防止雨、雪、树叶、纸片、飞鸟等进入，寒冷地区在百叶风格里还应加保温门，作为冬季关闭进风之用。进气装置可以是单独的进风塔，也可以是设在外墙上的进风窗孔。

机械送风系统进风口的位置应符合下列要求：

1）进风口应布置在室外，且空气的洁净程度应符合卫生要求的地方；

2）进风口应尽可能设在排风口的上风侧，且应低于排气口，以免污染空气被吸入；

3）为防止吸入地面上的尘土等杂物，进风口的底部距室外地坪，不应低于2m；当处于绿化地带时，不应低于1m；

4）作为降温用的进风口，应设在建筑物的背阴处。

风口的尺寸按通过百叶风格的风速为2～5m/s确定。

（2）空气处理装置

空气处理装置就是把从室外吸入的空气处理到设计送风参数的装置。其中包括空气过滤器、表面式换热器（加热器或冷却器）等。空气过滤器的作用是对进气进行净化，使之符合卫生标准的要求；空气加热器或冷却器的作用是对进气进行加热或冷却，使送风温度符合规范规定值，满足人体舒适性的需要。通风工程中常用的过滤器，按其过滤效率可分为粗效过滤器、中效过滤器、亚高效过滤器和高效过滤器等。

工程上实现对空气的加热或冷却主要采用表面式换热器，其包括空气加热器和空气冷却器两种。空气加热器根据热媒的不同可分为热水加热器和蒸汽加热器，空气冷却器根据所使用的冷媒不同可分为水冷式表冷器和直接蒸发式表冷器两类。水冷式表冷器用冷冻水或冷冻盐水作冷媒，而直接蒸发式表冷器用制冷剂作冷媒。

（3）送风机

为空气流动提供动力。按作用原理不同送风机分为离心式、轴流式和贯流式等。

（4）送风管道

送风管道的作用是用来输送空气。用金属板材（如薄钢板、铝板等）、非金属板材（如塑料板等）及玻璃钢制成的用于输送空气的管道称为风管；用砖、（钢筋）混凝土、矿渣石膏、石棉水泥、木板等制成的用于输送空气的管道称为风道。通风管道是风管和风道的总称。

通风管道的断面形状有圆形、方形和矩形等。其中圆形通风管道应用较多，特别是除尘系统一般应选用圆形管道。对于民用建筑，只有当考虑美观和便于与建筑工程配合时，才采用矩形或其他截面形状的通风管道，如玻璃钢风管、砖砌风道等一般采用矩形的。

（5）空气分配装置（送风口）

空气分配装置的作用是把送风管道输送来的空气，按一定的气流组织送到工作区，在风量一定的情况下，能造成所需要的温度场和速度场，且作用范围可以调整。并要求空气通过空气分配装置时，局部阻力要小，产生的再生噪声要小，以减小动力的消耗和室内噪声。另外，空气分配装置应外形美观、构造简单、造价低、制作方便，且规格标准化，互换性强。送风口的形式繁多，通常要根据房间的特点、对流型的要求和房间内部的装饰等综合考虑后选择。主要有格栅送风口、百叶送风口、条缝形送风口、散流器、孔板送风口、喷射式送风口和旋流送风口等。

（6）阀门

通风系统中阀门的主要作用是启动风机、调节流量、平衡系统、防止空气倒流及防止火灾蔓延等，其种类很多，有风机启动阀、调节阀、止回阀和防火阀等。

2. 排风系统的组成

机械排风系统一般由下列设备和部件组成：

（1）排风口或局部排风罩

排风口用以排除室内污浊空气；局部排气罩是用来捕集有害物的。

排风口的形式主要有矩形网式风口、篦板式风口、格栅风口、百叶风口、条缝风口及孔板风口等。

在生产车间设置局部排风罩的目的是通过排风罩将有害物质在生产地点就地排除，防止有害物质向室内扩散和传播。局部排风罩是局部排风系统的重要组成部分，按其作用原理的不同，可分为密闭罩、柜式排风罩（通风柜）、接受式排风罩、外部吸气罩和吹吸式排风罩等形式。

（2）净化处理装置

为了防止大气污染，或回收原材料，当排除的空气中的有害物含量超过排放标准时，必须用净化处理装置对排风进行净化处理，除掉排风中的工业有害物，使其达到排放标准后排入大气。排风净化处理装置有除尘器和有害气体净化设备两大类。

除尘器是将粉尘从含尘气流中分离出来的设备，根据其除尘机理不同，通常将除尘设备分为四大类。

1）机械除尘器。包括重力沉降室、惯性除尘器和旋风除尘器等。这类除尘器主要利用机械力的作用，将尘粒从气流中分离出来。它的特点是结构简单、造价低、维护方便，但除尘效率不高。

2）过滤式除尘器。包括袋式除尘器和颗粒层除尘器等。这类除尘器主要利用过滤机理，将尘粒从气流中分离出来。它的特点是除尘效率高、阻力大、维护不方便。

3）湿式除尘器。利用水作为除尘介质，它的特点是除尘效率高、能耗大、产生的污水难以处理。

4）电除尘器。有干式电除尘器和湿式电除尘器等。它的特点是除尘效率高、钢材耗量大、初投资大，安装和运行管理要求高。

在工程上常用的各种除尘器往往不是依靠某一种除尘机理，而是几种除尘机理的综合运用。

有害气体的净化方法包括燃烧法、冷凝法、吸收法、吸附法、电子束照射法、生物法及高空稀释排放。

燃烧法广泛应用于有机溶剂蒸气和碳氢化合物的净化处理，也可用于除臭。液体受热蒸发产生的有害蒸气（如电镀相互间的铬酸蒸气）可以通过冷凝使其从废气中分离。这种方法净化效率低，仅适用于浓度高、冷凝温度高的有害蒸气。低浓度气体的净化通常采用吸收法和吸附法，它们是通风排气中有害气体的主要净化方法。某些有害气体至今仍缺乏经济有效的净化方法，在不得已的情况下，只好将未经净化或净化不完全的废气直接排入高空，通过在大气中的扩散进行稀释，使降落到地面的有害气体浓度不超过卫生标准中规定的"居住区大气中有害物最高容许浓度"。

（3）排风机

排风机为机械排风系统提供空气流动的动力。为了防止风机的磨损和腐蚀，通常把它放在净化设备的后面。用于除尘系统时，应采用除尘风机；当所排气体有爆炸危险时，应采用防爆风机；当排除腐蚀性气体时，应采用耐腐蚀风机。

（4）排风口

排风口，即排风的末端装置，是将室内的污浊气体排放至室外的排气装置。在民用建筑中经常做成风塔形式装在屋顶上；在工业建筑中经常做成排风立管。两者都要求排风口高出屋面1m以上，以免污染附近的空气环境。同样，为了防止雨、雪、飞鸟等进入排风口，在出口处应设百叶风格或风帽，如图4.6-10所示。

为了使排风阻力不致太大，冷风不倒灌，排气塔内空气流速一般为 1.5～8m/s，机械排风取大值，自然排风取小值。

（5）风帽

为了防止雨、雪等进入排风管或利用室外空气流速形成风压以加强排风能力的排风末端装置称为风帽，如图 4.6-11 所示。

图 4.6-11 （a）所示为圆伞形风帽，适用于一般机械排风系统。

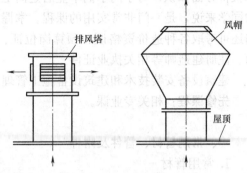

图 4.6-10 屋面上的排气塔

图 4.6-11 （b）所示为锥形风帽，适用于除尘系统及非腐蚀性有毒系统。

图 4.6-11 （c）所示为筒形风帽，适用于自然通风系统。

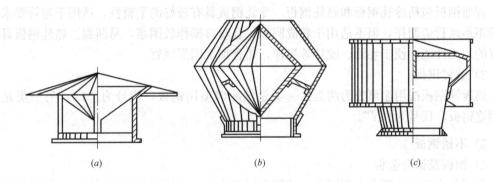

图 4.6-11 风帽

（a）圆伞形风帽；（b）锥形风帽；（c）筒形风帽

第七节 建筑设备安装技术与建筑设备施工管理与经济

课程简介

建筑设备安装技术是建筑设环境与能源应用工程专业有关施工安装的一门专业选修课。建筑设备施工安装是基本建设的重要组成部分，通过本课程的学习，使学生比较系统地了解采暖、通风、空调系统、建筑给水排水系统等所涉及的主要材料、设备安装技术和方法，增加常用工具和设备的实际知识，加强和促进理论与实践的结合。

建筑设备施工管理与经济是本专业的一门专业限选课，主要讲述建筑设备安装工程施工组织的基本原则、施工程序、施工特点及规律；熟悉安装工程施工准备的工作内容；讲述安装工程工程量的计算方法及概、预算定额的应用，以确定合理的工程造价，控制建设投资和加强施工企业内部经济核算。

这两门课程主要培养学生在施工技术、施工现场组织管理及编制工程造价的能力。通过本课程的学习，学生应能熟悉和掌握施工技术及组织管理、安装工程预决算和工程量清单报价方面知识，对于同学们毕业后走向工作岗位特别是在施工、监理、审计等单位工作的同学来说，是一门非常实用的课程。掌握了本课程的知识之后，根据工作的需要，同学们还可考取各种造价资格证、预算岗位证、施工员、项目经理、监理工程师、注册造价师、注册建造师等相关执业证件。

建筑设备安装技术和建筑设备施工管理与经济这两门课程总学时均为 24 学时。

先修课程： 相关专业课。

一、常用管材、管件及附件

1. 常用管材

在建筑设备安装过程中，常用管材包括风管管材和水管管材。

（1）风管管材

在通风空调安装工程中，板材主要用于制作通风管道。常用的板材包括普通钢板、镀锌钢板、不锈钢板、铝板和铝合金板以及玻璃钢风道等。

1) 普通钢板

普通钢板包括冷轧钢板和热轧钢板。冷轧钢板具有较好的平整性，适用于弯管要求较高的矩形风管的制作，但不适用于卷成圆形，且咬口操作较困难，易断裂。热轧钢板具有较好的加工性能，便于卷圆、咬口等操作，适合加工圆形风管。

2) 镀锌钢板

热镀锌钢板按用途可分为两类：一类是供冷成型用钢板，代号为"L"；另一类是一般用途钢板，代号为"Y"。

3) 不锈钢板

4) 铝板及铝合金板

铝板分为铝板及铝合金板两种，纯铝板用于化工工程通风管道的制作，一般的地下工程中通常使用铝合金板。

5) 硬聚氯乙烯板

硬聚氯乙烯板是由聚氯乙烯树脂掺入稳定剂和少量增塑剂加热制成。它具有密度小、强度大、耐磨、耐油浸、绝热、绝缘、易切削加工、可塑成型的特点，同时还具有良好的耐酸碱、耐腐蚀的能力，但在强氧化剂（如浓硝酸、发烟硫酸和芳香族碳氢化合物）的作用下不稳定。硬聚氯乙烯板具有较高的强度和弹性，但热稳定性差，在较低温度下较脆，易裂易折，在较高温度下强度降低。故其只适用于温度为−10~60℃的范围。在通风工程中，硬聚氯乙烯板常用于制作输送含有腐蚀性气体的通风系统的风管和部件。

6) 玻璃钢风道

玻璃钢是用玻璃纤维或玻璃布增强的塑料，通常是在不饱和聚酯树脂中加入苯乙烯和固化剂等，涂抹于玻璃纤维或玻璃纸上，再固化成型。玻璃钢同一切复合材料一样，由两部分材料组成。一部分称为增强材料，在复合材料中起骨架作用；另一部分称为基体材料，在复合材料中起粘结作用。

无机玻璃钢通风管（又称玻璃纤维氯氧镁水泥通风管）是以氯氧镁水泥为胶结料中碱玻璃纤维为增强材料、加入填充材料和改性剂等所制成的一种管材。它具有不燃烧，属不燃材料 A 级；耐腐蚀，强度高和重量轻等特点。在建筑工程、地下工程及工业厂房的通风中，它已经完全取代了不耐燃的有机玻璃钢通风管，并在逐步取代防腐性能差的镀锌铁皮通风管。尤其是在湿度大的地下工程中，它的优越性更为显著，近年来其应用普及全国各地。

(2) 水管管材

在通风空调安装工程中，水管主要用于输送冷冻水、冷却水、冷凝水以及制冷剂等。常用管材主要有金属管材和非金属管材。建筑设备工程常用的金属管材非常多，如焊接钢管、无缝钢管、铜管、不锈钢管、铸铁管以及各种衬里钢管等。非金属管材主要包括聚乙烯、聚丙烯等塑料管、陶土管、石棉水泥管、混凝土管和钢筋混凝土管等。

1) 焊接钢管

焊接钢管分为螺旋缝焊钢管和直焊钢管，螺旋缝焊钢管分为自动埋弧焊接钢管和高频焊接钢管，直焊钢管又分为普通直焊钢管和不锈焊接钢管。

2) 无缝钢管

根据制造工艺的不同，无缝钢管分为热轧和冷轧两种，冷轧管的最大公称直径为200mm，热轧管最大公称直径为 600mm。在通风空调安装工程中可用于输送冷冻水和冷却水等。

3) 铜管

铜管按其成分分为紫铜管（工业纯铜）和黄铜管（铜锌合金）两种，紫铜管可使用于各种压力在 4MPa 以下、温度介于−196～250℃之间的流体；黄铜管适用于各种压力在22MPa 以下、温度介于−158～120℃之间的流体。铜管按壁厚不同分为 A，B，C 三种型号的铜管，其中 A 型管为厚壁型，适用于压力较高的场合；B 型管适用于一般用途；C 型管为薄壁铜管。铜管按其制造方法的不同可分为拉制铜管和挤制铜管，一般中、低压管道均采用拉制铜管。

铜管的主要优点：①经久耐用。铜的化学性能稳定，耐腐蚀、耐热，可在不同的环境中长期使用，使用寿命约为镀锌钢管的 3～4 倍。②机械性能好、耐压强度高、韧性、延展性好，具有优良的抗振、抗冲击性能。

4) 塑料管及铝塑复合管

目前市面上塑料管的类型有很多，大致有下列几类：无毒硬聚氯乙烯管材（UPVC）、高密度聚乙烯管材（HDPE）及其他热塑性塑料管材。在暖通空调工程中常用的热塑性塑料管有以下几种：交联聚乙烯（PEX 管）、耐热聚乙烯管（PE-RT 管）、聚丙烯管（PP-R管）、聚丁烯管（PB 管）及塑铝复合管等。

① 无毒硬聚氯乙烯管（UPVC 管）

硬聚氯乙烯管是目前国内外都在大力发展和应用的新型化学建材。它与金属管道相比，具有重量轻、阻力小、安装方便、价格低廉等特点。管材长度一般为 4m、6m、8m、12m，一般用于给排水管道。

② 高密度聚乙烯管（HDPE 管）

PE 管也即聚乙烯管，聚乙烯管材分为低密度聚乙烯（LDPE）、中密度聚乙烯（MDPE）和高密度聚乙烯管（HDPE）。聚乙烯管的突出优点是无毒，其柔韧性、抗冲击能力均高于 UPVC 管。但是，其使用温度较低（例如高压聚乙烯的熔点稍高于 100℃），故很少用于热水管。HDPE 管以其优秀的化学性能、韧性、耐磨性以及低廉的价格和安装费受到管道界的重视，它是仅次于聚氯乙烯，使用量占第二的塑料管道材料。HDPE 管具有耐腐蚀、内壁光滑、流动阻力小、传热性能好、强度高、韧性好、重量轻等特点。HDPE 管其线膨胀系数和膨胀力较大，其连接方式采用热熔连接，连接安全可靠。由于其柔韧性较好，目前主要应用于供气、农业等领域。

③ 交联聚乙烯管（PE-X 管）

PE-X 是交联聚乙烯的缩写，它是将聚乙烯通过物理或者化学的方法进行交联，交联后聚乙烯分子结构由线性转变为网状，从而其热强度、耐热老化性、耐低温性、耐腐蚀性能、抗蠕变性能都得到较大的提高，适合长期使用，可输送 90℃ 以下的介质，具有良好的物理机械性能，耐酸碱和其他化学品性能优良。但是其热膨胀性较大，传热性能不如铝塑管。

PE-X 管目前在地板采暖系统中的应用率是最高的，它的价格相对其他品种便宜。但是，PE-X 管材没有热塑性能，不能用热熔焊接的方法连接和修复，如果加热管损坏，最好的方式是更换整个支路的加热管；若采用连接件进行修补，则增加了整个地暖系统的不安全性。

④ 耐热聚乙烯管（PE-RT 管）

PE-RT 管也称耐热聚乙烯管，是乙烯-辛烯的共聚物。PE-RT 管是目前唯一不需交联，便能在高温高压下呈现优异的长期静液压性能的塑料管材。在工作温度为 70℃，压力为 0.8MPa 的条件下，PE-RT 管可安全使用 50 年以上。PE-RT 管可采用热熔连接方式连接，遭到意外损坏也可以用管件热熔连接修复，连接处没有接头，可大大提高连接质量、减少质量事故。PE-RT 管可回收再利用，不污染环境。目前常用于地板采暖系统。

⑤ 聚丙烯管（PP-R 管）

PP-R 是无规共聚聚丙烯的缩写，它将聚乙烯分子无规则地接入聚丙烯的分子链中，从而使其抗低温冲击、长期耐热耐压及抗低温环境应力开裂等性能大大改善。聚丙烯是无色无味无毒材料，具有优良的耐热性能和较高的强度，适用于建筑室内冷热水供应系统，也广泛适用于采暖系统。其缺点是低温脆性差，线性膨胀系数大，易变形，不适合于建筑物明装管道工程。由于 PP-R 管的热熔连接安全、可靠，目前主要应用于供水系统的暗装管道。

⑥ 聚丁烯管（PB 管）

聚丁烯是一种高分子惰性聚合物，由于其分子结构的稳定性，耐蠕变性能和力学性能优越，在几种地暖管材中最柔软，可以热熔连接。在同样的使用条件下，相同壁厚系列的管材中，该品种的使用安全性最高，适用于高标准要求的建筑热水及采暖系统，但原料价格最高，是其他品种的一倍以上，而且 PB 管的导热系数比较低，影响传热效率，当前在国内应用较少。

⑦ 铝塑复合管

铝塑复合管是由聚乙烯和铝合金组成的多层管，耐压能力强，耐高温，不透氧，易弯曲，不反弹。但是它不能二次熔焊，故一般采用机械卡式连接，此种接头在热胀冷缩时易产生拉拔作用，容易引起渗漏。铝塑复合管的价格较高。

⑧ PPR 塑铝稳态复合管

PPR 塑铝稳态复合管是一种内层为 PPR 管外层包敷铝层及塑料保护层，各层通过热熔胶粘接而成（五层结构）的新型管材，采用热熔连接，可用于空调、采暖工程。

2. 常用管件

管件是用于连接管道的配件，包括弯头、三通、变径、四通等。管件的规格尺寸与管材的型号相配套。常用管件主要有丝接管件和焊接管件，丝接管件如丝接管箍、活接头、补心、各种丝接弯头、三通、四通等；焊接管件包括成品的弯头、三通、四通以及大小头等还包括在现场或加工厂制作的弯头、三通、四通以及大小头等。图 4.7-1 所示为常用螺纹连接管件。

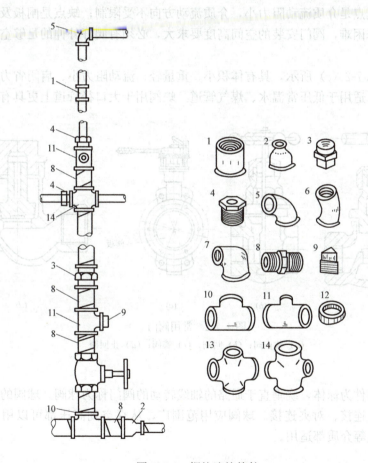

图 4.7-1 螺纹连接管件

1—管箍；2—异径管箍；3—活接头；4—补心；5—90°弯头；6—45°弯头；7—异径弯头；8—内管箍；
9—管塞；10—等径三通；11—异径三通；12—根母；13—等径四通；14—异径四通

3. 常用附件

常用附件主要包括各种阀门、水表、热表及各种计量表等，阀门如闸阀、截止阀、铜球阀、止回阀、蝶阀、减压阀、安全阀等。

（1）阀门

阀门是用来开启、关断或调节流量的设备。常用的阀门有截止阀、闸阀、蝶阀、球阀、止回阀等。

1）截止阀

截止阀可以调节水量，关断水流。它的结构简单、密封性好，密封面检修方便，开启高度小。它的缺点是介质阻力大，而且安装时要注意方向，如果安装方向弄反则不出水或出水少，适用于管径≤200mm 的管道。截止阀是最常用的阀门之一，如图 4.7-2（a）所示。

2）闸阀

闸阀如图 4.7-2（b）所示，是供水管网中重要组成设备，它的主要功能是可迅速隔断管道中的水流。闸阀按结构形式可分为平行式和楔式，按连接方式可分为螺纹连接和法兰连接。闸阀的优点是介质流动阻力小，介质流动方向不受限制；缺点是闸板及密封面易被擦伤，密封检修困难，阀门安装的空间高度要求大，必须有阀杆外伸的足够空间。

3）蝶阀

蝶阀如图 4.7-2（c）所示，具有体积小、重量轻、流动阻力小、启闭省力等优点。缺点是密封性差，适用于低压常温水、煤气管道。蝶阀用于大口径管道上更具有优越性。

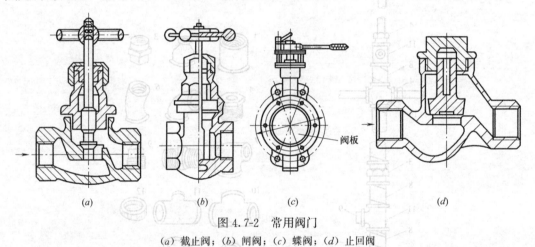

图 4.7-2　常用阀门

（a）截止阀；（b）闸阀；（c）蝶阀；（d）止回阀

4）球阀

球阀的启闭件为球体，绕垂直于通路的轴线转动的阀门称为球阀。球阀的连接方式有螺纹连接、法兰连接、对夹连接。球阀应用范围广，从真空到高压都可以用，对水、蒸汽、氮气、氢气等介质都适用。

5）止回阀

止回阀的启闭件为阀瓣，能够自动阻止介质逆流的阀门，如图 4.7-2（d）所示。它的连接方式有螺纹连接和法兰连接。根据结构不同可分为旋启式止回阀和升降式止回阀两大类。升降式止回阀密封性好、介质流动阻力大，只能安装在水平管道上。旋启式止回阀可装于水平和垂直管道上。

6）减压阀

减压阀是通过启闭件（阀瓣）的接头，将介质压力降低，并依靠介质本身的能量，使出口压力自动保持稳定的阀门。减压阀前后应设截止阀、压力表、旁通管等。

7）安全阀

当管道或设备内部的压力超过规定值时，安全阀启闭件（阀瓣）自动开启排放，低于规定值时阀门自动关闭，对管道和设备起保护作用。

（2）阀门的型号表示

阀门的种类繁多，为便于选用，根据国家标准，每种阀门都有一个特定型号，用来说明类别、驱动方式、连接形式、结构形式、密封面或衬里材料、公称压力及阀体材料。

阀门的型号由7个单元组成，第一单元用大写汉语拼音字母表示阀门类型；第二单元用阿拉伯数字表示阀门驱动方式；第三单元用阿拉伯数字表示阀门连接形式；第四单元用阿拉伯数字表示阀门结构形式；第五单元用大写汉语拼音字母类示阀门密封圈式衬里材料；第六单元用阿拉伯数字表示公称压力；第七单元用大写汉语拼音字母表示阀体材料。

各种阀门的规格一定要掌握，如：J11T—1.0简单来说就是丝扣截止阀，公称压力为1.0MPa，Z41T—1.6简单来说就是法兰闸阀，公称压力为1.6MPa。

二、建筑设备安装技术

建筑设备安装技术要求熟悉各种安装标准图集、施工设备、操作工具及操作规程，掌握各种管材的连接方式等。

钢管的连接方式主要有丝扣连接、焊接连接、法兰连接、承插连接等。

丝接一般采用专用手工套丝板或电动套丝机制作安装。一般用于小口径金属管道的连接。

焊接连接一般采用手工电弧焊和气焊方式，当然，有些金属管材需采用亚弧焊接才行。非镀锌钢管一般焊接和丝接都行，规范一般规定≤DN32时采用丝接连接，大于DN32时采用焊接连接。而镀锌钢管一般只能丝接，≥DN100的镀锌钢管焊接连接时，必须做内壁防腐处理才行。

法兰连接主要用在焊接管路上，法兰及垫片的材质、种类也很多，要根据管内流体性质、压力等确定法兰形式和垫片材料。法兰连接也要注意相应的规定，如两片法兰之间只准放一个垫片，紧法兰螺栓不能采用顺时针和逆时针紧，必须采用十字交叉法紧，法兰不能直接埋地等。

承插连接主要用在铸铁管、陶土管、石棉水泥管、混凝土管、钢筋混凝土管及塑料管等管材上，承插连接常用的填料有：油麻、胶圈、水泥、石棉水泥、石膏、青铅等。

聚乙烯、聚丙烯管一般采用热熔、电熔以及卡环式连接等方式。

三、建筑设备专业的竣工验收

建筑设备工程系统安装完成或局部完成以及需隐蔽管道都要进行试压，如为燃气管道还要进行强度试验和气密性试验，以检验系统的机械系统的强度和严密性能。

采暖工程和空调工程完工后要进行系统调试，使房间温度、湿度、洁净度等设计指标达到设计要求才算合格。

施工单位在工程竣工后，交付使用前，应先向建设单位办理竣工验收手续，由建设单位负责组织设计、施工等有关单位共同参加，对设备安装工程进行检查，然后单机试运转和在没有生产负荷的情况下联合试运转。当设备运行正常，即可认为工程已达到要求，可以向建设单位办理交工手续，有关事项如下：

1. 准备工作

(1) 准备工作

熟悉工程的全部设计图纸、设计参数、系统概况、设备性能和使用方法等内容。

(2) 外观检查

对整个通风空调工程进行全面的外观质量检查，主要包括：

1) 风管、管道、设备安装质量是否符合规定，连接处是否符合要求；

2) 各类阀门安装是否符合要求，操作调节是否灵活方便；

3) 空气洁净系统的安装是否满足清洁、严密的规定；

4) 除尘器、集尘器是否严密；

5) 系统的防腐及保温工程是否符合规定。

检查中凡有不符合规范规定的地方应逐一做好记录，并及时修正，直到合格为止。

2. 单机试运转

主要包括风机、空调机组、水泵、制冷机、冷却塔风机、带有动力的除尘器与空气过滤器等的单机试运转。

3. 无生产负荷的联合试运转

在单机试运转合格的基础上，可进行设备的联合试运转。联合试运转前需进行以下工作：

(1) 通风机风量、风压的测定。

(2) 风管系统风量的平衡调整。系统各部位风量均应调整到设计要求的数值，可通过调节阀门来进行调整。

(3) 制冷系统制冷剂充注及系统试运转。制冷系统压力、温度、流量等各项技术参数应符合有关规范及技术文件的规定。

(4) 空调系统带冷热源的正常联合试运转应不少于 8h，但当竣工季节条件与设计条件相差较大时，仅做不带冷热源的试运转。通风、除尘系统的试连续运转不应少于 2h。

4. 交工手续

(1) 提交验收资料

施工单位在进行了无负荷的联合试运转后，应向建设单位提供以下资料：

1) 设计修改的证明文件、变更图和竣工图；

2) 主要材料、设备、仪表等的出厂合格证或检验材料；

3) 隐蔽工程验收单和之间验收记录；

4) 分部、分项验收记录；

5) 制冷系统试验记录；

6) 空调系统无负荷联合试运转记录。

这些资料一定要在施工过程中保存好，不要丢失和损坏，以免造成因资料不全而影响工程的竣工验收。特别是隐蔽工程，在隐蔽前一定要做好文字记录或绘制一些隐蔽工程图，由甲方、监理方以及施工方签字，分别保管，以便作为竣工及结算的依据。

(2) 竣工验收

由建单位组织，由质量监督部门逐项验收，待验收合格后，即将工程正式移交建设单位管理。

（3）综合效能测试

对于通风空调系统，应在人员进入室内及工艺设备投入运行的状态下，进行一次带生产负荷的联合试运转试验，即综合效能试验。由建设单位组织、设计和施工单位配合进行。

四、施工现场的组织管理

安装施工组织管理的根本目的就是要以较快的建设速度完成工程项目，使之早日交付使用，更快地发挥其经济效益。

1. 组织施工的基本原则

组织施工应遵循以下基本原则：

（1）认真贯彻国家有关的方针政策，全面完成或超额完成国家生产计划；

（2）保证重点，统筹安排；

（3）采用先进技术，提高机械化水平，逐步向建筑安装工业化发展；

（4）科学安排施工计划，保证连续而均衡地进行生产；

（5）保证工程质量，做到安全施工；

（6）增产节约，努力降低工程造价。

上述这些施工原则，是我国建筑安装行业多年来行之有效的宝贵经验，是客观规律的反映。施工现场组织管理的好坏，直接影响到工程质量和进度，人员、材料、机械的安排是否合理，也是施工管理人员素质高低的表现。

2. 施工程序

建筑安装工程施工程序（或施工顺序）就是拟建工程项目在整个施工阶段必须遵循的先后次序。它是多年来施工经验的总结，反映了在施工过程中必须遵循的客观规律。施工阶段所应遵循的施工先后顺序，归纳为下述 5 个步骤：

（1）承接施工任务，签订承包合同；

（2）全面统筹安排，做好施工规划；

（3）落实施工准备，提出开工报告；

（4）精心组织施工，加强各项管理；

（5）进行工程验收，交付使用。

上述施工程序，是对一个大中型建设项目而言的，小型建设项目或单项工程施工程序要简单些。

3. 组织施工的基本要求与方法

（1）组织施工的一般要求及常用方法

建筑安装工程的施工，可分解为若干个施工过程，每个施工过程可由一个或几个专业施工队（组）负责施工。为了取得最好的经济效益，在组织施工时，一般应符合下列要求，即连续性、比例性、均衡性。

为满足上述要求，常用的组织施工的方法有顺序施工法、平行施工法和流水施工法。

1）顺序施工法

顺序施工法是将施工对象划分为若干个施工段，各专业队（组）按拟定的施工顺序，逐段完成各施工过程的组织施工的方法。该方法的优点是施工组织调度简单，施工作业单一，每天投入的劳动力和材料供应量少；缺点是劳动力使用和材料供应不连续，易形成窝工现象；施工工期长。

2）平行施工法

平行施工法是将施工对象划分若干个施工段，各专业队（组）在各施工段同时开工、同时施工、同时结束的组织施工的方法。它的优点是工作面得到了充分利用，施工期最短；缺点是投入劳动力增大，机械设备、材料供应过于集中，使临时设施增多。

3）流水施工法

流水施工法是将施工对象划分为工作量大致相等的若干个施工段，每个施工段内各专业队（组）之间采用顺序施工，而各施工段按一定时间间隔投入施工，各专业队（组）从第一施工段开始，按先后次序（即流水方向）完成各段工程任务。这种施工方法就整个工程来说，相同工序可顺序进行，不同工序可平行进行。优点是吸收顺序施工和平行施工的优点，克服了它们的缺点。首先是流水施工能保持各施工过程的连续性、均衡性，从而有利于提高施工管理水平和技术经济效益；其次是流水施工能合理充分地利用工作面，消除了窝工现象，加快了施工进度，缩短了工期；第三是流水施工能使各专业队（组）在施工期内保持同一施工作业，便于提高工人的技术熟练程度，使施工生产专业化，有利于保证工程质量和安全生产，提高劳动生产率。

综上所述，流水施工是比较先进、科学和行之有效的施工方法。它以合理的组织方式，最低的消耗，达到按期、保质、保量地完成工程任务。因此，流水施工是应大力推广、使用的一种施工组织方法。

（2）流水施工的表达形式

流水施工的表达形式主要有横道图计划和网络图计划。

1）横道图计划

横道图计划的优点是编制比较容易，绘图比较简便，排列整齐有序，表达形象直观，便于统计劳动力、材料及机具的需要量等。这种方法已为施工管理人员熟悉和掌握，目前仍被广泛采用。

2）网络图计划

为了适应生产发展和科技进步的要求，自20世纪50年代中期开始，国外陆续出现了一些用网络图形表达的计划管理新方法，如关键线路法、计划评审技术等。由于这些方法都建立在网络图的基础上，因此统称网络计划方法。这种方法得到了世界各国的公认，广泛应用在工业、农业、国防和科研计划与管理中。

所谓网络图，是指由"箭线和节点组成的，用来表示工作流程的有向、有序网状图形"，把每一个施工过程，按施工顺序和相互之间的逻辑关系，用若干个箭线和节点从左向右连接起来，就构成一项工程计划的网络图，这个网络图就能表达工程的基本内容。

网络图计划与横道图计划相比，具有以下优点：

① 网络图把施工过程中的有关工作组成了一个有机的整体，能全面而明确地表达出各项工作开展的先后顺序和反映出各项工作之间的相互制约和相互依赖的关系；

② 能进行各种时间参数的计算，能够从许多可行方案中，选出最优方案；

③ 能在名目繁多、错综复杂的计划中找出决定工程进度的关键工作，便于计划管理者集中力量抓主要矛盾，确保工期，避免盲目施工；

④ 在计划执行过程中，某一工作由于某种原因推迟或者提前完成时，可以预见到它对整个计划的影响程度，而且能根据变化的情况迅速进行调整，保证自始至终对计划进行有效的控制与监督；

⑤ 利用网络计划中反映出的各项工作的时间储备，可以更好地调配人力、物力，以达到降低成本的目的；

⑥ 更重要的是，它的出现与发展使现代化的计算工具——计算机在建筑施工计划管理中得以应用。

网络计划的缺点是在计算劳动力、资源消耗量时，与横道图相比较为困难。

4. 安装工程施工准备工作

（1）施工准备工作的意义和任务

安装工程施工准备工作，是安装企业施工组织与管理的重要内容，是多、快、好、省地完成安装工程施工任务的前提和保证。施工准备工作的基本任务是落实施工任务；掌握工程特点、进度要求、查清施工条件；合理部署施工力量；从技术、物资、人力和组织等方面为安装工程施工创造一切必要的条件。认真细致地做好施工准备工作，对充分发挥人的积极因素，合理组织人力、物力、加快施工进度，提高工程质量，节约国家资金和原材料等，都起着十分重要的作用。

（2）施工准备工作的内容

建设项目（或单位工程）安装施工准备工作的内容，归纳起来有以下几个方面：

1）调查研究，搜集资料；

2）查清施工条件；

3）技术准备；

4）物资准备；

5）施工现场准备；

6）组织准备。

五、建筑安装工程造价

建筑安装工程造价主要讲述安装工程工程量的计算方法及概、预算定额的应用，以期确定合理的工程造价，控制建设投资和拨款以及施工企业内部如何加强经济核算等。通过该课程的学习，学会编制施工图预算和结算，会做招、投标文件。

安装工程概预算不仅是计算基本建设项目的全部费用，而且是对全部基本建设投资进行筹措、分配、管理、控制和监督的重要依据。

1. 安装工程概预算的主要作用

（1）编制基本建设计划的依据；

（2）衡量设计方案是否经济合理的依据；

（3）基本建设投资拨款和工程价款结算的依据；

（4）施工单位加强内部经济核算的依据。

2. 工程定额的概念和种类

定额就是一个标准，是为适应不同要求和内容而编制的，其表现的内容只是反映工程建设劳动消耗的某个方面。因此，使用时要注意协调，互相配合。为此，应把各种工程定额看作一个整体，同时，也应使其保持每一种定额的相对独立性，这样才能深入研究。

工程定额分为以下几种：

(1) 全国统一定额：是综合全国工程建设的生产技术和施工组织的一般情况拟定的，是在全国范围内执行的定额。

(2) 地区定额：考虑到各地区不同情况，由于生产技术和施工组织的情况不尽相同，参照统一定额水平编制，在规定的地区执行。

(3) 企业定额：由企业编制，在企业内部执行。

上述各种定额，是为适应不同要求和内容而编制的，其表现的内容只是反映工程建设劳动消耗的某个方面。因此，使用时要注意协调，互相配合。为此，应把各种工程定额看作一个整体，同时，也应使其保持每一种定额的相对独立性。

3. 工程类别的确定

安装工程类别的划分，是根据各专业安装工程的功能、规模、繁简、施工技术难易程度，结合各地安装工程实际情况进行制定的，主要分为安装工程Ⅰ、Ⅱ、Ⅲ。

4. 安装工程费用的构成

安装工程费用由成本、利润、税金三大部分构成。它包括自工程建设开始实施至竣工验收所发生的全部费用。

第八节　建筑给水排水

课程简介

本课程是建筑环境与设备专业的专业任选课之一，是提供方便、舒适、卫生和安全的生活和生产环境的应用科学。其主要任务是培养学生掌握建筑给水排水工程的基本理论和知识；掌握建筑给水排水工程设计的基本技能和进行设计的能力；对建筑给水排水工程施工维护管理的知识有一般了解；对建筑给水排水工程技术中存在的主要问题及国内外研究和发展动态有所了解。

建筑给水排水课程主要内容包括建筑内部给水系统、建筑消防系统、建筑内部排水系统、建筑屋面雨水排水系统、建筑内部热水供应系统及建筑中水系统的组成、分类及设计等。

本课程总学时为 32 学时。

先修课程：流体力学等。

一、建筑给水排水的定义

将市政管网中的水经过加压、加热或净化处理后，输送到建筑小区内各个用水点，将建筑物内使用过的受到污染的水和降水及时收集、迅速输送到室外，排入城市管网或经简单处理后，作为杂用水回用的一整套工程设施。

二、建筑给水

建筑内给水系统的任务是根据用户对水量和水压的要求，将水由城市管网输送至装置在市内的各种配水龙头、生产机组和消防设备等用水点。

1. 建筑给水系统的分类及组成

(1) 建筑给水系统的分类

建筑给水系统按照用途可分为：生活给水系统、生产给水系统、消防给水系统。

1）生活给水系统

生活给水系统包括生活饮用水系统和杂用水系统。生活饮用水系统主要用于与人体直接接触的或饮用的烹饪、饮用、盥洗、洗浴用水（达到饮用水标准）。杂用水系统用于冲洗便器、浇地面、冲洗汽车等（非饮用水标准）。

2）生产给水系统

由于各种生产工艺不同，生产给水系统的种类繁多，如直流给水系统、循环给水系统、纯水系统等。生产给水系统对水量、水质、水压及完全供水的要求要因工艺不同而不同，需要详尽了解生产工艺对水质的要求。生产给水系统的特点是用水量均匀，水质要求差异大。

3）消防给水系统

消防给水系统包括消火栓给水系统和自动喷水灭火系统。它的特点是用水量大，对水质无特殊要求，压力要求高。

4）组合给水系统

上述三个系统不一定独立设置，应根据各种用水对水质、水温、水压等具体要求，考虑技术上可行，经济上合理，安全可靠等因素，将其中两种或三种系统合并，形成组合给水系统。

（2）给水系统的组成

建筑内部给水系统由以下部分组成，包括引入管、水表节点、给水管道、给水附件。升压贮水设备及室内消防设备。

2. 建筑给水方式

给水方式即为给水方案，它与建筑物的高度、性质、用水安全性、是否设消防给水、室外给水管网所能提供的水量及水压等因素有关，最终取决于室内给水系统所需总水压 H 和室外管网所具有的资用水头（服务水头）H_0 之间的关系。给水方式有许多种，在工程中可根据实际情况采用一种或几种，综合组成所需要的形式。

（1）直接给水方式

由室外给水管网水压直接供水，是最简单、经济的给水方式，如图 4.8-1 所示。它适用于室外管网压力、水量在一天的时间内均能满足室内用水需要的建筑。该方式的特点是系统简单，安装维护可靠，充分利用室外管网压力，内部无贮水设备。

（2）单设水箱的给水方式

单设水箱的给水方式宜在室外给水管网供水压力周期性不足，一天内大部分时间能满足需要，仅在用水高峰时，由于水量的增加，而使市政管网压力降低，不能保证建筑上层的用水时采用，如图 4.8-2 所示。该供水方式室内外管道直接相连，屋顶加设水箱，室外管网压力充足时向水箱充水；当室外管网压力不足时，由水箱供室内用水。

该方式特点是：1）节能；2）无需设管理人员；3）减轻市政管网高峰负荷（众多屋顶水箱，总容量很

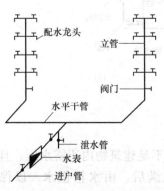

图 4.8-1 直接给水方式

大，起到调节作用）；4）屋顶造型不美观；5）水箱水质易污染。

采用该方式时，应掌握室外供水的流量及压力变化情况，及室内建筑物内用水情况，以保证水箱容积能满足供水压力时，建筑内用水的需要；该方式仅适用于用水量不大，水压力不足时间不很长的建筑。

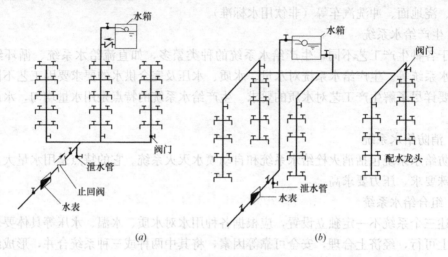

图 4.8-2　单设水箱的给水方式

（3）设水泵的给水方式

设水泵的给水方式宜用在室外给水管网的水压经常不足时，如图 4.8-3 所示。当室内用水量大且均匀时，可用恒速水泵供水；当建筑物内用水量大且用水不均匀时，宜采用一台或多台水泵变频调速供水。为充分利用室外管网压力以节省电能，当水泵与室外管网直接连接时，应设旁通管。

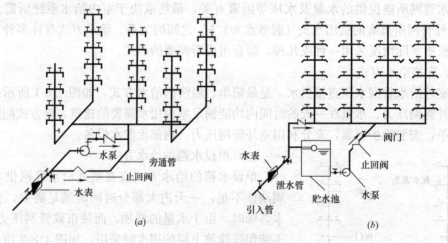

图 4.8-3　设水泵的给水方式

（4）设水泵水箱联合的供水方式

设水泵水箱联合的供水方式宜用在室外管网压力经常不足建筑物内所需水压，且室内用水又不很均匀的建筑物，如图 4.8-4 所示。水箱充满后，由水箱供水，以保证用水。

该方式的特点是水泵及时向水箱充水，可缩小水箱容积，又由于水箱的调节作用，使水泵工作状态稳定，可以使其在高效率下工作。同时，水箱的调节，可以延时供水，供水压力稳定，可以在水箱上设置液体继电器，使水泵启闭自动化。

（5）气压给水方式

气压给水方式即在给水系统中设置气压给水设备，利用该设备的气压罐内气体的可压缩性，升压供水。气压罐的作用相当于高位水箱，但其位置可根据需要设置在高处或低处，如图 4.8-5 所示。

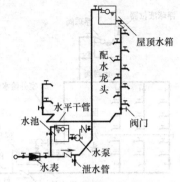

图 4.8-4　水泵水箱联合供水方式

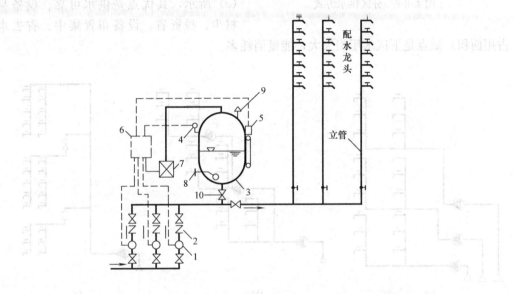

图 4.8-5　气压给水方式

1—水泵；2—止回阀；3—气压水罐；4—压力信号器；5—液位信号器；
6—控制器；7—补气装置；8—排气阀；9—安全阀；10—阀门

该给水方式宜在室外给水管网压力低于或经常不能满足建筑内给水管网所需水压，室内用水不均匀，且不宜设置高位水箱时采用。

（6）分区供水方式

当室外管网的压力只能满足建筑下层供水需求时，可采用分区供水方式，如图 4.8-6 所示。室外给水管网的水压线以下的楼层为低区，由外网直接供水，以上楼层为高区，由升压贮水设备供水。在高层建筑中，常见的分区给水方式有水泵并列分区给水方式、水泵串联分区给水方式和减压阀分区给水方式。

1）水泵并列分区给水方式

该种给水方式是各给水分区分别设置水泵或调速水泵，各分区水泵采用并列方式供水，如图 4.8-7（a）所示，其优点是供水可靠、设备布置集中，便于维护管理，省去水箱占用空间，能量消耗较少。缺点是水泵数量多、扬程各不相同。

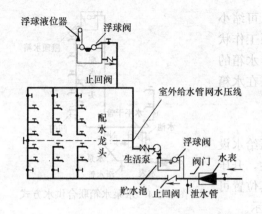

图 4.8-6　分区供水方式

2) 水泵串联分区给水方式

各分区分别设置水泵或调速水泵，各分区水泵采用串联方式供水，如图 4.8-7 (b) 所示，其优点是供水可靠、省去不占用水箱面积，能量消耗较少；缺点是水泵数量多，设备布置分散，维护管理不便。使用时，水泵启动顺序为自下而上，各区水泵的能力应匹配。

3) 水泵减压阀分区给水方式

水泵减压阀分区给水方式，如图 4.8-7 (c) 所示，其优点是供水可靠、设备与管材少、投资省、设备布置集中、省去水箱占用面积；缺点是下区水压损失大，能量消耗多。

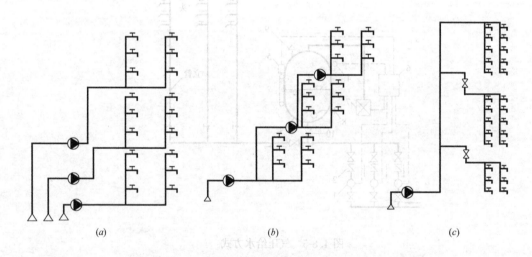

图 4.8-7　水泵分区给水方式

(a) 水泵并列分区给水方式；(b) 水泵串联分区给水方式；(c) 减压阀减压分区给水方式

(7) 环状供水方式

按用水安全程度不同，管网分为枝状管网和环状管网。枝状管网用于一般建筑中的给水管路。环状管网用于不允许断水的大型公共建筑、高层建筑或某些生产车间。

3. 室内给水管道的布置

室内给水管网的布置方式与建筑性质、外形、结构状况、卫生器具布置及采用的给水方式有关，布置原则如下：

① 力求长度最短，尽可能呈直线走，平行于墙梁柱，照顾美观，考虑施工检修方便。

② 干管尽量靠近大用户或不允许间断供水用户，以保证供水可靠，减少管道传输流量，使大口径管道最短。

③ 不得敷设在排水间、烟道和风道内，不允许穿过大小便槽、橱窗、壁柜、木装修。

④ 避开沉降缝，如果必须穿越时，应采取相应的技术措施

⑤ 车间内给水管道可架空可埋地，架空时，不得妨碍生产操作及交通，不在设备上通过。不允许在遇水会引起爆炸、燃烧或损坏的原料、产品、设备上面布管。埋地应避开设备基础、避免压坏或震坏。

三、建筑消防系统

建筑消防系统根据适用灭火剂的种类和灭火方式可分为下列三类：消火栓给水系统；自动喷淋灭火系统；其他使用非水灭火剂的固定灭火系统，如二氧化碳灭火系统、干粉灭火系统。

由于水是不燃液体，又具有使用方便、灭火效果好、来源广泛、价格便宜、器材简单等优点，是目前建筑消防的主要灭火剂。

1. 消火栓给水系统

建筑消火栓给水系统是把室外给水系统提供的水量，经过加压、输送到用于扑灭建筑物内火灾而设置的固定灭火设备，是建筑物中最基本的灭火措施。

2. 自动喷水灭火系统及布置

（1）自动喷水灭火系统及其特点

自动喷水灭火系统是一种不需人操作、着火后自行喷水灭火，能有效控制、扑灭初期火灾，同时发出火警信号的固定灭火装置。发生火灾后，火焰和热气流上升至顶板，火灾探测器因光、热、烟等作用报警。当温度继续升高到热敏元件设定温度时，喷头自动打开喷水灭火。该系统的特点是不需要人员操作，无人员伤亡；灭火成功率高，达 90% 以上，损失小；用水量少，着火初期自动喷水灭火，着火面积小；目的性强，直接面对着火点，灭火迅速，不会蔓延；造价高。

（2）自动喷水灭火系统的类型

自动喷水灭火系统由水源、加压注水设备、喷头、管网和报警装置组成。它包括如下几种形式：湿式自动喷水灭火系统；干式自动喷水灭火系统；预作用喷水灭火系统；雨淋喷水灭火系统；水幕系统。

1）湿式自动喷水灭火系统

湿式自动喷水灭火系统是喷头常闭的系统，平时管网内充满了压力水。该系统是世界上使用时间最长，应用最广泛，也是控火率最高的一种闭式自动喷水灭火系统，目前在世界上所安装的自动喷水灭火系统中，有 70% 以上是湿式自动喷水灭火系统。它的动作过程如下：当发生火灾，火点温度达到设定温度时，喷头开启，因管道内充满水，所以喷头立即出水灭火，管内压力下降。该系统的主要特点是可靠性好，灭火及时，扑救效率高；管网中总充有有压水，渗漏会损坏装饰和影响建筑的使用。它适用于环境温度在 4~70℃ 之间的绝大多数场所。

2）干式自动喷水灭火系统

干式系统中平时不充水，报警阀后的管网中充满了气体，因此需配备空压机等充气设备，当系统有轻微漏气时，由空压机进行补气，在供气管道上应安装压力开关，监视管网的气压变化状况。它的动作过程是：当发生火灾，火点温度达到开启闭式喷头时，喷头开启，排气、充水、喷水、灭火。该方式的特点是灭火时需先排气，故灭火不及时；管网平时不充水，对建筑物装饰无影响，对环境温度也无要求。适用于火灾危险性不高，环境温度低于 4℃ 或大于 70℃ 的场所。

3）预作用喷水灭火系统

预作用系统是一种装有自动喷水闭式喷头，平时配水管道内充满有压空气，报警后配水管道充水转换为湿式系统的自动喷水灭火系统。当发生火灾时，火灾探测器报警后，自动控制系统控制闸门排气、充水，由干式系统变为湿式系统。当着火点温度达到开启闭式喷头时，才开始喷水灭火。它的特点是弥补了干式和湿式两种系统的缺点；但需配套设置用于启动系统的火灾自动报警设备。适用于准工作状态时，严禁滴漏或误喷的场所，以及环境温度低于4℃或大于70℃的场所。

4）雨淋喷水灭火系统

雨淋喷水灭火系统是一种装有开式喷头，由探测器、传动管或手动启动，控制一组喷头同时喷水的自动喷水灭火系统，亦称开式系统。当建筑物发生火灾时，由自动探测器控制电磁阀或手动或传动管动开启控制闸门，使整个保护区域所有喷头同时喷水灭火。它的特点是反应快，灭火及时；能有效地控制住火灾，防止火灾蔓延；用水量大。适用于火势发展迅猛、火灾蔓延速度快、室内静空超高的高度危险场所以及闭式喷头不能及时动作和控制的场所。

5）水幕系统

水幕系统是一种装有水幕喷头（开式），喷头沿线状布置，喷出的水形成水帘或水墙，具有防火、分隔、冷却作用，阻断烟气和火势的蔓延，不具备直接灭火能力的暴露防护系统。适用于防护冷却、冷却防火卷帘、防火幕等防火分隔物；防火分隔、水墙、水帘、阻火防烟（如舞台与观众之间）。

6）其他固定灭火设施

其他固定灭火设施有干粉灭火系统、泡沫灭火系统、卤代烷灭火系统、二氧化碳灭火系统、蒸汽灭火系统、烟雾灭火系统、固定消防水炮灭火系统。

四、建筑内部排水系统

1. 排水系统的分类

建筑内部排水系统是将建筑内部人们在日常生活和工业生产中使用过的水收集起来，及时排到室外。按系统接纳的污废水类型不同，建筑内部排水系统可分为三类：

（1）生活排水系统

生活排水系统排除居住建筑、公共建筑及工厂生活间的污废水。生活废水经过处理后，可作为杂用水，用来冲洗厕所、浇洒绿地和道路、冲洗汽车等。

（2）工业废水排水系统

工业废水排水系统排除工艺生产过程中产生的污废水。按污染程度可分为生产污水排水系统和生产废水排水系统。生产污水污染较重，需要经过处理，达到排放标准后排放；生产废水污染较轻，如机械设备冷却水，生产废水可作为杂用水水源，再回用或排入水体。

（3）屋面雨水排除系统（雨水系统）

屋面雨水排除系统收集排除降落到多跨工业厂房、大屋面建筑和高层建筑屋面上的雨水和雪水。

2. 排水系统的组成

建筑内部排水系统的基本组成为卫生器具和生产设备的受水器、排水管道、清通设备和通气管道。另外，在有些排水系统中，根据需要还设有污废水的提升设备和局部处理构筑物。

卫生器具是建筑内部排水系统的起点，用来满足日常生活和生产过程中各种卫生要求，收集和排除污废水的容器或设备。

排水管道包括：器具排水管（含存水弯）、排水横支管、排水立管、埋地干管和排出管。

为疏通建筑内部排水管道，保障排水畅通，需要设清通设备。

有些建筑物的污水不能自流排至室外检查井，须设污水提升设备。

当建筑内部污水未经处理不容许直接排入市政排水管网或水体时，须设污水局部处理构筑物。

建筑内部的排水管是水气两相流。为防止气压波动造成的水封破坏，使有毒有害气体进入室内，需设置通气管道系统。通气管道一般分为伸顶通气管、专用通气管和专用附件。

3. 排水管道组合类型

建筑内部污废水排水管道系统按排水立管和通气立管的设置情况，可分为以下几种：

（1）单立管排水系统

单立管排水系统是指只有1根排水立管，没有专门通气立管的系统。利用排水立管本身及其连接的横支管进行气流交换，这种通气系统叫内通气系统。

（2）双立管排水系统

双立管排水系统也叫两管制，由1根排水立管和1根通气立管组成。因为双立管排水系统利用排水立管与另一根立管之间进行气流交换，所以叫外通气系统。适用于污废水合流的各类多层和高层建筑。

（3）三立管排水系统

三立管排水系统也叫三管制，由1根生活污水立管、1根生活废水立管和1根通气立管组成，2根排水立管共用1根通气立管。三立管排水系统也是外通气系统，适用于生活污水和生活废水需分别排出室外的各类多层、高层建筑。

三立管排水系统还有一种变形系统，即省掉专用通气立管，将废水立管与污水立管每隔2层互相连接，利用两立管的排水时间差，互为通气立管，这种外通气方式也叫湿式外通气系统。

4. 卫生器具

卫生器具分为盥洗用卫生器具、沐浴卫生器具、洗涤用卫生器具和便溺用卫生器具等。

盥洗用卫生器具是供人们洗漱、化妆用的洗浴用卫生器具，主要有以下三类，即洗脸盆（洗面器）、洗手盆和盥洗槽。

沐浴用卫生器具是供人们清洗身体用的洗浴卫生器具。主要有浴盆（浴缸）、淋浴器、淋浴盆和净身盆四类。

洗涤用卫生器具用来洗涤食物、衣物、器皿等物品的卫生器具。主要分为洗涤盆（池）、化验盆和污水盆（池）三类。

便溺用卫生器具设置在卫生间和公共厕所内，用来收集排除粪便、尿液用的卫生器具。主要有大便器、小便器、大便槽、小便槽、倒便器和冲洗设备。

5. 排水管材与附件

（1）管材

在选择排水管道管材时，应综合考虑建筑物的使用性质、建筑高度、抗震要求、防火要求及当地的管材供应条件，因地制宜选用。排水管材常采用铸铁管和塑料管。目前在建筑内部广泛使用的排水塑料管是硬聚氯乙烯塑料管（简称 UPVC 管）。优点是重量轻、不结垢、不腐蚀、外壁光滑、容易切割、便于安装，可制成各种颜色，投资省、节能；缺点是强度低、耐温性差（使用温度在−5～+50℃之间）、立管噪声大、暴露于阳光下的管道易老化、防火性能差。

（2）附件

排水附件包括存水弯、地漏、清扫口、检查口。

存水弯是在卫生器具排水管上或卫生器具内部设置的有一定高度的水柱，防止排水管道系统中的气体窜入室内的附件，存水弯内一定高度的水柱称为水封。

地漏是一种内有水封，用来排除地面水的特殊排水装置。一般设置在经常有水溅落的卫生器具附近地面；地面有水需要排除的场所（如淋浴间、水泵房）；地面需要清洗的场所（如食堂、餐厅）；住宅中还可用作洗衣机排水口。

清扫口是一种装在排水横管上，用于清扫排水横管的附件。清扫口设置在楼板或地坪上，且与地面相平。也可用带清扫口的弯头配件或在排水管起点设置堵头代替清扫口。

检查口是带有可开启检查盖，装设在排水立管及较长横管段上的附件。

6. 排水系统选择与管道布置敷设

（1）排水系统的选择

排水系统的选择应根据污废水的性质、污废水污染程度以及污废水综合利用的可能性和处理要求来确定。以下情况应单独排放：

1）对卫生标准要求较高，设有中水系统的建筑物，生活污水与废水宜采用分流排放；

2）含油较多的饮食业厨房洗涤废水，洗车台冲洗水，含有致病病毒、细菌或放射性元素超过排放标准的医院污水；

3）水温超过 40℃的锅炉和水加热器等加热设备排水；

4）可重复利用的冷却水以及用作中水水源的生活排水。

（2）卫生器具的布置与敷设

布置卫生器具时，既要考虑所选用的卫生器具类型、尺寸和方便使用，又要考虑管线短，排水通畅，便于维护管理。

（3）排水管道的布置与敷设

排水管道的布置原则是排水畅通，水力条件好；保证建筑物正常使用；保证管道不受损坏；室内环境卫生条件好；施工安装、维护管理方便；占地面积小，总管线短、工程造价低。

五、建筑雨水排水系统的组成与分类

1. 建筑雨水排水系统的分类

（1）按建筑物内部是否有雨水管道分为内排水系统和外排水系统。按雨水排至室外的方法内排水系统又分为架空管排水系统和埋地管排水系统。

(2) 按雨水在管道内的流态分为重力无压流、重力半有压流、压力流。

(3) 按屋面的排水条件分为檐沟排水、天沟排水和无沟排水。

(4) 按出户埋地横干管是否有自由水面分为敞开式排水系统和密闭式排水系统。

(5) 按一根立管连接的雨水斗数量分为单斗系统和多斗系统。

2. 建筑雨水排水系统的组成

(1) 普通外排水

普通外排水由檐沟和水落管（立管）组成，如图 4.8-8 所示。一般居住建筑，屋面面积比较小的公共建筑和单跨工业建筑，多采用此方式，屋面雨水汇集到屋顶的檐沟里，然后流入雨落管，沿雨落管排泄到地下管沟或排到地面。雨落管管道材料为白铁皮管（镀锌铁皮管）和铸铁管。落管管径：铸铁管一般为 75mm、100mm；铁皮管一般为 80mm×100mm；80mm×120mm。雨落管沿外墙布置，其设置间距要根据降雨量和管道通水能力来确定。根据一根雨落管应服务的屋面面积来确定雨落管间距，一般雨落管间距为 8～16m，工业建筑可以达到 24m。

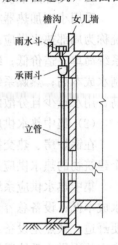

图 4.8-8　普通外排水

(2) 天沟外排水

天沟外排水系统由天沟、雨水斗和排水立管组成。天沟设置在两跨中间并坡向端墙。降落到屋面上的雨水沿屋面汇集到天沟，在沿天沟流至建筑物两端，并流入雨水斗，经立管排至地面或雨水井。天沟外排水系统适用于高度不超过 100m 的多跨工业厂房，如图 4.8-9 所示。

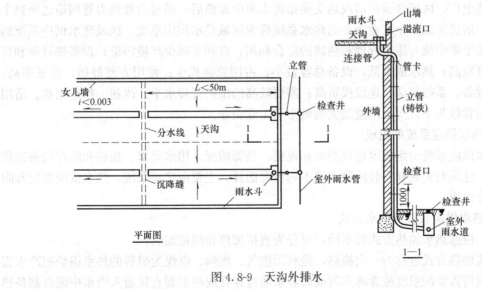

图 4.8-9　天沟外排水

(3) 内排水

内排水系统由天沟、雨水斗、连接管、悬吊管、立管、排出管组成。

根据雨水排水系统是否与大气相通，内排水系统可分为密闭系统和敞开系统。内排水系统适用于跨度大、特别长的多跨建筑。在屋面设天沟有困难的锯齿形、壳形屋面建筑，屋面有天窗的建筑；建筑里面要求高的建筑；大屋面建筑及寒冷地区的建筑；在墙外设置雨水排水困难时，也可考虑采用内排水系统形式。

六、建筑内部热水供应系统

1. 热水供应系统的分类

热水供应系统按热水供应范围可分为局部热水供应系统、集中热水供应系统和区域热水供应系统。

（1）局部热水供应系统

采用小型加热器在用水场所就地加热，供局部范围内一个或几个配水点使用的热水系统称为局部热水供应系统。局部热水供应系统的优点是热水输送管道短、热损失小；设备系统简单、造价低；维护管理方便、灵活；改建、增设容易。缺点是小型加热器效率低，制水成本高；热媒系统设施投资高，占用建筑面积大。热水供应系统适用于使用要求不高，用水点少且分散的建筑。

（2）集中热水供应系统

在锅炉房、热交换站或加热间将水集中加热后，通过热水管网输送到整个建筑物或几个建筑物的热水供应系统称为集中热水供应系统。

集中热水供应系统的优点是加热设备集中设置，便于集中管理；加热设备效率高，热水成本低；设备总容量小，各个使用场所不必设置加热装置，占用建筑面积较少；使用方便舒适。缺点是设备系统复杂，投资较大；需要专门维护管理人员，管网长，热损失大。集中热水供应系统适用于热水使用量较大，用水点比较集中的建筑，如高级住宅建筑、宾馆、医院等公共建筑或布置比较集中的工业建筑。

（3）区域热水供应系统

在热电厂、区域性锅炉房或热交换站将水集中加热后，通过市政热力管网输送至整个建筑群、居民区或整个工业企业的热水系统称为区域热水供应系统。区域热水供应系统的优点是便于集中统一维护管理和热能的综合利用；有利于减少环境污染；设备热效率和自动化程度较高；热水成本低，设备总容量小，占用总面积少；使用方便舒适，保证率高。缺点是设备、系统复杂，建设投资高；需要较高的维护管理水平；改建、扩建困难。适用于建筑布置较集中，热水用量较大的城市和工业企业。

2. 热水供应系统的组成

热水供应系统的组成因建筑类型和规模、热源情况、用水要求、加热和贮存设备的供应情况、建筑对美观和安静的要求等不同情况而异。主要由热媒系统、热水供应系统和附件三部分组成。

3. 热水供应系统的供水方式

（1）根据热水加热方式的不同，可分为直接加热和间接加热。

直接加热方式也称为一次换热，是利用燃气、燃油、燃煤为燃料的热水锅炉把冷水直接加热到所需要的温度或者将蒸汽或高温水通过穿孔或喷射器直接通入冷水中混合制备热水。热水锅炉直接加热具有热效率高、节能的特点；蒸汽直接加热方式具有设备简单、热效率高、无需凝水管的优点，但存在噪声大、冷凝水不能回收、热源补水量大、运行费用高等缺点。

间接加热也称二次加热，是热媒通过水加热器把热量传递给冷水以达到加热冷水的目的。在加热过程中，热媒与被加热水不接触，各自有自己的管道系统。该方式的优点是冷凝水可重复利用，只需要对少量补水进行软化处理，运行费用低，且加热时不产生噪声。适用于要求供水稳定、安全、噪声要求低的旅馆、住宅、医院、办公楼等建筑。

（2）按热水管网的压力工况，可分为开式和闭式两类。

开式热水供应方式在所有配水点关闭后，系统内的水仍然与大气相通。该方式中一般在管网顶部设高位冷水箱和膨胀管或高位开式加热水箱。系统内的水压取决于水箱的设置高度，而不受室外给水管网水压波动的影响，可保证系统水压稳定和供水安全可靠。适用于室外水压变化较大，且用户要求水压稳定时采用。

闭式热水供应方式在所有配水点关闭后，整个系统与大气隔绝，形成密闭系统。闭式热水供应方式具有管路简单，水质不易受污染的优点，但供水水压稳定性差，安全可靠性差。适用于屋顶不设水箱且对供水压力要求不太严格的建筑采用。

（3）按热水管网设置循环管道的方式不同可分为全循环、半循环和无循环。

全循环热水供水方式是指所有热水干管、立管及支管都设置循环管道，各配水龙头可以随时获得设计要求水温的热水系统。该系统适用范围于对热水供应要求比较高的建筑，如医院、宾馆等。

半循环方式是指热水部分循环，也称为半循环。主要用于定时供应热水的建筑。

无循环是指在热水管网中不设有循环管道。适用于要求不高的定时供热水系统，如公共浴室、洗衣房、旅馆等。

（4）按热水管网运行方式不同，可分为全天循环和定时循环。

全天循环即全天任何时刻，管网中都维持有不低于循环流量的流量，使设计管段的水温在任何时刻都保持不低于设计温度。

定时循环即在集中使用热水前，利用水泵和回水管道使管网中已经冷却的水强制循环加热，在热水管道中的热水达到规定温度后再开始使用的循环方式。

（5）按热水配水干管的位置分为下行上给和上行下给。

实际中常将上述各种方式组合成综合形式。

七、建筑中水工程

建筑中水工程是指民用建筑或建筑小区内人们生活中用过的或生产活动中属生活排放的污水、冷却水、雨水等经集流、水质处理、输配等技术措施，回用于民用建筑或建筑小区内，作为冲洗便器、冲洗汽车、绿化和浇洒道路等杂用水的供水系统。

建筑中水工程相对于大规模处理回用而言，属于分散、小规模的污水回用工程，具有灵活、易于建设、无需长距离输送和运行管理方便等优点，是一种比较有前途的生活节水方式。

我国现行国家标准《建筑中水设计规范》GB 50336 中明确规定：缺水城市和缺水地区适合建设中水设施的工程项目，应按照当地有关规定配套建设中水设施。中水设置必须与主体工程设计，同时完工，同时使用。

1. 建筑中水水源

建筑物中水水源，应根据原水水质、水量、排水状况和中水回用的水质、水量选定。建筑物中水水源可取自建筑物的生活排水，及其他一切可以利用的水源。建筑屋面雨水可作为中水水源或其补充。

2. 建筑物中水系统的组成与形式

(1) 建筑中水系统的组成

建筑中水系统是一个系统工程，包括原水系统、处理系统和供水系统三个部分。它是给水、排水、水处理和环境工程的综合利用。

(2) 建筑物中水系统的形式

建筑物中水系统的宜采用原水的污、废水分流，中水专供的完全分流系统，所谓"完全分流系统"是指中水原水的收集系统和建筑物的原排水系统完全分开，而建筑物的生活给水系统和中水供水系统也是完全分开的系统，也就是粪便污水和杂排水两套排水管，即给水和中水两套给水管的系统。

3. 建筑中水处理工艺

建筑中水处理工艺应根据中水原水的水质、水量及回用对象对水质、水量的要求，经过水量平衡，提出几个处理方案，再从投资、处理场地、环境要求、运行管理繁简和设备供应情况等方面进行经济技术比较后择优确定。

当以优质杂排水作为中水原水时，因水中有机物浓度比较低，处理目的主要是去除原水中的悬浮物和少量有机物，可采用以物化处理为主的工艺流程，或采用生物处理和物化处理相结合的工艺流程。

当以含粪便污水的排水作为中水原水时，因中水原水中有机物或悬浮物浓度高，处理的目的是同时去除原水中的悬浮物和有机物，宜采用两段生物处理与物化处理相结合的工艺流程。

第九节 燃气供应

课程简介

本课程是建筑环境与设备工程专业的专业必修课，是在学习了基础课、专业基础课和部分专业课后开设的。本课程的任务是使学生能系统地掌握燃气输配领域的基本概念、基本理论，掌握燃气输配系统的计算方法和各种燃气设备的基本工作原理，培养学生在一般的规划和设计城市燃气输配系统中，具备选择、调试及技术经济分析的能力，具有液化石油气储配站工艺设计的能力。对城市燃气输配系统及液化石油气储配站有一定的运行管理能力，对燃气输配方面的新理论、新技术、新设备、新材料有所了解。

本课程主要内容有城市燃气气源种类、燃气的基本性质及计算方法；城市燃气需用量的计算及供需平衡的方法；城市燃气管网的分类及管道的布线；燃气管道的附属设备及其钢制燃气管道的防腐；掌握燃气压缩及计量设备的工作原理及计算方法；液化石油气的运输、储存、装卸和灌装的基本原理及方法；储配站的工艺设计等。

本课程的总学时为 32 学时。

先修课程：工程热力学、流体力学、传热学、流体输配管网等。

一、概述

1. 能源的发展史

在整个 19 世纪，煤炭为主要能源。从 20 世纪开始，世界能源结构发生了第二次大的转变，即从煤炭转向以石油和天然气为主。到 1959 年，石油和天然气在世界能源结构中的比例首次超过煤炭而占第一位。其后，虽然经历了两次石油危机，但石油的消费量却不见有减少的趋势。

尽管人们在新能源开发方面做了许多努力，如水能、太阳能、风能、地热能、潮汐能等，但由于涉及技术、能源成本和投资等问题，其大规模生产尚需时日。据国际能源研究所预测，21 世纪前 50 年，将会是一个以天然气为主的时期，世界能源结构要转变到以可再生能源为主的时代还将是一个漫长的过程，这是当今世界能源发展的趋势。

据预测，世界常规天然气的总资源量达 400 万亿～600 万亿 m^3，此外还有大量非常规天然气资源，预计到 2010 年，剩余探明可采储量为 165.8 万亿 m^3，石油为 1441 亿 t。以热量计算，天然气储量已超过石油储量。随着天然气勘探技术的发展，被探明的天然气储量还在逐年增加。

我国城镇发展对环境保护的要求越来越高，大气质量与城镇使用的能源有直接关系。各级政府正在采取积极措施使城镇能源向清洁、高效的方向发展。燃气是城镇优质能源的主要组成部分，其中天然气更是城镇燃气的理想气源。提高城镇燃气利用水平，对改善大气质量有重要意义。未来十年，我国天然气的产量和需求量将大幅度增加。

燃气是指可以作为燃料的气体，它通常是以可燃气体为主要成分的、多组分的混合气体。由于早期的人工燃气是以煤为原料加工生产的，因此人们习惯将这类混合气体燃料统称为"煤气"。随着社会生产的发展，燃气的来源、生产方式及组分等都有了很大变化，而煤气只是众多燃气气源中的一种，燃气才具有更广泛的涵义和适用性。

2. 能源种类

能源是指能够转换为机械能、热能、电磁能、化学能等各种能量的资源，是人类赖以生存的重要物质基础。能源的分类有很多种，常用的有：

（1）按照能源的存在形式分类

按照能源的存在形式可分为一次能源和二次能源。在自然界中以天然形式存在的可直接利用的能量资源，称为一次能源或天然能源。在一次能源中，还可分为可再生能源和非可再生能源。可再生能源是指能够重复产生的天然能源，非可再生能源是指不能重复生产的天然能源。由一次能源经过加工、转换，以其他种类或形式存在的能量资源，称为二次能源或人工能源。

（2）按能源的使用性质分类

按能源的使用性质分为燃料能源和非燃料能源。燃料能源包括矿物燃料、生物燃料和核燃料等三大类，这类燃料主要靠燃烧来获取所需要的能量。非燃料能源一般是直接利用其提供的机械能、热能、光能等，有时也会利用其转化形式。

（3）按利用技术分类

按能源的利用技术状况可分为常规能源和新能源等。常规能源是指在现有技术条件下，已经广泛使用，而且技术比较成熟的能源。新能源一般指有待开发和完善其利用技术的能源。当然常规能源和新能源是相对而言的，任何一种能源从发现到被广泛利用，都有一个或快或慢的过程。

能源的分类还有很多种，比如按照其物理状态可分为固体能源、液体能源和气体能源三类；按其利用过程的污染程度划分为清洁能源和非清洁能源等。

二、燃气的种类

燃气是易燃、易爆的气体，有些燃气还具有毒性。燃气中可燃成分有氢气、一氧化碳、甲烷及碳氢化合物等；不可燃成分有二氧化碳、氮气等；部分燃气还有氧气、水及少量杂质。

燃气按照其来源和生产方式大致分为四大类：天然气、人工燃气、液化石油气和生物气（人工沼气）等。其中，天然气、人工燃气、液化石油气可以作为城镇燃气供应的气源，由于生物气热值低、二氧化碳含量高而不宜作为城镇气源，但在农村仍有一定的发展前景。

1. 天然气

天然气是古代动、植物的遗体在不同的地质条件下，通过生物化学作用以及地质变质作用生成的可燃气体。天然气是一种混合气体，主要成分是低分子量烷烃，还含有少量的二氧化碳、硫化氢和氮气等。

天然气开采系统基建投资少，建设工期短、见效快，新建的气井一般当年即可投产。天然气从地下开采出来时的压力很高，有利于远距离输送，送到用户时仍能保持很高的压力。天然气热值高，容易燃烧且燃烧效率高，是优质的气体燃料。

（1）天然气的分类

天然气通常按照其矿藏特点或气体组成进行分类。

1）根据矿藏特点来分，天然气可分为气田气、凝析气田气和石油伴生气。

气田气指由气田开采出来的纯天然气，其主要成分是甲烷，含量约为 $80\% \sim 90\%$，还含有少量的二氧化碳、硫化氢、氮气及微量的惰性气体等。凝析气田气是指含有少量石油轻质馏分（如汽油、煤油成分）的天然气。当凝析气田气开采出来后，经减压降温，可分离为气液两相，凝析气田气中甲烷的含量为 75%。石油伴生气是指与石油共生的、伴随石油一起开采出来的天然气。石油伴生气的主要成分是甲烷、乙烷、丙烷、丁烷还有少量的戊烷和重烃。石油伴生气的成分和气油气比会因油田构成和开采的季节等条件的不同而有一定差异。

2）根据天然气的组分来分，天然气可分为干气、湿气、贫气和富气，也可分为酸性天然气和洁气等。

干气是指每一基方井口流出物中，C_5 以上重烃液体含量低于 $13.5cm^3$ 的天然气；

湿气是指每一基方井口流出物中，C_5 以上重烃液体含量超过 $13.5cm^3$ 的天然气；

贫气是指每一基方井口流出物中，C_5 以上重烃液体含量超过 $94cm^3$ 的天然气。

酸性天然气是指含有较多的 H_2S 和 CO_2 等酸性气体，需要进行净化处理才能达到管道输送要求的天然气。

洁气是指 H_2S 和 CO_2 含量很少，不需要进行净化处理的天然气。

（2）天然气的开采和加工

1）天然气的勘探

天然气的勘探不同于其他固体矿藏，需要根据各地区的具体条件应用多种方法综合勘探，常用的有地质法、地球物理勘探法和钻探法。

2）天然气的开采

在发现了具有开采价值的天然气田后，即可进行气田的开发。要根据气田的具体情况制定合理的开采计划，包括天然气集回收及净化方案等。

天然气的开采一般采用钻井的方法，将井钻到气层的深度，完井后，从气井中将天然气采集到地面，进入天然气集输流程。

3）天然气的集输

将天然气从各个分散的气井（或油井）集中起来，进行必要的初加工和计量，然后送到天然气净化厂、加工厂或输气干线的过程称为天然气集输。

天然气集输系统的主要设施有井场装置、集气站、矿场压气站、天然气处理厂和输气干线首站等；主要工艺流程包括油气分离、处理、计量、储存、输送、轻质油回收、污水处理等。

4）天然气的净化

天然气的净化在天然气处理厂进行，任务是除去天然气中的凝析油、水、硫化物及其他杂质，以满足管道输送和用户对天然气质量的要求。

（3）天然气的液化

将天然气从气田或资源国输送至目标用户时，采用管道输送是一种比较好的输送方法，但对于远距离越洋输送，目前还没有技术可以建造深海长距离输送管线，因此急需寻找其他的方法。将天然气液化是越洋大量输送天然气的最好的商业化技术。液态天然气的体积为气态的 1/600，有利于储存和运输。将天然气液化还可以经济地生产出氦气等稀有气体。

天然气液化过程属于深度制冷，因此天然气在液化前必须净化，脱除液化过程中可能固化的物质，如水、二氧化碳、硫化氢及丙烷以上的重烃类，其净化要求高于一般管道输送天然气的净化要求。净化后的天然气，其主要成分为甲烷。天然气的液化技术与制冷技术的发展有很大关系。

2. 人工燃气

（1）人工燃气的种类

人工燃气是指以固体或液体可燃物为原料加工生产的气体燃料。一般将以煤为原料加工制成的燃气称为煤制气，简称煤气；用石油及其副产品制取的燃气称为油制气。

根据原料及生产、加工的方法和设备不同，人工燃气可分为许多类，我国常用的人工燃气有干馏煤气、气化煤气和油制气。

1）干馏煤气

当固体燃料隔绝空气受热时，分解产生可燃气体（如煤气）、液体（如焦油）和固体（焦炭）等产物，固体燃料的这种化学加工过程被称为干馏，在以煤为原料的干馏过程中逸出的气体叫作干馏煤气。

2）气化煤气

气化煤气是将固体燃料在高温下与气化剂（如空气、水蒸气、氧气等）相互作用，通过化学反应使固体燃料中的可燃物质转变为可燃气体的过程。固体燃料的气化方法很多，使用较多的有发生炉煤气、水煤气和压力气化煤气等。

3）油制气

油制气是以石油及其副产品为原料，经过高温裂解而制成的可燃气体。目前，我国主要采用重油为原料，制气方法有：热裂解法、催化裂解法和部分氧化法。

（2）人工燃气的净化

人工燃气特别是煤制气，无论是作为燃料还是化工原料，为了满足用户和管道输送的要求，都必须进行净化处理。人工燃气净化处理的目的是降低温度、脱除水分、脱除其中的有害杂质、回收有价值的副产品。

3. 液化石油气

液化石油气是石油开采、加工过程中的副产品，通常来自炼油厂。液化石油气的主要成分是丙烷、丙烯、丁烷和丁烯。液化石油气作为一种烃类混合物，具有常温和常压降温即可变为液态，以进行储存和运输，升温或减压即可气化使用的显著特性，因而成为一种可广泛使用的气源种类。

（1）液化石油气的来源

液化石油气的来源主要有两种：一种在油田或气田开采过程中获得，称为天然石油气；另一种来源于炼油厂，是在石油炼制加工过程中获得的副产品，称为炼厂石油气。

（2）液化石油气的净化

在天然石油气和炼厂石油气中除 C3、C4 烃类外，还有甲烷、乙烷、戊烷和重烃，一般应将它们分离出去。为生产出无腐蚀性、无毒性的液化石油气，还应对液化石油气进行净化，除掉硫化物等。有时，液化石油气还需要进行干燥，以脱除其中的水分。

（3）液化石油气的特点

液化石油气在常温下呈气态，但升高压力或降低温度就可以转化为液态。液化石油气从气态转变为液态，体积约缩小 $250\sim300$ 倍，液态的液化石油气便于运输、储存和分配。

液化石油气的热值高，低热值约为 $48.1MJ/kg$ 或 $87.8\sim108.7MJ/m^3$。它比空气重，约为空气的 1.5 倍，一旦泄露，就会迅速降压，由液态转变为气态，并极易在低洼处积聚。

液化石油气的危险性与它易燃易爆的特性分不开，因液化石油气爆炸下限极低（2%左右），极易与周围空气混合形成爆炸性气体，遇到明火将引起火灾和爆炸事故，对人员、设备及设施危害极大，涉及范围广。所以在液化石油气的供应中，首先要保证运行安全、设备完好、操作正确、防火防爆。

液化石油气从贮罐或管道中泄露后将迅速气化，这一过程需要吸收大量的热量，将导致泄露点及周围环境温度急剧下降，若与人体皮肤接触会造成冻伤。

4. 其他燃气

随着技术的发展，除了上述燃气种类之外，还有一些待开发和利用的燃气。虽然在目前情况下，它们还没有成为城镇燃气气源，但随着人们对这些气体燃料的开采及制造技术的研究和探索，利用它们将指日可待。

（1）煤层气和矿井气

煤层气和矿井气也属天然气，是煤的生成和变质过程中伴生的气体。

煤层气也称煤田气，是成煤过程中产生并在一定的地质构造中聚集的可燃气体，其主要成分为甲烷，同时含有二氧化碳、氢气及少量的氧气、乙烷、乙烯等气体。

矿井气又称矿井瓦斯，是煤层与空气混合而成的可燃气体。在煤的开采过程中，当煤层采掘后，在井巷中形成自由空间时，煤层气即由煤层和岩体中逸出并移动到该空间，与其中的空气混合成矿井气。其主要成分为甲烷、氮气、氧气及二氧化碳等。在地下井巷中的矿井气必须及时、合理排除或抽取，否则会造成井巷操作人员窒息、死亡，还可能引起爆炸，即人们常说的矿井"瓦斯爆炸"。

（2）天然气水合物

近年来，非常规天然气的开发和利用越来越引起人们的重视，天然气水合物即是其中之一。天然气水合物又称笼形包合物，俗称"可燃冰"。可燃冰是天然气与水在一定条件下形成的类似冰的结晶化合物，遇火即可燃烧。形成天然气水合物的主要成分是甲烷。

天然气水合物主要广泛分布于大陆、岛屿的斜坡地带、极地大陆架以及海洋和一些内陆湖的深水环境中。据报道，我国最近在甘肃省发现了"可燃冰"矿藏，其储量高达 350 亿 t 油当量，可供中国使用 90 年。

（3）生物气

我国的生物资源比较丰富，合理利用这些资源有利于环境保护和生态平衡。生物能包括薪柴、秸秆及野生植物等。将生物能气化或液化，可以提高生物能的能源品质和利用效率。

三、燃气的基本性质

燃气是由多种可燃与不可燃成分组成的混合物，主要由碳氢化合物、氢气、一氧化碳等可燃成分，二氧化碳、氮气、氧气等不可燃成分组成。

氢气是无色、无味、很轻的气体，可燃、易爆，燃烧产物为水；一氧化碳是无色无味、有剧毒的气体，比空气轻，可燃，燃烧产物为二氧化碳。甲烷是天然气的主要成分，常温下为气体，无色无味，比空气轻，可燃、易爆。烷烃和烯烃在空气中能够完全燃烧，并生成二氧化碳和水。

1. 气化潜热

单位数量的物质由液态变成与之处于平衡的蒸气所吸收的热量称为该物质的气化潜热。

2. 燃气的热值

燃气的热值是指单位数量的燃气完全燃烧时所放出的全部热量。燃气的热值分为高热值和低热值。高热值是指单位数量的燃气完全燃烧后，其燃烧产物与周围环境恢复到燃烧前的原始温度，烟气中的水蒸气凝结成同温度的水后所放出的全部热量。低热值则指在上述条件下，烟气中的水蒸气仍以蒸气状态存在时，所获得的全部热量。

3. 着火温度

燃气开始燃烧时的温度称为着火温度。不同气体的着火温度是不同的。一般可燃气体在空气中的着火温度比在纯氧中的着火温度高 50～100℃。实际上，着火温度不是一个固定的数值，它与可燃气体在空气中的浓度、与空气的混合程度、燃气压力、燃烧空间的形状及大小等许多因素有关。在工程上，实际着火温度应由实验确定。

4. 爆炸极限

燃气与空气或氧气混合后，当燃气达到一定浓度时，就会形成有爆炸危险的混合气体。这种气体一旦遇到明火即会发生爆炸。在可燃气体和空气的混合物中，可燃气体的含量少到使燃烧不能进行，即不能形成爆炸性混合物的含量，称为可燃气体的爆炸下限；而当可燃气体含量增加到一定程度，由于缺氧而无法燃烧，以至不能形成爆炸性混合物时可燃气体的含量，称其为爆炸上限。

四、城镇气源的要求

1. 气源的选择依据

城镇气源的选择是考虑各种复杂因素的综合结果，其中气源资源和城镇条件是选择气源时需要考虑的主要因素。

2. 城镇燃气的质量要求

（1）城镇燃气的基本要求

作为城镇燃气气源，应尽量满足以下要求：即热值高、毒性小、杂质少。

（2）燃气中杂质及有害物的影响

干馏煤气中焦油与灰分含量较高时，常积聚在阀门及设备中，造成阀门关闭不严、管道和用气设备堵塞等。燃气中的硫化物主要是硫化氢，此外还有少量的硫醇、二硫化碳等。天然气中主要是硫化氢，燃烧后生成二氧化硫，硫化氢和二氧化硫都是有害气体。人工燃气中萘含量较高，在温度低时，气体萘会结晶析出，附着于管壁，使管道流通截面变小，甚至堵塞管道。氨对燃气管道和设备都具有腐蚀作用，燃烧时会形成氮氧化物等有害气体。但氨对硫化物产生的酸性物质有中和的作用。因此，燃气中含有微量的氨有利于保护金属管道和设备。一氧化碳是无色、无味、有剧毒的气体，一般要求城镇燃气中一氧化碳含量小于10%（容积成分）。氧化氮属于双键的烃类聚合物合成气态胶质，附着于输气设备和燃具上，容易引起故障。燃气燃烧产物中的氧化氮对人体也是有害的；空气中氧化氮的浓度达到0.01%时，可刺激人的呼吸器官，长时间呼吸则会危及生命。在天然气进入长距离输送管道前必须脱除其中水分，因为在高压状态下，天然气中的水很容易与其中的烃类生成水化物。水与其他杂质在局部的积聚还会降低管道的输送能力。水的存在会加剧硫化氢和二氧化碳等酸性气体对金属管道和设备的腐蚀，如果输送含水的燃气，输配系统还需要增加排水设施和管道的维护工作。

（3）城镇燃气的质量要求

城镇天然气的质量应符合表4.9-1中一类气或二类气的规定，人工燃气的质量标准应符合表4.9-2中的规定。

天然气的技术指标（GB 17820）　　　　表4.9-1

项　　目	一类	二类	三类	试验方法
高发热值（MJ/m³）		>31.4		GB/T 11062
总硫（以硫计）（mg/m³）	≤100	≤200	≤460	GB/T 11061
硫化氢（mg/m³）	≤6	≤20	≤460	GB/T 11060.1
二氧化碳（%）		≤3.0		GB/T 13610
水露点（℃）	在天然气交接点的压力和温度条件下，天然气的水露点应比环境温度低5℃			GB/T 17283

人工燃气的质量标准（GB 17820）　　　　表4.9-2

项　　目	杂质限量	项　　目	杂质限量
焦油和灰尘（mg/m³）	<10	萘（mg/m³）	<50/P×10⁵（冬季） <100/P×10⁵（夏季）
硫化氢（mg/m³）	<20	含氧量（体积%）	<1
氨（mg/m³）	<50	一氧化碳（体积%）	<10

液化石油气应限制其中的硫分、水分、乙烷乙烯的含量；并应控制残液（C_5 和 C_6）

量，因为 C_5 和 C_6 以上成分在常温下不能气化。

（4）燃气的加臭

燃气属易燃、易爆的危险品，因此要求燃气必须具有独特的可以使人察觉的气味。使用中当燃气发生泄露时，应能通过气味使人发现；在重要场合，还应设置检漏仪器。对无臭或臭味不足的燃气应加臭。

3. 气源转换与混配

一个城镇或地区，在使用气体燃料初期，往往只有单一气源，而随着燃气需求量的不断增长和燃气供应规模的发展或气源资源的改变，常常会遇到这样两种情况：一种是原来使用的燃气要由其他性质不同的燃气所替代，即发生气源转换；另一种是在多气源共存的情况下，需要将不同的燃气进行混陪供应。

一般情况下，当需要进行气源转换时，特别是新的气源与原来的气源性质有较大差异时，燃气供应系统的设施与用户燃烧设备都要进行相应的改变。

当需要进行气源转换与混配时，除要进行理论分析及计算之外，还应进行大量的实验研究。

五、燃气供应与需求

早期城镇燃气主要用于照明，以后逐渐发展为用于炊事及生活用水的加热，然后扩展到工业领域，用作燃料和化工原料。随着燃气事业的发展，特别是天然气的大量开采与远距离输送，燃气已成为能源消耗的重要支柱。在国际上，天然气主要用于发电、以化工为主的工业、一般工商业和居民生活用气。目前，我国城镇燃气还主要用于居民生活与工业生产中的热加工，但近年燃气应用领域扩展迅速。

1. 用户类型及特点

燃气的用途非常广泛，一般城镇燃气主要供应居民生活、工业生产方面。随着燃气气源的不断开发和利用，燃气用户也在不断发展，特别是近年来，燃气采暖及空调和燃气汽车等发展较快。

（1）燃气采暖与空调

随着人民生活水平的提高和经济技术的发展，我国大部分地区都有不同时间的采暖期。采暖与空调用气均为季节性负荷，特别是我国北方地区，采暖用气量比较大，在采暖期内用气量相对稳定。

燃气空调和热、电、冷三联供的全能系统已经引起广泛关注，它对缓解夏季用电高峰、减少环境污染、提高燃气管网利用率、保持用气的季节平衡、降低燃气输送成本都有很大帮助。特别是热、电、冷三联供的方式具有较高的技术经济价值，是今后燃气空调的发展方向。

（2）交通工具燃气化

发展燃气汽车是降低城镇大气污染的有力措施之一。目前，燃气汽车主要有液化石油气和压缩天然气汽车两大类。大部分燃气汽车属于油气两用车，压缩天然气汽车主要用于公交，液化石油气汽车主要用于出租车及其他公务用车。发展燃气用车，有利于减轻城镇大气污染，还可减少对石油产品的依赖。

（3）农业生产用气

燃气还可用于鲜花和蔬菜的暖棚种植、粮食烘干与储藏、农副产品的深加工等。

（4）燃气发电

将直接使用低污染燃烧的燃气转换为无污染排放的电能来使用，这也是今后燃气应用的发展方向。

（5）化工用气

目前，我国天然气在化工行业主要用作原料气，原料气又以化肥及化工产品用气为主。今后，化工原料用气份额将逐渐减少，但天然气在生物、医药、农药等方面的应用将有所发展。

2. 供气原则

供气原则不仅涉及国家及地方的能源与环保政策，而且和当地气源条件等具体情况有关。因此，应该从提高热效率和节约能源、保护环境等方面综合考虑。一般要根据燃气气源供应情况、输配系统设备利用率、燃气供应企业经济效益、燃气用户利益等方面的情况，分析并制定合理的供气原则。

城镇居民和商业用户是城镇燃气供应的基本用户。在气源不够充足的情况下，一般应考虑优先供应这两类用户用气。解决了这两类用户的用气问题，不但可以提高居民生活水平、减少环境污染、提高能源利用率，还可减少城市交通运输量，取得良好的社会效益。

3. 用气指标

用气指标又称为耗气定额，是进行城镇规划、设计、估算燃气用气量的主要依据。因为各类燃气的热值不同，所以，常用热量指标来表示用气量指标。用气指标主要分为居民生活用气量指标、商业用气量指标、工业企业用气量指标和建筑物采暖及空调用气量指标。

4. 城市燃气需用量计算

在进行城市燃气输配系统的设计时，首先要确定燃气需用量，即年用气量。年用气量是确定气源、管网和设备燃气通过能力的依据。年用气量主要取决于用户的类型、数量及用气量指标。本书不再阐述详细计算方法，具体可参阅相关资料。

5. 燃气输配系统的供需平衡

城市燃气的需用工况是不均匀的，随月、日、时而变化，但一般燃气气源的供应量是均匀的，不可能完全随需用工况而变化。为了解决均匀供气与不均匀耗气之间的矛盾，不间断地向用户供应燃气，保证各类燃气用户有足够流量和正常压力的燃气，必须采取合适的方法使燃气输配系统供需平衡。

（1）供需平衡法

1）改变气源的生产力和设置机动气源；

2）利用缓冲用户和发挥调度的作用；

3）利用储气设施。

（2）储气容积的计算

储气罐的主要功能有以下三点：

1）随燃气用气量的变化，补充制气设备所不能及时供应的部分燃气量；

2）当停电、维修管道、制气或输配设备发生暂时故障时，保证一定程度的供气；

3）可用以混合不同组分的燃气，使燃气的性质（成分、发热值）均匀。

六、燃气输配

1. 城镇燃气管网的分类

（1）城镇燃气输配系统的组成

现代化的城市燃气输配系统是复杂的综合设施，通常由低压、中压以及高压等不同压力等级的燃气管网；城市燃气分配站或压气站、各种类型的调压站或调压装置；储配站；监控与调度中心；维护管理中心组成。

（2）城镇燃气输配管网的分类

燃气管网可按输气压力、敷设方式、管网形状、用途等加以分类。

1）按输气压力分类

燃气管道与其他管道相比，有特别严格的要求，因为管道漏气可能导致火灾、爆炸、中毒等事故。燃气管道的压力越高，管道本身出现裂缝的可能性越大。管道内燃气压力不同，对管材、安装质量、检验标准及运行管理等要求也不相同。我国城镇燃气管道按燃气设计压力 P 分为七级，如表 4.9-3 所示。

城镇燃气设计压力分级（表压）（单位：MPa）　　　　　表 4.9-3

名　称		压　力	名　称		压　力
高压管道	A	$2.5 < P \leqslant 4.0$	中压管道	A	$0.2 < P \leqslant 0.4$
	B	$1.6 < P \leqslant 2.5$		B	$0.01 < P \leqslant 0.2$
次高压管道	A	$0.8 < P \leqslant 1.6$	低压管道		$P \leqslant 0.01$
	B	$0.4 < P \leqslant 0.8$			

2）按敷设方式分类

燃气管道可分为埋地管道和架空管道。

3）按用途分类

根据用途分类，燃气管道可分为长距离输气管线、城镇燃气管道和工业企业燃气管道。

长距离输气管线其干管及支管的末端连接城镇或大型工业企业，作为该区的气源点。城镇燃气管道主要由街区和庭院的分配管道、用户引入管和室内燃气管道组成。

4）按管网形状分类

燃气管网可分为环状管网、枝状管网和环枝状管网。

环状管网管道连成封闭形状，它是城镇输配管网的基本形式，在同一环中压力处于同一级别。在城镇管网中一般不单独使用枝状管网。环枝状管网是工程中常采用的一种形式。

5）按管网压力级制分类

根据所采用的管网压力级制不同可分为一级系统、两级系统、三级系统和多级系统。

仅有低压或中压一种压力级别的管道系统，称为一级系统；具有两种以上压力等级组成的管网系统，称为两级系统；由低压、中压和次高压三种压力级别组成的管网系统，称为三级系统；由低压、中压、次高压和高压多种压力级别组成的管网系统，称为多级系统。

采用不同压力级制的原因有三点：一是管网采用不同的压力级制是比较经济的；二是各类用户需要的燃气压力不同；三是消防安全的要求。

（3）燃气管网系统的选择

无论是旧有的城市，还是新建的城市，在选择燃气输配管网系统时，应考虑许多因素，其中最主要的因素有气源情况、城市规模、远景规划情况、原有的城市燃气供应设施情况，对不同类型用户的供气方针、气化率及不同类型的用户对燃气压力的要求、用气的工业企业的数量和特点、储气设备的类型等等。

2. 燃气管道附属设备

为了保证管网的安全运行，并考虑到检修、接线的需要，应在管道的适当地点设置必要的附属设备。这些附属设备包括阀门、补偿器、排水器、放散管等。

3. 燃气的压力调节及计量

(1) 调压器

燃气供应系统的压力工况是利用调压器来控制的，调压器的作用是根据燃气的需用情况将燃气调至不同压力。调压器通常安设在气源厂、燃气压送站、分配站、储罐站、输配管网和用户处。

(2) 燃气调压站

调压站在城市燃气管网系统中是用来调节和稳定管网压力的设施。通常是由调压器、阀门、过滤器、安全装置、旁通管及测量仪表等组成。有的调压站还装有计量设备，除了调压以外，还起到计量作用，通常将这种调压站叫做调压计量站。

(3) 燃气的计量

燃气的计量采用流量计，包括容积式流量计、速度式流量计、差压式流量计、涡街式流量计等。

4. 燃气的压送和储存

(1) 燃气的压送

在燃气输配系统中，压缩机是用来压缩燃气，提高燃气压力或输送燃气的机器。

压缩机的种类很多，按其工作原理可区分为两大类：容积型压缩机及速度型压缩机。在燃气输配系统中经常遇到的容积型压缩机主要有活塞式和回转式压缩机；速度型压缩机主要是离心式压缩机。

(2) 燃气的储存

燃气储罐是燃气输配系统中经常采用的储气设施之一。合理确定储罐在输配系统中的位置，使输配管网的供气点分布合理，可以改善管网的运行工况、优化输配管网的技术经济指标，解决气源供气的均匀性与用户用气的不均匀性之间的矛盾。

燃气储罐按工作压力可分为低压储罐（工作压力在 5kPa 以下）和高压储罐。低压储罐的容积随燃气量的变化而变化。高压储罐的几何容积固定不变，而是靠改变其中燃气的压力来储存燃气的，因此结构比较简单。

附录1 建筑环境与能源应用工程
本科专业人才培养方案

一、专业名称及代码

专业代码：081002

专业名称：建筑环境与能源应用工程

英文专业名称：**Building Environment and Energy Engineering**

专业代码：081002

二、专业培养目标

建筑环境与能源应用工程专业的任务是以建筑为主要对象，在充分利用自然能源基础上，采用人工环境与能源利用工程技术去创造适合人类生活与工作的舒适、健康、节能、环保的建筑环境和满足产品生产与科学实验要求的工艺环境，以及特殊应用领域的人工环境（如地下工程环境、国防工程环境、运载工具内部空间环境等）。

本专业立足山东、面向全国、依托行业、开放办学，着力培养"基础实、适应快、能力强、素质高的具有创新精神和实践能力的应用型高级专门人才"，为国家建设事业和区域经济提供有力的人才和智力支持。

建筑环境与能源应用工程专业培养的本科毕业生应具备从事本专业技术工作所需的基础理论知识及专业技术能力，是可以在设计研究院、工程建设公司、设备制造企业、运营公司等单位从事供暖、通风、空调、净化、冷热源、供热、燃气等方面的规划设计、研发制造、施工安装、运行管理及系统保障等技术或管理岗位工作的复合型工程技术应用人才。

三、毕业生能力及培养要求

本专业学生主要学习建筑环境与设备及环境控制系统的基础理论和基本知识，受到建筑环境与设备系统之设计、调试和运行管理等方面的基本训练，具有暖通空调、燃气供应、建筑给排水等公共设施系统、建筑热能供应系统的设计、安装、调试、运行管理的能力，具有初步制定建筑自动化方案的能力，并具有初步的应用研究与开发能力。

本专业培养的毕业生应达到如下知识、能力及素质的要求：

1. 政治思想

具有强烈的社会责任感、科学的世界观、正确的人生观，求真务实的科学态度，踏实肯干的工作作风，高尚的职业道德以及较高的人文科学素养。

具有可持续发展的理念和工程质量与安全意识。

2. 知识结构

具有基本的人文社会科学知识，熟悉哲学、政治学、经济学、社会学、法学等方面的基本知识，了解文学、艺术等方面的基础知识，掌握一门外国语。

具有扎实的数学、物理、化学的自然科学基础，了解现代物理、信息科学、环境科学的基本知识，了解当代科学技术发展的主要方面和应用前景。

掌握工程力学（理论力学和材料力学）、电工学及电子学、机械设计基础及自动控制等有关工程技术基础的基本知识和分析方法。

掌握建筑环境学、流体力学、工程热力学、传热学、热质交换原理与设备及流体输配管网等专业基础知识；系统掌握建筑环境与能源应用领域的专业理论知识、设计方法和基本技能；了解本专业领域的现状和发展趋势。

熟悉本专业施工安装、调试与试验的基本方法；熟悉工程经济、项目管理的基本原理与方法。

了解与本专业有关的法规、规范和标准。

3. 能力结构

具有应用语言（包括外语）、图表、计算机和网络技术等进行工程表达和交流的基本能力。

具有综合应用各种手段查询资料、获取信息的能力，以及拓展知识领域、继续学习的能力。

具有一定的国际视野和跨文化环境下的交流、竞争与合作的初步能力。

具有综合运用所学专业知识与技能，提出工程应用的技术方案、进行工程设计以及解决本专业一般工程问题的能力。

具有使用常规测试仪器仪表的基本能力。

具有能够参与施工、调试、运行和维护管理的能力，具有进行产品开发、设计、技术改造的初步能力。

具有应对本专业领域的危机与突发事件的初步能力。

4. 身体素质

具有健全的心理和健康的体魄，掌握保持身体健康的体育锻炼方法，能够胜任并履行建设祖国的神圣义务，能够胜任建筑环境与能源应用专业的工作。

四、主干学科

土木工程。

五、专业核心课程

1. 暖通空调方向：工程热力学、传热学、流体力学、建筑环境学、流体输配管网、热质交换原理与设备、建筑环境测试技术、电工与电子学、空气调节、供热工程、锅炉及锅炉房设备、制冷技术、通风工程、自动控制技术、燃气供应等。

2. 自动控制方向：工程热力学、传热学、流体力学、建筑环境学、流体输配管网、热质交换原理与设备、电工与电子学、燃气供应、供热工程、空气调节、锅炉及锅炉房设备、建筑环境现场总线技术、计算机控制与组态应用等。

六、主要实践性教学环节

建筑环境与能源应用工程的实践教学由实验、实习、设计、课外科技活动等方式进行。知识实践体系教学的作用主要是培养学生具有实验基本技能、工程设计和施工的基本能力、科学研究的初步能力等。

1. 实验

包括公共基础实验、专业基础实验、专业实验等。公共基础实验参照学校对工科学科的要求，统一安排实验内容。实验学分按每 16 学时核计 1 学分。

专业基础实验有建筑环境学、工程热力学、传热学、流体力学、热质交换原理与设备、流体输配管网等课程实验。

专业实验有供热工程、空气调节、建筑冷热源、燃气输配、建筑设备与能源系统自动化、建筑环境与能源应用工程测试技术等课程实验。

2. 专业实习

专业实习包括：金工实习；认识实习；生产实习；毕业实习。

3. 设计

专业设计包括课程设计及毕业设计。

4. 课外科技活动

提倡和鼓励学生积极参加大学生课外科技创新活动和本专业组织的国际、国内大赛。

所有实践环节安排见附录 3。

七、修业年限

基本学制为四年，学习年限为 4～6 年。

八、授予学位

工学学士。

九、课程体系的构成及学时、学分分配比例

1. 课程总学时为 2480 学时（156.5 学分），其中：必修课 1784 学时（111.5 学分），占 71.9%；选修课 600 学时（37.5 学分），占 24.2%，素质拓展课程 96 学时（7.5 学分），占 3.9%。理论教学课程 2190 学时（138 学分），实践教学 290 学时（18.5 学分）。

2. 集中实践教学环节总学分：40 学分，其中第二课堂和创新实践 2 学分。

3. 总学分共计 196.5 学分，其中实践教学学分 58.5，占 30%。

十、毕业标准和要求

1. 达到德育培养目标。

2. 修满本培养方案规定的 196.5 学分方可毕业。

附录 2 建筑环境与能源应用本科专业指导性教学计划进程表

性质	类别	课程编码	课程名称	学分	考核方式	学时分配 总学时	讲课	上机 实验	建议选课学期及开课周学时 1	2	3	4	5	6	7	8	开课单位编号	备注	按学分收费
必修课	公共必修	FZ3001	思想道德修养与法律基础	3	考查	48	48		3								FZ		是
		FZ4001	中国近现代史纲要	2	考查	32	32			2							FZ		是
		FZ4002	马克思主义基本原理	3	考查	48	48				3						FZ	每学期开设	是
		FZ4003	毛泽东思想和中国特色社会主义理论体系概论	3	考查	48	48					3					FZ		是
			大学英语1	4	考试	64	48	16	4								WY	另自修8学时	是
			大学英语2	4	考试	64	48	16		4							WY	另自修8学时	是
			大学英语3	4	考试	64	48	16			4						WY	另自修8学时	是
			大学英语4	2	考查	32	32					2					WY		是
		TY0001	大学体育1	2	考查	32	32		2								TY	另体测4学时	是
		TY0002	大学体育2	2	考查	32	32			2							TY	另体测4学时	是
		TY0003	大学体育3	2	考查	32	32				2						TY	另体测4学时	是
		TY0004	大学体育4	2	考查	32	32					2					TY	另体测4学时	是
		JS0001	计算机文化基础	3.5	考查	56	28	28	4								JS	每学期开设	是
			公共必修课小计	36.5		584	476	76	13	8	9	7								
	学科基础必修	LX1001	高等数学A1	5.5	考试	88	88		6								LX		是
		TM1504	工程制图与识图	4.0	考试	64	64		4								TM		是
		LX1002	高等数学A2	5.5	考试	88	88			6							LX		是
		LX2001	大学物理A1	4.0	考试	64	64			4							LX		是
		SZ0401	普通化学	4.0	考试	64	48	16		4							SZ		是
		JS0002	C语言程序设计	3.0	考试	48	32	16		4							JS		是

性质	类别	课程编码	课程名称	学分	考核方式	学时分配 总学时	讲课	上机	实验	建议选课学期及开课周学时 1	2	3	4	5	6	7	8	开课单位编号	备注	按学分收费
必修课	学科基础必修课	LX4001	物理实验A1	1.5	考查	24			24			2						LX		是
		LX2002	大学物理A2	3.0	考试	48	48				3							LX		是
		LX3006	理论力学B	2.0	考试	32	32					2						LX		是
		LX5010	线性代数A	2.0	考试	32	32	4			2							LX		是
		LX3007	材料力学B	3.0	考查	48	44						3					LX		是
		LX4002	物理实验A2	1.5	考查	24			24				2					LX		是
		LX5008	概率论与数理统计	3.0	考试	48	48					3						LX		是
			学科基础必修课小计	42.0		672	588	20	64.0	10	18	9	8	0						
	专业基础必修课	XD5003	电工学B	4.0	考试	64	52		12			4						XD		是
		RN0001	工程热力学(建环)	4.0	考试	64	60		4				4					RN		是
		RN0005	流体力学(建环)	4.0	考试	64	58		6				4					RN		是
		RN0109	建筑环境测试技术	2.0	考试	32	26		6					3				RN		是
		RN0003	传热学(建环)	4.0	考查	64	56	4	4					5				RN		是
		JD1205	机械设计基础C	3.0	考试	48	46		2				4	4				JD		是
			专业基础必修课小计	21		336	298	4	34	0		4	8	12						
	专业必修课	RN0012	自动控制技术	3.0	考查	48	44		4							3		RN		是
		RN0015	空气调节(建环)	3.0	考试	48	44		4						4			RN		是
		RN0034	锅炉与锅炉房设备	3.0	考试	48	44		4							4		RN		是
		RN0007	供热工程	3.0	考试	48	44		4							5		RN		是
			专业必修课小计	12		192	176	0	16						4	12				
			必修课合计	112		1784	1538	100	114	23	26	22	23	12	4	12				
选修课	专业限选课一组	RN0028	制冷技术	2.5	考试	40	38		2						4			RN		是
		RN0114	建筑环境学	2.0	考试	32	32							3				RN		是
		RN0116	流体输配管网	3.0	考试	48	44		4						4			RN	暖通方向	是
		RN0120	暖通计算机辅助设计	2.0	考查	32	16	16						3						是
		RN0121	专业介绍与概论	1.0	考查	16	16		2									RN		是

续表

性质	类别	课程编码	课程名称	学分	考核方式	总学时	讲课	上机	实验	1	2	3	4	5	6	7	8	开课单位编号	备注	按学分收费
必修课	专业限选课一组	RN0118	热质交换原理设备	2.0	考试	32	30		2						3			RN		是
		RN0049	通风工程	2.0	考试	32	28		4						3			RN		是
		RN0019	专业英语	2.0	考查	32	32								3			RN		是
		RN0046	燃气供应	2.0	考试	32	32							3				RN	暖通方向	是
		RN0045	建筑设备安装技术	1.5	考查	24	24								2			RN		是
		RN0060	建筑设备施工管理与经济	1.5	考查	24	24									2		RN		是
			专业限选课一组小计	21.5		344	300		12					13	15	2				
	专业限选课二组	RN0028	制冷技术	2.5	考试	40	38		2						4			RN		是
		RN0114	建筑环境学	2.0	考试	32	32							3				RN		是
		RN0116	流体输配管网	3.0	考试	48	44		4					4				RN		是
		RN0120	暖通计算机辅助设计	2.0	考查	32	16	16						3				RN		是
		RN0121	专业介绍与概论	1.0	考查	16	16			2								RN	自控方向	是
		RN0118	热质交换原理设备	2.0	考试	32	30		2						3			RN		是
		RN0049	通风工程	2.0	考试	32	28		4						3			RN		是
		RN0019	专业英语	2.0	考查	32	32								3			RN		是
		RN	建筑环境现场总线技术	1.5	考试	24	24							2				RN		是
		RN	电气控制与PLC	2.0	考查	32	28		4						3			RN		是
		RN	计算机控制技术与组态应用	1.5	考查	24	20		4							3		RN		是
			专业限选课二组小计	21.5		344	292	16	20					12	16	3				
	专业任选课	JZ0316	建筑概论	2	考查	32	32					2						JZ		是
		XD8033	建筑电气	2	考查	32	32							3				XD		是
		SZ0140	建筑给水排水工程B	2	考查	32	32							2				SZ		是
		RN0039	建筑节能新技术	1	考查	16	16								2			RN		是
		RN0043	中央空调运行管理	1	考查	16	16									2		RN		是
		RN0051	暖通空调设计	1.5	考查	24	24									2		RN		是
		RN0052	热泵技术及应用	1.5	考查	24	24									3		RN		是

続表

性质	类别	课程编码	课程名称	学分	考核方式	总学时	讲课	上机	实验	1	2	3	4	5	6	7	8	开课单位编号	备注	按学分收费
选修课	专业任选课	RN0054	绿色建筑能源系统	1.5	考查	24	24									2		RN		是
		RN0056	建筑能源审计	1.5	考查	24	24								2			RN		是
		RN0058	可再生能源应用	1.5	考查	24	24									2		RN		是
		RN0061	暖通用水处理技术	1	考查	16	16									2		RN		是
		RN0122	空气洁净技术	1	考查	16	16									2		RN		是
			专业任选课选课要求小计	17.5		280					专业任选课要求修满 10学分									
	公共选修课		人文社科类	2																是
			经济管理类	2																是
			自然科学与工程技术类	2																是
			体育卫生与艺术类	2																是
			外语与计算机类	2	考查															是
			公共选修课选修课要求小计	10		160				公共选修课要求按类修满 6学分										是
	素质拓展必修课		形势与政策	3.5	考查	48	48			8	8	8	8	8	8			FZ	另8实践	否
			军事理论与实践	2	考查	32	32			8								XS	含军训一周	否
			职业规划与就业创业指导	1	考查	16	16			8					8			JY		否
			心理健康与安全教育	1	考查	16	16								8			XS		否

附录3 建筑环境与能源应用工程专业集中实践教学环节教学进度表

类别	课程编码	实践环节名称	学分	周数	1	2	3	4	5	6	7	8	实施单位编号	按学分收费
基础实践	FZ4004	思想政治理论课程实践	2	0									FZ	否
	WY3012	大学外语视听训练4	2	0									WY	否
	XS0001	军训及入学教育	1	1	1								XS	否
	JW0001	公益劳动	1	1	1								JW	否
专业实践	JD1644	机械设计基础C课程设计	1	1					1				JD	是
	SZ0142	建筑给水排水工程B课程设计	1	1					1				SZ	是
	RN0094	空调与制冷综合课程设计	5	5						5			RN	是
	RN0093	供热与锅炉综合课程设计	5	5							5		RN	是
		模块A（暖通空调方向）	12	12					2	5	5			
	JD1644	机械设计基础C课程设计	1	1					1				JD	是
	SZ0142	建筑给水排水工程B课程设计	1	1					1				SZ	是
	RN0094	空调与制冷综合课程设计	5	5						5			RN	是
	RN0093	供热与锅炉综合课程设计	3	3							3		RN	是
		建筑环境与能源系统综合课程设计	2	2							2		RN	是
		模块B（自动控制方向）	12	12					2	5	5			
综合实践	JW0002	第二课堂与创新实践A	2	0	2								JW	是
	CL2401	金工实习I	2	2				2					CL	是
	RN0082	认识实习	1	1						1			RN	是
	RN0084	生产实习	2	2							2		RN	是
	RN0080	毕业实习	2	2								2	RN	是
	RN0078	毕业设计	13	13								13	RN	是
		集中实践教学环节要求小计	40	34	2				2	6	7	15		

附录 4 注册公用设备工程师执业资格基础课考试大纲和考试内容

基础科考试门数共有 15 门，包括高等数学、普通物理、普通化学、理论力学、材料力学、流体力学、计算机应用基础、电工电子技术、工程经济、热工学（工程热力学、传热学）、工程流体力学及泵与风机、自动控制、热工测试技术、机械基础和职业法规。

1. 高等数学

（1）空间解析几何：主要内容包括向量代数、直线、平面、柱面、旋转曲面、二次曲面、空间曲线等。

（2）微分学：包括极限、连续导数、微分、偏导数、全微分、导数与微分的应用等。

（3）积分学：包括不定积分、定积分、广义积分、二重积分、三重积分平面曲线积分、积分应用等。

（4）无穷级数：包括数项级数、幂级数、泰勒级数、傅里叶级数等。

（5）常微分方程：包括可分离变量方程、一阶线性方程、可降阶方程、常系数线性方程等。

（6）概率与数理统计：包括随机事件与概率、古典概型、一维随机变量的分布和数字特征、数理统计的基本概念、参数估计、假设检验、方差分析等。

（7）向量分析。

（8）线性代数：包括行列式、矩阵 n 维向量、线性方程组、矩阵的特征值与特征向量等。

2. 普通物理

（1）热学：包括气体状态参量、理想气体状态方程、理想气体的压力和温度的统计解释；能量按自由度均分原理、理想气体内能、平均碰撞次数和平均自由程、麦克斯韦速率分布律；功、热量、内能、热力学第一定律及其对理想气体等值过程和绝热过程的应用；气体的摩尔热容、循环过程、热机效率；热力学第二定律及其统计意义、可逆过程和不可逆过程、熵。

（2）波动学：包括机械波的产生和传播、简谐波表达式、波的能量、驻波、声速、超声波、次声波、多普勒效应。

（3）光学：包括相干光的获得、杨氏双缝干涉、光程、薄膜干涉、迈克尔干涉仪、惠更斯—菲涅耳原理；单缝衍射、光学仪器分辨本领、x 射线衍射、双折射现象、偏振光的干涉、人工双折射及应用。

3. 普通化学

（1）物质结构与物质状态：包括原子核外电子分布、原子、离子的电子结构式、原子轨道和电子云概念；离子键特征共价键特征及类型、分子结构式杂化轨道及分子空间构型、极性分子与非极性分子、分子间力与氢键、分压定律及计算；液体蒸气压、沸点、汽

267

化热、晶体类型与物质性质的关系。

（2）溶液：包括溶液的浓度及计算、非电解质稀溶液通性及计算、渗透压概念电解质、溶液的电离平衡、电离常数及计算；离子效应和缓冲溶液、水的离子积及 pH 值、盐类水解平衡及溶液的酸碱性；多相离子平衡、溶度积常数、溶解度概念及计算。

（3）周期表：包括周期表结构、周期、族、原子结构与周期表关系、元素性质、氧化物及其水化物的酸碱性递变规律。

（4）化学反应方程式、化学反应速率与化学平衡：包括化学反应方程式写法及计算、反应热概念、热化学反应方程式写法；化学反应速率表示方法、浓度、温度对反应速率的影响、速率常数与反应级数、活化能及催化剂概念；化学平衡特征及平衡常数表达式、化学平衡移动原理及计算、压力熵与化学反应方向判断。

（5）氧化还原与电化学：包括氧化剂与还原剂、氧化还原反应方程式写法及配平；原电池组成及符、电极反应与电池反应、标准电极电势；能斯特方程及电极电势的应用、电解与金属腐蚀。

（6）有机化学：包括有机物特点、分类及命名、官能团及分子结构式、有机物的重要化学反应：加成、取代、消去、氧化、加聚与缩聚；典型有机物的分子式、性质及用途；甲烷、乙炔、苯、甲苯、乙醇；酚、乙醛、乙酸、乙酯、乙胺、苯胺、聚氯乙烯、聚乙烯、聚丙烯酸；酯类、工程塑料（ADS）、橡胶、尼龙等。

4. 理论力学

（1）静力学：包括平衡、刚体、力、约束、静力学公理；受力分析、力对点之矩、力对轴之矩力偶理论；力系的简化、主矢、力系的平衡；物体系统（含平面静定桁架）的平衡；滑动摩擦、摩擦角、自锁、考虑滑动摩擦时物体系统的平衡、重心。

（2）运动学：包括点的运动方程、轨迹、速度和加速度；刚体的平动、刚体的定轴转动；转动方程、角速度和角加速度、刚体内任一点的速度和加速度。

（3）动力学：包括动力学基本定律；质点运动微分方程；动量、冲量、动量定理；动量守恒的条件；质心、质心运动定理、质心运动守恒的条件；动量矩、动量矩定理、动量矩守恒的条件、刚体的定轴转动微分方程；转动惯量、回转半径、转动惯量的平行轴定理；功、动能、势能、动能定理；机械能守恒、惯性力、刚体惯性力系的简化、达朗伯原理；单自由度系统线性振动的微分方程、振动周期、频率和振幅、约束自由度；广义坐标、虚位移、理想约束、虚位移原理。

5. 材料力学

（1）轴力和轴力图：包括拉、压杆横截面和斜截面上的应力；强度条件虎克定律和位移计算应变能计算。

（2）剪切和挤压的实用计算：包括剪切虎克定律、切（剪）应力互等定理。

（3）外力偶矩的计算：包括扭矩和扭矩图；圆轴扭转切（剪）应力及强度条件扭转角计算及刚度条件；扭转应变能计算。

（4）静矩和形心：包括惯性矩和惯性积、平行移轴公式、形心、主惯性矩。

（5）梁的内力方程：包括切（剪）力图和弯矩图、分布载荷、剪力、弯矩之间的微分关系；正应力强度条件、切（剪）应力强度条件；梁的合理截面、弯曲中心概念；求梁变形的积分法、叠力口法和卡氏第二定理。

（6）平面应力：包括状态分析的数值解法和图解法；一点应力状态的主应力和最大切（剪）应力、广义虎克定律；四个常用的强度理论。

（7）斜弯曲：包括偏心压缩（或拉伸）；拉一弯或压一弯组合；扭一弯组合。

（8）细长压杆的临界力公式：包括欧拉公式的适用范围，临界应力总图和经验公式；压杆的稳定校核。

6. 流体力学

（1）流体的主要物理性质。

（2）流体静力学：包括流体静压强的概念；重力作用下静水压强的分布规律；总压力的计算。

（3）流体动力学基础：包括以流场为对象描述流动的概念；流体运动的总流分析；恒定总流连续性方程、能量方程和动量方程。

（4）流动阻力和水头损失：包括实际流体的 2 种流态；层流和紊流；圆管中层流运动、紊流运动的特征；沿程水头损失和局部水头损失；边界层附面层基本概念和绕流阻力。

（5）孔口、管嘴出流有压管道恒定流。

（6）明渠恒定均匀流。

（7）渗流定律井和集水廊道。

（8）相似原理和量纲分析。

（9）流体运动参数（流速、流量、压强）的测量。

7. 计算机应用基础

（1）计算机基础知识：包括硬件的组成及功能；软件的组成及功能、数制转换。

（2）Windows 操作系统基本知识：系统启动、有关目录、文件、磁盘及其他操作；网络功能（注：以 Windows 98 为基础）。

（3）计算机程序设计语言：包括程序结构与基本规定；数据、变量、数组、指针、赋值语句；输入输出的语句、转移语句、条件语句、选择语句、循环语句；函数、子程序（或称过程）；顺序文件、随机文件（注：鉴于目前情况，暂采用 FORTRAN 语言）。

8. 电工电子技术

（1）电场与磁场：包括库仑定律；高斯定理；环路定律；电磁感应定律。

（2）直流电路：包括电路基本元件；欧姆定律、基尔霍夫定律；叠加原理、戴维南定理。

（3）正弦交流电路：包括正弦量三要素；有效值、复阻抗、单相和三相电路计算；功率及功率因数；串联与并联谐振；安全用电常识。

（4）RC 和 RL 电路暂态过程：包括三要素分析法。

（5）变压器与电动机：包括变压器的电压、电流和阻抗变换；三相异步电动机的使用；常用继电—接触器控制电路。

（6）二极管及整流、滤波、稳压电路。

（7）三极管及单管放大电路。

（8）运算放大器：包括理想运放电路的组成；比例、加、减和积分运算电路。

（9）门电路和触发器：包括基本门电路，R5，D，JK 触发器。

9. 工程经济

(1) 现金流量构成与资金等值计算：包括现金流量、投资、资产；固定资产折旧、成本、经营成本；销售收入、利润；工程项目、投资涉及的主要税种；资金等值计算的常用公式及应用；复利系数表的用法。

(2) 投资经济效果评价方法和参数：包括净现值、内部收益率、净年值；费用现值、费用年值、差额内部收益率；投资回收期、基准折现率；备选方案的类型、寿命相等方案与寿命不等方案的比选。

(3) 不确定性分析：包括盈亏平衡分析、盈亏平衡点；固定成本、变动成本；单因素敏感性分析、敏感因素。

(4) 投资项目的财务评价：包括工业投资项目可行性研究的基本内容；投资项目财务评价的目标与工作内容；赢利能力分析；资金筹措的主要方式；资金成本、债务偿还的主要方式；基础财务报表；全投资经济效果与自有资金经济效果；全投资现金流量表与自有资金现金流量表；财务效果计算、偿债能力分析；改扩建和技术改造投资项目财务评价的特点（相对新建项目）。

(5) 价值工程：包括价值工程的概念、内容与实施步骤、功能分析。

10. 热工学（工程热力学、传热学）

(1) 基本概念：包括热力学系统；状态、平衡、状态参数；状态公理、状态方程；热力参数及坐标图；功和热量；热力过程、热力循环、单位制。

(2) 准静态过程：包括可逆过程和不可逆过程。

(3) 热力学第一定律：包括热力学第一定律的实质；内能、焓、热力学第一定律在开口系统和闭口系统的表达式；储存能、稳定流动能量方程及其应用。

(4) 气体性质：包括理想气体模型及其状态方程；实际气体模型及其状态方程；压缩因子、临界参数、对比态及其定律；理想气体比热；混合气体的性质。

(5) 理想气体：包括基本热力过程及气体压缩；定压、定容、定温和绝热过程；多变过程气体压缩轴功、多级压缩和中间冷却。

(6) 热力学第二定律：包括热力学第二定律的实质及表述；卡诺循环和卡诺定理；熵、孤立系统、熵增原理。

(7) 水蒸气和湿空气：包括蒸发、冷凝、沸腾、汽化；定压发生过程；水蒸气图表；水蒸气基本热力过程；湿空气性质、湿空气焓湿图；湿空气基本热力过程。

(8) 气体和蒸汽的流动：包括喷管和扩压管；流动的基本特性和基本方程；流速、音速、流量；临界状态，绝热节流。

(9) 动力循环：包括朗肯循环、回热和再热循环、热电循环、内燃机循环。

(10) 制冷循环：包括空气压缩制冷循环、蒸汽压缩制冷循环、吸收式制冷循环；热泵；气体的液化。

(11) 导热理论基础：包括导热基本概念；温度场、温度梯度；傅立叶定律；导热系数导热微分方程；导热过程的单值性条件。

(12) 稳态导热：包括通过单平壁和复合平壁的导热；通过单圆筒壁和复合圆筒壁的导热；临界热绝缘直径；通过肋壁的导热；肋片效率、通过接触面的导热；二维稳态导热问题。

（13）非稳态导热：包括非稳态导热过程的特点；对流换热边界条件下非稳态导热；诺模图、集总参数法；常热流通量边界条件下非稳态导热。

（14）导热问题数值解：包括有限差分法原理；问题导热问题的数值计算；节点方程建立节点方程式求解；非稳态导热问题的数值计算；显式差分格式及其稳定性；隐式差分格式。

（15）对流换热分析：包括对流换热过程和影响对流换热的因素；对流换热过程微分方程式；对流换热微分方程组；流动边界层、热边界层；边界层换热微分方程组及其求解；边界层换热积分方程组及其求解；动量传递和热量传递的类比；物理相似的基本概念；相似原理、实验数据整理方法。

（16）单相流体对流换热及准则方程式：包括管内受迫流动换热；外掠圆管流动换热；自然对流换热；自然对流与受迫对流并存的混合流动换热。

（17）凝结与沸腾换热：包括凝结换热基本特性；膜状凝结换热及计算；影响膜状凝结换热的因素及增强换热的措施；沸腾换热、饱和沸腾过程曲线、大空间泡态沸腾换热及计算、泡态沸腾换热的增强。

（18）热辐射的基本定律：包括辐射强度和辐射力；普朗克定律、斯蒂芬—波尔兹曼定律；兰贝特余弦定律；基尔霍夫定律。

（19）辐射换热计算：包括黑表面间的辐射换热；角系数的确定方法；角系数及空间热阻、灰表面间的辐射换热；有效辐射、表面热阻、遮热板；气体辐射的特点、气体吸收定律、气体的发射率和吸收率；气体与外壳间的辐射换热；太阳辐射等。

（20）传热和换热器：包括通过肋壁的传热；复合换热时的传热计算；传热的削弱和增强平均温度差；效能——传热单元数；换热器计算。

11. 工程流体力学及泵与风机

（1）流体动力学。包括流体运动的研究方法；稳定流动与非稳定流动；理想流体的运动方程式；实际流体的运动方程式；伯努利方程式及其使用条件。

（2）相似原理和模型实验方法。包括物理现象相似的概念；相似三定理、方程和因次分析法；流体力学模型研究方法；实验数据处理方法。

（3）流动阻力和能量损失。包括层流与紊流现象；流动阻力分类；圆管中层流与紊流的速度分布；层流和紊流沿程阻力系数的计算；局部阻力产生的原因和计算方法；减少局部阻力的措施。

（4）管道计算。包括简单管路的计算；串联管路的计算；并联管路的计算。

（5）特定流动分析。包括势函数和流函数概念；简单流动分析；圆柱形测速管原理；旋转气流性质；紊流射流的一般特性；特殊射流。

（6）气体射流。包括压力波传播和音速概念；可压缩流体；一元稳定流动的基本方程渐缩喷管与拉伐尔管的特点；实际喷管的性能。

（7）泵与风机。包括系统匹配、泵与风机的运行曲线；网络系统中泵与风机的工作点；离心式泵或风机的工况调节；离心式泵或风机的选择；气蚀；安装要求。

12. 自动控制

（1）自动控制与自动控制系统的一般概念：包括"控制工程"基本含义；信息的传递反馈及反馈控制；开环及闭环控制系统构成；控制系统的分类及基本要求。

（2）控制系统数学模型：包括控制系统各环节的特性；控制系统微分方程的拟定与求解；拉普拉斯变换与反变换；传递函数及其方块图。

（3）线性系统的分析与设计：包括基本调节规律及实现方法；控制系统一阶瞬态响应；二阶瞬态响应频率特性基本概念；频率特性表示方法；调节器的特性对调节质量的影响；二阶系统的设计方法。

（4）控制系统：包括稳定性与对象的调节性能；稳定性基本概念；稳定性与特征方程根的关系；代数稳定判据对象的调节性能指标。

（5）控制系统的误差分析：包括误差及稳态误差；系统类型及误差度；静态误差系数。

（6）控制系统的综合与和校正：包括校正的概念；串联校正装置的形式及其特性；继电器调节系统（非线性系统）及校正；位式恒速调节系统、带校正装置的双位调节系统；带校正装置的位式恒速调节系统。

13. 热工测试技术

（1）测量技术的基本知识：包括测量、精度、误差；直接测量、间接测量、等精度测量、不等精度测量；测量范围；测量精度；稳定性、静态特性、动态特性；传感器传输通道、变换器。

（2）温度的测量：包括热力学温标、国际实用温标、摄氏温标、华氏温标；热电材料、热电效应、膨胀效应测温原理及其应用；热电回路性质及理论；热电偶结构及使用方法；热电阻测温原理及常用材料、常用组件的使用方法；单色辐射温度计、全色辐射温度计、比色辐射温度计、电动温度变送器、气动温度变送器、测温布置技术。

（3）湿度的测量：包括干湿球温度计测量原理；干湿球电学测量和信号传送传感；光电式露点仪；露点湿度计；氯化锂电阻湿度计、氯化锂露点湿度计、陶瓷电阻电容湿度计、毛发丝膜湿度计、测湿布置技术。

（4）压力的测量：包括液柱式压力计、活塞式压力计、弹簧管式压力计、膜式压力计波纹管式压力计；压电式压力计、电阻应变传感器、电容传感器、电感传感器、霍尔应变传感器；压力仪表的选用和安装。

（5）流速的测量：包括流速测量原理；机械风速仪的测量及结构；热线风速仪的测量原理及结构；L形动压管、圆柱形三孔测速仪；三管形测速仪；流速测量布置技术。

（6）流量的测量：包括节流法测流量原理；测量范围；节流装置类型及其使用方法；容积法测流量；其他流量计、流量测量的布置技术。

（7）液位的测量：包括直读式测液位；压力法测液位；浮力法测液位；电容法测液位；超声波法测液位；液位测量的布置及误差消除方法。

（8）热流量的测量：包括热流计的分类及使用；热流计的布置及使用。

（9）误差与数据处理：包括误差函数的分布规律；直接测量的平均值、方差、标准误差、有效数字和测量结果表达；间接测量最优值、标准误差、误差传播理论、微小误差原则、误差分配；组合测量原理；最小二乘法原理；组合测量的误差；经验公式法、相关系数、显著性检验及分析；过失误差处理；系统误差处理方法及消除方法；误差的合成定律。

14. 机械基础

（1）机械设计的一般原则和程序：包括机械设计的一般原则和程序；机械零件的计算准则；许用应力和安全系数。

（2）运动副及其分类：包括平面机构运动简图；平面机构的自由度及其具有确定运动的条件。

（3）铰链四杆机构：包括基本形式和存在曲柄的条件；铰链四杆机构的演化。

（4）凸轮机构：包括基本类型和应用；直动从动件盘形凸轮轮廓曲线的绘制。

（5）螺纹的主要参数和常用类型：包括螺旋副的受力分析、效率和自锁；螺纹联接的基本类型；螺纹联接的强度计算；螺纹联接设计时应注意的几个问题。

（6）带传动工作情况分析：包括普通 V 带传动的主要参数和选择计算；带轮的材料和结构；带传动的张紧和维护。

（7）齿轮和蜗轮：包括直齿圆柱齿轮各部分名称和尺寸；渐开线齿轮的正确啮合条件和连续传动条件；轮齿的失效；直齿圆柱齿轮的强度计算；斜齿圆柱齿轮传动的受力分析；齿轮的结构；蜗杆传动的啮合特点和受力分析；蜗杆和蜗轮的材料。

（8）轮系：包括轮系的基本类型和应用；定轴轮系传动比计算；周转轮系及其传动比计算。

（9）轴：包括轴的分类、结构和材料；轴的计算；轴毂联接的类型。

（10）轴承：包括滚动轴承的基本类型、滚动轴承的选择计算。

15. 职业法规

（1）我国有关基本建设、建筑、房地产、城市规划、环保、安全及节能等方面的法律与法规。

（2）工程设计人员的职业道德与行为规范。

（3）我国有关动力设备及安全方面的标准与规范。

附录5 注册公用设备工程师（暖通空调）
执业资格考试专业考试大纲

1 总则

1.1 熟悉暖通空调制冷设计规范，掌握规范的强制性条文。

1.2 熟悉绿色建筑设计规范、人民防空工程设计规范、建筑设计防火规范和高层民用建筑设计防火规范中的暖通空调部分，掌握规范中关于本专业的强制性条文。

1.3 熟悉建筑节能设计标准中有关暖通空调制冷部分、暖通空调制冷设备产品标准中设计选用部分、环境保护及卫生标准中有关本专业的规定条文。掌握上述标准中有关本专业的强制性条文。

1.4 熟悉暖通空调制冷系统的类型、构成及选用。

1.5 了解暖通空调设备的构造及性能，掌握国家现行产品标准以及节能标准对暖通空调设备的能效等级的要求。

1.6 掌握暖通空调制冷系统的设计方法、暖通空调设备选择计算、管网计算。正确采用设计计算公式及取值。

1.7 掌握防排烟设计及设备、附件、材料的选择。

1.8 熟悉暖通空调制冷设备及系统的自控要求及一般方法。

1.9 熟悉暖通空调制冷施工和施工质量验收规范。

1.10 熟悉暖通空调制冷设备及系统的测试方法。

1.11 了解绝热材料及制品的性能，掌握管道和设备的绝热计算。

1.12 掌握暖通空调设计的节能技术；熟悉暖通空调系统的节能诊断和经济运行。

1.13 熟悉暖通空调制冷系统运行常见故障分析及解决方法。

1.14 了解可再生能源在暖通空调制冷系统中的应用。

2 供暖（含小区供热设备和热网）

2.1 熟悉供暖建筑物围护结构建筑热工要求，建筑热工节能设计，掌握对公共建筑围护结构建筑热工限值的强制性规定。

2.2 掌握建筑冬季供暖通风系统热负荷计算方法。

2.3 掌握热水、蒸汽供暖系统设计计算方法；掌握热水供暖系统的节能设计要求和设计方法。

2.4 熟悉各类散热设备主要性能。熟悉各种供暖方式。掌握散热器供暖、辐射供暖和热风供暖的设计方法和设备、附件的选用。掌握空气幕的选用方法。

2.5 掌握分户热计量热水集中供暖设计方法。

2.6 掌握热媒及其参数选择和小区集中供热热负荷的概算方法。了解热电厂集中供热方式。

2.7 熟悉热水、蒸汽供热系统管网设计方法，掌握管网与热用户连接装置的设计方法。

熟悉汽—水、水—水换热器选择计算方法，掌握热力站设计方法。

2.8 掌握小区锅炉房设置及工艺设计基本方法。了解供热用燃煤、燃油、燃气锅炉的主要性能。熟悉小区锅炉房设备的选择计算方法。

2.9 熟悉热泵机组供热的设计方法和正确取值。

3 通风

3.1 掌握通风设计方法、通风量计算以及空气平衡和热平衡计算。

3.2 熟悉天窗、风帽的选择方法。掌握自然通风设计计算方法。

3.3 熟悉排风罩种类及选择方法，掌握局部排风系统设计计算方法及设备选择。

3.4 熟悉机械全面通风、事故通风的条件，掌握其计算方法。

3.5 掌握防烟分区划分方法。熟悉防火和防排烟设备和部件的基本性能及防排烟系统的基本要求。熟悉防火控制程序。掌握防排烟方式的选择及自然排烟系统及机械防排烟系统的设计计算方法。

3.6 熟悉除尘和有害气体净化设备的种类和应用，掌握设计选用方法。

3.7 熟悉通风机的类型、性能和特性，掌握通风机的选用、计算方法。

4 空气调节

4.1 熟悉空调房间围护结构建筑热工要求，掌握对公共建筑围护结构建筑热工限值的强制性规定；了解人体舒适性机理；掌握舒适性空调和工艺性空调室内空气参数的确定方法。

4.2 了解空调冷（热）、湿负荷形成机理，掌握空调冷（热）、湿负荷以及热湿平衡、空气平衡计算。

4.3 熟悉空气处理过程，掌握湿空气参数计算和焓湿图的应用。

4.4 熟悉常用空调系统的特点和设计方法。

4.5 掌握常用气流组织形式的选择及其设计计算方法。

4.6 熟悉常用空调设备的主要性能，掌握空调设备的选择计算方法。

4.7 熟悉常用冷热源设备的主要性能；熟悉冷热源设备的选择计算方法。

4.8 掌握空调水系统的设计要求及计算方法。

4.9 熟悉空调自动控制方法及运行调节。

4.10 掌握空调系统的节能设计要求和设计方法。

4.11 熟悉空调、通风系统的消声、隔振措施。

5 制冷与热泵技术

5.1 熟悉热力学制冷（热泵）循环的计算、制冷剂的性能和选择以及 CFCs 及 HCFCs 的淘汰和替代。

5.2 了解蒸汽压缩式制冷（热泵）的工作过程；熟悉各类冷水机组、热泵机组（空气源、水源和地源）的选择计算方法和正确取值；掌握现行国家标准对蒸汽压缩式制冷（热泵）机组的能效等级的规定。

5.3 了解溴化锂吸收式制冷（热泵）的工作过程；熟悉蒸汽型和直燃式双效溴化锂吸收式制冷（热泵）装置的组成和性能；掌握现行国家标准对溴化锂吸收式机组的性能系数的规定。

5.4 了解蒸汽压缩式制冷（热泵）系统的组成、制冷剂管路设计基本方法；熟悉制冷自动控制的技术要求；掌握制冷机房设备布置方法。

5.5 了解燃气冷热电三联供的系统使用条件、系统组成和设备选择。

5.6 了解蓄冷、蓄热的类型、系统组成以及设置要求。

5.7 了解冷藏库温、湿度要求；掌握冷藏库建筑围护结构的设置以及热工计算。

5.8 掌握冷藏库制冷系统的组成、设备选择与制冷剂管路系统设计；熟悉装配式冷藏库的选择与计算。

6 空气洁净技术

6.1 掌握常用洁净室空气洁净度等级标准及选用方法。了解与建筑及其他专业的配合。

6.2 熟悉空气过滤器的分类、性能、组合方法及计算。

6.3 了解室内外尘源，熟悉各种气流流型的适用条件和风量确定。

6.4 掌握洁净室的室压控制设计。

7 绿色建筑

7.1 了解绿色建筑的基本要求。

7.2 掌握暖通空调技术在绿色建筑的运用。

7.3 熟悉绿色建筑评价标准。

8 民用建筑房屋卫生设备和燃气供应

8.1 熟悉室内给水水质和用水量计算。

8.2 熟悉室内热水耗热量和热水量计算。掌握热泵热水机的设计方法和正确取值。

8.3 了解太阳能热水器的应用。

8.4 熟悉室内排水系统设计与计算。

8.5 掌握室内燃气供应系统设计与计算。

参 考 文 献

[1] 高等学校土建学科教学指导委员会建筑环境与能源应用工程专业指导委员会编制. 建筑环境与能源应用工程专业规范. 北京：中国建筑工业出版社，2013.

[2] 殷平主编，空调设计第1辑. 长沙：湖南大学出版社，1997.

[3] 张国强，李志生编著. 建筑环境与设备工程专业导论. 重庆：重庆大学出版社，2007.

[4] 高等学校土建学科教学指导委员会建筑环境与设备工程专业指导委员会编制. 全国高等学校土建类专业本科教育培养目标和培养方案及主干课程教学基本要求——建筑环境与设备工程专业. 北京：中国建筑工业出版社，2004.

[5] 中国建筑科学研究院著. 绿色建筑在中国的实践. 北京：中国建筑工业出版社，2007.

[6] 马最良，姚杨，杨自强等编著. 水环热泵空调系统设计. 北京：化学工业出版社，2005.

[7] 刁乃仁，方肇洪著. 地埋管地源热泵技术. 北京：高等教育出版社，2006.

[8] 徐伟等译. 地源热泵工程技术指南. 北京：中国建筑工业出版社，2001.

[9] 廖志杰，赵平. 滇藏地带——地热资源和典型地热系统. 北京：科学出版社，1999.

[10] 宾德智. 全国地热资源概况. 中国矿业联合会地热开发管理委员会，"21世纪中国地热可持续发展"会议论文集，2001.

[11] 沈辉，曾祖勤主编. 太阳能光伏发电技术. 北京：化学工业出版社，2005.

[12] 王长贵，王新成主编. 太阳能光伏发电实用技术. 北京：化学工业出版社，2005.

[13] 罗运俊，李元哲，赵承龙. 太阳能热水器原理、制造与施工. 北京：化学工业出版社，2005.

[14] 瞿秀静，刘仁奎，韩庆编著. 新能源技术. 北京：化学工业出版社，2005.

[15] 汪集，马伟斌，龚宇列等编著. 地热利用技术. 北京：化学工业出版社，2004.

[16] 苑国梁. 风力发电设备新进展. 机电信息·中国电力发展与设备供应，2003，2：23～24.

[17] 吴志坚主编. 新能源和可再生能源的利用. 北京：机械工业出版社，2006.

[18] 章熙民，任泽霈，梅飞鸣. 传热学（第四版）. 北京：中国建筑工业出版社，2001.

[19] 蔡增基，龙天渝主编. 流体力学泵与风机（第四版）. 北京：中国建筑工业出版社，1999.

[20] 廉乐明主编. 工程热力学（第四版）. 北京：中国建筑工业出版社，1999.

[21] 朱颖心主编. 建筑环境学（第二版）. 北京，中国建筑工业出版社，2005.

[22] 黄晨主编. 建筑环境学. 北京：机械工业出版社，2005.

[23] 卢军主编. 建筑环境与设备工程概论. 重庆：重庆大学出版社，2003.

[24] 付祥钊主编. 流体输配管网. 北京：中国建筑工业出版社，2002.

[25] 连之伟主编. 热质交换原理与设备（第二版）. 北京：中国建筑工业出版社，2006.

[26] 方修睦主编. 建筑环境测试技术. 北京：中国建筑工业出版社，2002.

[27] 赵荣义，范存养，薛殿华等编. 空气调节（第四版）. 北京：中国建筑工业出版社，2009.

[28] 李岱森，万建武，曲云霞编. 空气调节. 北京：中国建筑工业出版社，2000.

[29] 彦启森等. 空气调节用制冷技术（第三版）. 北京：中国建筑工业出版社，1999.

[30] 张林华，曲云霞主编. 中央空调维护保养实用技术. 北京：中国建筑工业出版社，2003.

[31] 王亦昭，刘雄主编. 供热工程. 北京：机械工业出版社，2007.

[32] 贺平，孙刚. 供热工程（第四版）. 北京：中国建筑工业出版社，2009.

[33]　奚士光，吴味隆，蒋君衍. 锅炉及锅炉房设备（第四版），北京：中国建筑工业出版社，1993.

[34]　孙一坚主编. 工业通风. 北京：中国建筑工业出版社，1994.

[35]　张秀德主编. 安装工程施工技术及组织管理. 北京：中国电力出版社，2002.

[36]　张秀德，管锡君主编. 安装工程定额与预算. 北京：中国电力出版社，2004.

[37]　詹淑慧主编. 燃气供应. 北京：中国建筑工业出版社，2003.

[38]　刘耀浩主编. 建筑环境设备测试技术. 天津：天津大学出版社，2005.

[39]　董惠，邹高万主编. 建筑环境测试技术. 北京：化学工业出版社，2009.

[40]　张子慧主编. 热工测量与自动控制. 北京：中国建筑工业出版社，2003.

[41]　王增长编. 建筑给水排水工程. 北京：高等教育出版社，2004.

[42]　GB 50366—2005. 地源热泵系统工程技术规范（2009 版）. 北京：中国建筑工业出版社，2009.

[43]　GB 50189—2015. 公共建筑节能设计标准. 北京：中国建筑工业出版社，2015.

[44]　GB 50736—2012. 民用建筑供暖通风与空气调节设计规范. 北京：中国建筑工业出版社，2012.